ASME PTC 4.3—2017
空气预热器性能
试验规程

美国机械工程师协会　颁布

赵振宁　杨海生　译

中国电力出版社
CHINA ELECTRIC POWER PRESS

图书在版编目（CIP）数据

ASME PTC 4.3—2017 空气预热器性能试验规程 / 美国机械工程师协会颁布；赵振宁，杨海生译. —北京：中国电力出版社，2020.8
ISBN 978-7-5198-4171-3

Ⅰ．①A… Ⅱ．①美… ②赵… ③杨… Ⅲ．①空气预热器－性能试验－技术操作规程 Ⅳ．①TK223.3-65

中国版本图书馆 CIP 数据核字（2020）第 017079 号

出版发行：中国电力出版社
地　　址：北京市东城区北京站西街 19 号（邮政编码 100005）
网　　址：http://www.cepp.sgcc.com.cn
责任编辑：赵鸣志（mingzhi-zhao@sgcc.com.cn）
责任校对：黄　蓓　常燕昆
装帧设计：赵姗姗
责任印制：吴　迪

印　　刷：三河市万龙印装有限公司
版　　次：2020 年 8 月第一版
印　　次：2020 年 8 月北京第一次印刷
开　　本：787 毫米×1092 毫米　16 开本
印　　张：12.25
字　　数：424 千字
印　　数：001—500 册
定　　价：98.00 元

标准发布日期：2017 年 3 月 31 日

在 ASME 协会批准发布新版本时，本规程将作适当修订。

如针对本规程提出技术方面的澄清、解释和问询，ASME 将会发布书面的答复。澄清和解释会发布在委员会的网页，地址为 go.asme.org/InterpsDatabase。ASME 性能试验规程委员会定期地将特定举措发布为标准范例。标准的范例发布在 ASME 性能试验委员会的相关网页，地址为 go.asme.org/PTCcommittee。

规程和标准的勘误表将发布在的 ASME 性能试验规程委员会的相关网页，用以修正出版中的错误内容，或改正规程和标准中的排版印刷或语法错误。勘误表在发布之日起生效。

ASME 性能试验规程委员会的相关网页可在网址 go.asme.org/PTCcommittee 下找到。网页内有一个选项，读者可以选择是否通过电子邮件自动获取关于规程或标准勘误表发布的通知信息。此选项信息可以在相关委员会网页中"发布信息"部分中选择"勘误表"项找到。

ASME 为美国机械工程师协会的注册商标。

本规程的编制符合美国国家标准认定的步骤程序。批准规程标准时对标准委员会成员的选择进行了适当平衡，以保证相关利益相关方有资格的人员具有参与机会。本规程或标准发布前就公开向行业、学界、监管机构及大众进行了充分的建议审查及意见征集。

在任何情况下，ASME 不会对任何项目、结构、专有装置或行为给予"批准""评级"或"背书"。

ASME 不对本规程中涉及的任何专利相关内容的时效性持任何立场。任何单位、个人如使用标准侵犯了适用专利权而引发相关责任，ASME 也不提供任何担保或承担任何责任。ASME 郑重提示，规程或标准的使用者应自行确定这些专利权的有效性和违反专利权会导致的相关风险，并对其行为承担全部责任。

联邦机构代表或行业机构人员的参与，不能解释为政府或业界对本规程或标准的保证或背书。

ASME 仅对依照确定的 ASME 步骤程序或政策发布的本文件的澄清解释承担责任，不接受个人发布与标准相关的澄清解释。

未经出版商的书面批准，不得以任何形式（包括电子检索系统或其他）对本文件的内容进行复制。

美国机械工程师协会
Two Part Avenue，纽约，NY 10016-5990

版权（2017）拥有方：
美国机械工程师协会
版权所有
美国印刷

译 序

21世纪以来，随着我国电力行业的快速发展，我国电站锅炉的设计、制造和运行水平均得到了空前的发展，目前 1000MW 及以上超/超超临界机组总容量超过世界上其他国家同级机组，技术水平也步入世界最先进行列。空气预热器作为电站锅炉最重要的辅助设备之一，特别是回转式空气预热器的整体技术水平，也与机组同步实现了跨越式的发展，以最重要的指标漏风率为例，20世纪基本上都在 10%～20%水平，到 2000 年后逐渐发展到 8%左右，后来在 2010年以后又随着多密封、接触式密封、密封间隙激光测距元件等先进技术的大量采用，漏风率已经下降到目前的 5%以下，1000MW 机组空气预热器漏风率甚至可以达到 3%左右。空气预热器技术的提升为我国节能减排做出了巨大贡献。

与其他重要辅机相比，空气预热器性能试验标准却相对落后。ASME PTC 4.3—1968 是最早出现空气预热器性能试验标准的，因为体系完整、提出了漏风率修正等关键技术而闻名于世，足足流行了 50 年。但是自从三分仓空气预热器诞生以来，ASEM PTC 4.3—1968 的适用性遇到了困难，因为三分仓空气预热器烟道分别与一次风侧与二次风侧相连通，原有的修正计算理论基础发生了变化。我国则一直把空气预热器性能试验的部分放在 GB 10184 中，GB 10184—1988 是编排在附录 K 中，只有一页，GB 10184—2015 把空气预热器性能试验内容编入正文，但也只有 2 页的篇幅，体系完整性仍较差。包括厂家、译者在内国内外专业人士均对新条件下性能试验的测试与修正方法进行了多年的探索和深入研究，以尽可能精准地确定空气预热器的真实性能，但一直没有系统、合理的计算方法。ASME PTC 4.3—2017 的发布恰逢其时，综合考虑了这些年来研究成果与测试技术的进步，为全类型的空气预热器提供了完整的性能试验解决方案，内容包括试验的原理、策划、实施、计算、结果分析、修正对比等各个方面，每一个细节都考虑得非常精细，这种严谨的态度值得我们认真学习。

译者在制定我国电力行业性能试验标准《电站锅炉空气预热器性能试验规程》时正赶上 ASME PTC 4.3—2017 的发布，深入学习后有雪中送炭的感觉，遂及时与 ASME 取得联系，2018 年初获得 ASME 的授权，马上组织了十余名从事相关工作的人员，对 ASME PTC 4.3—2017 进行了紧张的翻译工作，历时 4 个月。考虑到中英思维方式和语言习惯的差异，贴近原文的直译并不容易为我国工程技术人员所理解，因此译者又花了 3 个月的时间，逐字逐句地进行了全文复核、统稿工作和语言的重新组织，一方面使整个标准的风格统一，另一方面也期望更加符合中国人的思维，帮助广大空气预热器性能试验的工作者真正理解 ASME PTC 4.3—2017 的技术内涵，推动我国性能试验水平再上一个新的台阶。

本标准由赵振宁和杨海生主译，由清华大学吕俊复教授、河海大学赵振宙教授主审。李金晶、李战国、李媛园、孙亦鹏、刘成永、赵熙、张天浴、姜龙、张永祥、张晓璐等也参与了本标准的翻译工作。最后的统稿与语言重新组织工作由赵振宁与张清峰完成，在此过程中有不少内容变为意译，难免有不当之处，恳请读者批评指正的同时，与译者联系或查阅原文。

两位教授在审定过程中提供了非常有益的建议和无私帮助，在此表示深深的感谢！也向支持本标准编译工作的华北电力科学研究院有限责任公司的各级领导和河北省电力公司电力科学研究院的各级领导表示深深的感谢！

赵振宁

2019 年 10 月

注 意 事 项

所有的性能试验规程必须符合 ASME PTC 1《总则》中的相关要求。下列信息均基于 ASME PTC 1 文件，主要目的是进行强调并方便规程的使用。希望规程使用者在使用本规程前阅读 ASME PTC 1 的第 1 章和第 3 章，并对其内容有全面的认识和理解。

所有 ASME 性能试验规程均提供了具体的试验步骤，按这些步骤进行试验所获试验结果精度可与当前最佳工程知识和最佳工程实践保持一致，为最高水平。性能试验规程由各个代表不同关切利益的专门委员会提出，并规定了试验步骤、测试仪表、设备运行要求、计算方法、不确定度分析和方法。

当试验按照某试验规程进行时，得到的测试结果（未经试验不确定度调整）最佳地反映了当前测试设备的实际性能。ASME 性能试验规程并不规定试验结果与合同保证值的比较方式。因此，推荐商业试验相关各方在试验开始前，最好在合同签订之前，就试验结果与合同保证值的比较方法达成一致。确定或解释如何在两者间进行比较不在本性能试验规程的范围之内。

前　言

　　性能试验规程委员会关于固定式蒸汽发生装置（下称锅炉）的第四委员会在 1958 年 5 月完成重组，以便于对 1946 年版本的锅炉性能试验规程进行修订。

　　在制定新的试验规程 PTC 4.1—1964 的过程中，技术委员会提醒性能试验规程委员会注意，空气预热器作为锅炉普遍应用的一种辅助装置，目前尚无任何适用的性能试验规程。因此，性能试验规程第四委员会把编制空气预热器性能试验规程也视作其工作内容的一部分。

　　性能试验规程委员会指示第四委员会编制空气预热器的性能试验规程 PTC 4.3，并作为锅炉性能试验规程的附件。空气预热器性能试验规程获得成功制定并且在格式上与锅炉性能试验规程 PTC 4.1 保持了一致。

　　1966 年 6 月 9 日性能试验规程委员会批准了空气预热器性能试验规程。为充分考虑并满意地解决执行委员会提出的部分建议，标准最终版本的发布有所推迟。1967 年 11 月 8 日 ASME 联合理事会通过法规标准部政策委员会的决议批准采纳了本规程，并将本规程作为 ASME 协会的标准示范。

　　随后，本规程于 1974 年由美国国家标准研究院（ANSI）批准为美国国家标准。

　　当前版本的制定起始于 1999 年 12 月 16 日至 17 日、重组委员会后的第一次会议。会议之前锅炉性能试验规程 PTC 4 已正式发布。

　　此次规程修订原因涉及多个方面，包括：①增加了试验不确定度；②尽可能少使用固定的指导原则，而是强调基于工作效能的试验组织方法；③解决了多分仓空气预热器试验方法问题；④试验测量方法进行了更新，以便于使用当前已有的各种先进测试仪表；用基于 O_2 浓度的燃烧计算替代以前基于 CO_2 的计算方法；⑤更新了术语；⑥对国际标准单位制（SI 单位制）的态度与 ASME 政策委员会保持一致。

　　2016 年 12 月 12 日性能试验规程标准委员会批准了本规程。2017 年 1 月 5 日 ASME 联合理事会通过标准化部政策委员会的决议批准采纳了本规程，并将本规程作为 ASME 协会的标准示范。2017 年 2 月 14 日本性能试验规程由美国国家标准研究院（ANSI）标准委员会批准为美国国家标准。

与本性能试验标准委员会联系

一般规定。ASME 制定和维持规程的主要目的是为了体现相关利益方的一致意见。因此，规程的使用者可以与标准委员会就相关事宜进行交流，如要求具体条款解释、提出修订建议及参加委员会会议等。信件应该邮寄至：

性能试验规程标准委员会秘书处

美国机械工程师学会

第二公园大道

纽约，NY 10016-5990

http://go.asme.org/Inquiry

规程修订提议。本规程会定期修订，以便于根据本规程应用获得的一些经验，对规程中的某些内容进行调整，或把某些期望改进的内容编入本规程。标准的修订经批准后会定期出版。

标准委员会欢迎对本规程提出修订提议。提议应该尽量具体，例如引用具体的段落编号，提议的措词和提出修改建议的具体原因，可以附加适当的支持文件。

范例提议。发布范例有多种目的，如在有充分理由时提供一种可替代的规则，或在紧急情况时可允许一个批准的修订内容提前实施，或提供现有规程条款没有覆盖的相关规则。范例在 ASME 批准后立即生效，并将在 ASME 委员会网页上公告。

范例的请求应当提供相关的需求陈述及背景信息。每一范例请求都应当列出规程名称、相关段落、图表编号，并采用与现有范例相同的问题及解答形式。范例请求还应当列出建议范例适用的规程版本号。

条款的解释。针对某一请求，PTC 标准委员会可以就规程相关内容提供解释。条款的解释只针对提供给 PTC 标准委员会秘书处的书面请求。

解释请求最好通过在线解释提交单进行提交。表格可通过网址 http://go.asme.org/InterpretationRequest 获取。提交表格后，问询者将收到自动的电子邮件确认回执。

如问询者无法使用在线表单，也可将相关请求直接邮寄至 PTC 标准委员会的上述地址。条款解释的请求应当清楚而不模糊。建议采用以下格式：

主题：用一到两个单词来描述引用相关的段落编号及询问的主题。

标准版本：为要解释的条款引用有效规程的版本。

问题：描述问题的措词应表达为对某一具体要求的解释请求，而不应当是对某一专有设计或状况的批准请求。问题的提出应简洁准确，做到在描述方式上可以用"是"或"否"进行答复。

建议的答复：用"是"或"否"进行答复，并提供相关的解释信息。如果答复多于一个，请对问题及答复分别编号。

背景信息：请提供相关的背景信息，以便于委员会充分理解提出的问题。询问者可以附带必要的平面图或图纸以对问题进行说明，但不应包括包含专利权的名称及相关信息。

委员会答复不满足上述格式的请求时，会按上述格式重新整理您的请求。整理过程可能会更改原始请求的意图。

如有可能影响到某条款解释的额外信息时，ASME 程序中也提供了对这些条款重新解释的可能性。另外，对条款解释感到不满意的人员也可上诉至 ASME 委员会或分委员会。ASME 并不为任何物品、专利装置或操作提供"批准""认证""评级""保证或背书"业务。

参加委员会会议。PTC 标准委员会定期召开会议，并对公众开放。任何想参加会议的人员都可以与 PTC 标准委员会秘书处联系。在委员会网址 go.asme.org/PTCcommittee 上可找到委员会各批次会议的召开日期和地点信息。

内 容 简 介

ASME 性能试验规程（PTCs）对性能试验的计划、准备、实施及性能试验结果的报告提供了统一的规则及具体的方法。这些性能试验规程在如何能够基于当前工程知识的水平，同时也综合考虑试验成本和试验获取信息的价值，通过严格遵守试验程序来获取最高精度水平的性能试验结果方面提供了指导。本性能试验规程由各个代表不同关切利益的专门委员会负责制定。

当试验按照本试验规程进行时，试验所得到的、未经试验不确定度调整的结果最真实地反映了当前被测试设备的实际性能。ASME 性能试验规程并不规定试验结果与合同保证值的比较方式。因此，推荐商业测试的相关各方在试验开始前，最好能在合同签订之前，就试验结果与合同保证值的比较方法达成一致。确定或解释两者如何进行比较的内容不在本性能试验规程范围之内。

试验不确定度是对试验结果误差限值的估计值。它是围绕试验结果的某一特定区间，在给定的可能性或置信水平上包含了试验真实值。试验不确定度的计算涉及统计、仪表信息、计算过程及实际试验数据。合规试验用于获取最小不确定度的设备性能，尤其适用于在工业环境中运行的设备。

性能试验规程通常并不用于设备的故障诊断。但如果简化技术的手段不够用时，本规程也可用于运行性能疑似较差设备性能异常的定量评估，或确认设备是否需要维修。对于简化的常规设备性能试验或特殊设备的试验，本性能试验规程是最好的参照。本规程还针对常规性试验及性能监测提供了一个非强制性附录。对设备进行定期的常规性能试验可以得知是否需要对设备进行异常检查，进而还可发展为预防性维护或改造。

目　录

目 标 和 范 围

1-1 目标

（a）本规程规定了空气预热器性能试验实施的程序，以确定下列结果：

（1）出口烟气温度；

（2）空气向烟气的漏风率；

（3）流体压力损失；

（4）其他流体温度。

（b）本规程还提供了确定热容量比（X比），以及用上述规定的部分或全部性能测试结果进行如下性能比较的程序；

（1）基于标准或设计性能来检查实际性能；

（2）基于标准性能或设计性能，比较性能随时间的变化规律；

（3）比较不同运行条件下的性能；

（4）确定设备改变前后的影响。

1-2 范围

本规程适用于工业中应用的所有空气预热器，例如用于电站锅炉和工业窑炉的空气预热器。具体包括：

（a）包括多分仓空气预热器在内的所有用烟气加热燃烧空气的空气预热器；

（b）利用非冷凝（单相）蒸汽、水或其他热流体加热空气的暖风器。

本规程不包括直燃式空气预热器或烟气-烟气换热器（GGH）。就 GGH 而言，本规程可用来确定温降性能和阻力性能，但漏风量测量替代方法需要试验各方共同商定。本规程也不适用加热流体通过加热器时会冷凝的换热器。

为检查每台空气预热器的实际性能，并列布置空气预热器的性能应单独测试（如有可能）。

1-3 测量不确定度

本规程要求根据 ASME PTC 19.1 进行试验前不确定度分析和试验后不确定度分析。试验前不确定度分析的目标是为了有效地规划试验内容。根据试验前不确定分析结果可对试验进行调整，或将不确定度降低到大家商定的水平，或在达到试验目标的同时消减试验成本。试验后的不确定度分析用于确定实际试验结果的不确定区间，并对试验前不确定度分析中对试验系统不确定度和随机不确定度的评估进行确认。试验后的不确定度分析还用于确证性能试验结果是否符合质量要求或暴露试验存在的问题。

表 1-3-1 中给出了针对各种配置单元机组的空气预热器，根据本规程进行性能试验时典型性能参数及其试验结果不确定度的范围。

表 1-3-1　　　　典型的试验不确定度

参　　数	二分仓	多分仓
修正后出口烟气温度［℉（℃）］	2～6（1～3）	2～6（1～3）
修正后空气到烟气的漏风率（%）	1～2	1～2
修正后流体压差［inH₂O（Pa）］	±0.5（±125）	±0.5（±125）
修正后出口空气温度［℉（℃）］	2～6（1～3）	不适用
修正后加权平均出口空气温度［℉（℃）］	不适用	2～6（1～3）

第2章

术语和符号定义

2-1 总体情况

本规程使用的基本技术术语的含义和常数的定值与《定义和定值（ASME PTC 2）》中的定义和解释是一致的。

注：在本规程中，为准确描述空气预热器中由热烟气向冷空气传递热量的热交换过程，很多地方用"热流体"代替"烟气"，两者可以交替使用。

2-2 定义

1）绝对灵敏度（影响）系数：被测参数每变化一个单位后对测试结果的影响量，用测试结果计量单位表示时的数值（译者注：如氧量变化一个百分数后影响到漏风率百分数的变化）。

2）验收试验：为检验新设备或设备改进后的性能是否符合预期的性能标准、购买者是否愿意"接收"而进行的评估测试工作。

3）精确度：测量值和真实值之间的符合程度。

4）精度检查：在一定的测量范围内，比较仪表的测量结果和标准的测量结果的过程（参见校准）。

5）添加剂：一种添加到气体、液体或固体流中，使之发生化学反应或机械混合后的物质。

6）修正理论空气量：考虑未燃尽碳没有消耗氧和硫化反应要多消耗氧以后的理论空气量。

7）过量空气系数：燃料燃烧时，在理论空气量之外多供给的空气量称为过量空气。在本规程中，过量空气系数用理论空气量的百分数表示。

8）空气预热器：将热量从高温介质传递给低温介质（如将烟气的热量传递给空气预热器进口低温空气）的热交换装置。再生式空气预热器有二分仓、三分仓和四分仓，加热元件转动或风罩转动多种形式。表面式空气预热器有管式、板式和热管式多种形式。

9）空气预热器的空-空漏风：空气预热器中由高压空气流区域流向低压空气流区域的漏风，如一次风向二次风的漏风。

10）空气预热器漏风：从空气预热器各股空气流漏向烟气侧的空气总质量。注意，该计算的结果是烟气侧进、出口两个测试工作面之间所有漏风的总量。

11）漏风：漏入锅炉和/或空气预热器中的空气（参见装置漏风）。

12）其他空气：除一次风、二次风和漏风外的燃烧空气，如本规程关于燃烧过程所涉及的三次风。

13）暖风器：利用蒸汽、冷凝水和/或乙二醇来加热进入锅炉的空气，以防止空气预热器换热元件或换热面发生低温腐蚀的热交换设备。

14）一次风：煤粉锅炉中将磨煤机中煤粉干燥、并输送煤粉进入燃烧器的燃烧空气。大型锅炉空气预热器出口的一次风和二次风往往具有不同的温度，一次风量通常低于总风量的25%；燃油和燃气锅炉通常没有一次风。在循环流化床锅炉中，一次风通常用来流化燃烧室底部的床料。

15）二次风：煤粉锅炉和流化床锅炉中，一次风以外的燃烧空气为二次风。燃油和燃气锅炉中，通常所有从空气预热器出来的燃烧空气均为二次风。二次风进入炉膛后还可分出一部分做燃尽风或其他气体。但一直到炉前大风箱，都被称为二次风。

16）空气温升：空气流经过空气预热器后温度的升高值。对于多分仓空气预热器，该参数为通过空气预热器（包含各分仓空气流的）总空气流的综合温升。

17）理论空气量：为单位质量燃料完全燃烧提供所需氧量的空气的量。理论空气量和化学当量空气量意义相同。

18）近似分析（译者注：工业分析）：依据 ASTM 的近似分析标准，为获取燃料样品中固定碳、挥发分、水分和灰分的质量百分数而进行的试验室化验分析。

19）精确分析（译者注：元素分析）：依据 ASTM 的精确分析标准，为获取燃料样品中的碳元素、氢元素（不含水分中氢元素）、氧元素（不含水分中的氧元素）、氮元素、硫元素、水分、灰分的质量百分数进行试验室化验分析。

20）入炉燃料：即将被送入锅炉边界的燃料。

21）灰分：依据 ASTM 的近似分析标准，燃料样品完全燃烧后的残余不可燃矿物质组分。

22）炉膛底渣：从燃烧室直接除掉，而不是进入烟道被烟气带走的灰分。

23）飞灰：烟气离开炉膛携带的灰粒。

24）灰斗（渣池）：炉膛下部用于采集并除去灰渣的容器。

25）偏离误差：同系统误差。

26）煅烧：从碳酸钙释放出二氧化碳形成氧化钙，或从碳酸镁形成氧化镁时发生的吸热化学反应。

27）钙硫比（Ca/S）：供给吸收剂中钙和硫的摩尔量之比。

28）钙的利用率：吸收剂中与二氧化硫（SO_2）反应并形成硫酸钙（$CaSO_4$）的钙的百分数，有时也可称为吸收剂利用率。

29）校正：在一定的测量范围内，比较仪表的测量结果和标准的测量结果，必要时还要调整测试仪表使其满足标准精度要求的过程，也称为精度检查。

30）蒸发量：在设计的蒸汽参数和机组循环运行条件下（包括额定排污量和辅助用汽量），锅炉能够连续生产的最大的主蒸汽流量值。如无特殊说明，蒸发量指锅炉的最大连续蒸发量。

31）峰值蒸发量：在设计蒸汽参数和机组循环运行条件下（包括额定排污量和辅助用汽量），锅炉能在某段时间，如在不影响机组将来的运行特性的某特定时间段内，短暂提供的最大主蒸汽流量值。

32）燃烧室：供燃料燃烧的封闭空间。

33）燃烧效率：用来衡量燃料的燃尽程度，通常用燃料实际燃烧放出的热量和完全燃烧放出热量之比表示。

34）燃烧份额：流化床锅炉中燃料的密相区释放的热量占燃料总热量的百分数。

35）混合空气温度：多分仓空气预热器进口或出口，按各仓通流空气质量加权平均后的温度值。

36）值区间：某参数观测值或测量值相对于真实值的偏离分布区间。通常用不超过某个不确定度的百分数范围来表示。

37）带入热量：除燃料化学能之外进入炉膛的热量，包括燃料显热（比热和温度的函数）、进风和蒸汽潜热。这些热量来自于制粉系统磨煤机、循环泵、一次风机、引风机和硫化反应之类的化学反应。带入热量可以是负的，例如气温低于参考温度时，带入热量就是负数。

38）脱水反应：氢氧化钙脱除水分从变成氧化钙，或氢氧化镁脱除水分变成氧化镁的吸热化学过程。

39）设计条件：参见设定条件。

40）稀相区：循环流化床锅炉燃烧室二次风进口以上的区域（主要由循环床料颗粒组成）。

41）燃料效率：锅炉输出热量与锅炉输入的化学能之间的比值。

42）毛效率：锅炉输出能量与进入锅炉边界总热量（译者注：其中有部分热量是循环回来的）之间的比值。

43）能量平衡法：常称为热损失法，通过计算进、出锅炉边界的能量来获得锅炉效率的方法。

44）随机误差：有时也称为精度误差，随机误差是一个统计量，且为正态分布。随机误差是由同一测量系统，经相同操作人员重复测量，却产生了不同的测量值而产生的。

45）系统误差：有时称为偏离误差，基于测量系统所有环节积累的测量平均值和真实值之间的差值。真实的系统误差或固有误差是一个测量组织中，每一环节、每一个体特性的总体表现。

46）总误差：系统误差和随机误差之和。

47）排烟温度：烟气离开锅炉边界的平均温度，可以是直接测量的排烟温度，也可以是根据空气预热器漏风调整后的无漏风排烟温度。

48）固定碳：在ASTM标准下进行固体燃料工业分析时，去掉水分、挥发分后、灰分后的剩余碳部分。参见挥发分。

49）烟气：过量空气与燃烧产物的混合气体。

50）无漏风烟气（热流体）出口温度：在无漏风的条件下，该温度等于空气预热器出口烟气温度；在有漏风的情况下，该温度根据能量平衡计算得出。进行能量平衡计算时，任何漏入空气的温度均假定为进口空气温度。

51）有漏风烟气（热流体）出口温度：直接测量的空气预热器出口烟气温度。

52）烟气侧效率：空气预热器无漏风烟气温降与烟气初始最大温差（译者注：最大可降温度由空气预热器进口烟气温度与进口空气温度相减得到）之比。

53）无漏风烟气（热流体）温降：在无漏风的条件下，烟气通过空气预热器后温度的下降值。

54）流化床：将一定尺寸的可燃或不可燃颗粒悬浮于运动的流体（流化床锅炉中的空气）之中，从而使颗粒具有流体的某些表观特征的床体。

55）鼓泡流化床：是流化床的一种。在鼓泡流化床中，流化空气速度小于大部分单个颗粒的自由沉降速度，部分烟气以气泡形式穿过床体，由于流化空气只带走不太多的床料而形成了一个特征明显的床区。

56）循环流化床：是流化床的一种，在循环流化床中，流化空气速度大于大部分单个颗粒的自由沉降速度，因此大部分颗粒会被从燃烧室带走并经分离后再次送入炉膛。

57）炉膛：供燃料燃烧的封闭空间。

58）热容量比（X比）：通过空气预热器的空气平均热容量与通过空气预热器的烟气平均热容量之比。对于多分仓空气预热器而言，空气侧热容量基于空气预热器混合空气温度进行计算，见5-5.9。

59）高位发热量：依据ASTM标准化验所得的、单位质量燃料完全燃烧放出的热量，高位发热量包含了水蒸气的汽化潜热。在本规程中，若热量是恒容条件下测量的，必须将其转换成恒压条件下的热量。

60）低位发热量：依据 ASTM 标准化验所得的高位发热量减去燃烧产物中水蒸气潜热后的值，本规程不使用低位发热量。

61）含湿量：单位质量干气体中所携带的水蒸气质量（参见比湿度）。

62）影响系数：见绝对和/或相对灵敏度（影响）系数。

63）燃料输入能量：燃料所含的总化学能，以高位发热量为基准。

64）输入输出法：通过直接测量输出和输入能量来确定锅炉效率的方法（I/O 法）。

65）测量仪表：用于测量物理、电气或化学变化量的工具或装置。这些变量可以包括压力、温度、流量、电压、电流、化学成分、密度、黏度、尺寸和功率。测量仪表包括传感器和用于发送、显示和记录这些变量的任何辅助设备。

66）损失：除输出蒸汽外，离开锅炉边界的能量。

67）灼烧失重：通常称为 LOI。在有氧条件下对干燥灰样加热灼烧产生的质量损失，可用其与初始质量百分数表示。通常近似等于大渣中未燃尽碳。

68）最大连续出力：见蒸发量。

69）测量误差：测量值与真实值之间的真实（未知）差异。

70）水分：根据 ASTM 近似分析标准化验所得，燃料、吸收剂中的水分或液体、气体或其他蒸汽中的水分。

71）异常值：被判断为虚假或错误的数据点。

72）输出能量：在锅炉中被工质吸收带走、且没有再回到锅炉边界的热量。

73）试验各方：参加测试的人或公司。

74）精度误差：请参阅随机误差。

75）主变量：用于计算测试结果的变量，进一步分类如下：

◇ 第 1 类：具有较大相对灵敏度（影响）系数（大于等于 0.2）。

◇ 第 2 类：具有较小相对灵敏度（影响）系数（小于 0.2）［相对灵敏度（影响）系数可参考 ASME PTC 19.1 确定］。

76）吹扫：将一定体积的高压空气吹入炉膛或锅炉烟道，完全置换其中已有的空气或烟气-空气混合气。

77）循环速率：物料再次入炉或燃烧室的质量流量。

78）循环比：物料再循环速率与总物料产生速率之比。

79）参考温度：用于比较和计算进入/离开锅炉边界各物流的损失或带走的物理显热而确定的一个温度基准值。

80）回送：将物料返回炉膛或循环利用。

81）相对灵敏度（影响系数）：测量参数每发生百分之一的变化导致的测量或计算结果变化的相对百分数。

82）灰渣：燃烧后残留的固体物质。灰渣由燃料灰分、乏吸收剂、惰性添加剂和未燃烧的可燃物组成。

83）工况：在测量时段内完成的一组完整的观测值或测量值，其间要以一个或几个基本保持不变的独立变量作为标志。

84）次要变量：被测量但对结果没有重大影响的变量。

85）灵敏度：结果变化量与参数变化量的比值，参见绝对和/或相对灵敏度（影响）系数。

86）装置漏风：见漏风。

87）吸收剂：与污染物反应并吸附污染物的化合物，或者更精确地说，是通过和一种化学成分发生化学反应从而实现将其捕集的另一种化学成分。

88）比湿度：单位质量湿气中的水蒸气质量（见含湿量）。

89）规定条件：试验边界上所有参数在合同中规定的设计条件。参见标准条件。

90）乏床材料：流化床排出的床渣。

91）乏吸收剂：吸收剂经水分蒸发、煅烧反应/脱水反应、硫化反应后，质量增加后的残留固体。

92）标准条件：所有外部参数在试验边界上的值集即为标准条件，试验结果都要基于这些参数进行修正。标准条件可以是特定的设计条件，也可以是一系列自定义的边界条件。在本规程中一些没有约定的边界条件也称为标准条件，通常用于性能监测。

93）标准偏差：除非另有规定，标准偏差即均值标准偏差。在统计分析中定义了几种类型的标准偏差（例如总体标准偏差、样本标准偏差和均值标准偏差）。

94）硫化反应：氧化钙与氧气和二氧化硫结合形成硫酸钙，同时放出热量的化学反应。

95）硫捕集率：见固硫率。

96）固硫率：与燃料一同进入炉膛但没有以 SO_2 形式离开锅炉的硫的份额。

97）补充燃料：为锅炉提供能量或支持燃烧而额外增加的燃料。

98）最大温差：空气预热器进口烟气的温度减去空气预热器进口空气温度。对于多分仓空气预热器，空气温度是复合空气温度（译者注：即一、二次风流量加权平均温度）。

99）试验：以确定性能的特征，同条件下至少要有两个可比较结果的工况，多条件下要有多个试验工况，共同组成试验内容。

100）试验边界：用于标记质量流或能量流进入

或离开被测试设备的边界线。

101）允许偏差：测试结果与其名义或保证值之间的可接受差值。允差是对测试结果或保证值的调整，而不是性能测试规定的一部分。

102）可追溯：追溯指测试仪表或校准标气是否可通过一系列校准过程反向追踪到最原始的参考点，如美国的国家标准和技术研究所（NIST）。可追溯即可通过试验中的记录完成追溯过程。

103）未完全燃烧份额：燃料中未被完全氧化的部分。

104）不确定度：用一个给定范围来对测试结果进行误差极限的限定，也就是说，不确定度定义了一个区间范围，大家认为在一定概率条件下真实值一定会存在于其间。不确定度由随机不确定度和系统不确定度两部分组成。

105）随机不确定度：基于一定置信度水平（通常为 95%）预测的随机误差的正负极限范围。

106）系统不确定度：基于一定置信度水平（通常为 95%）预测的系统误差的正负极限范围。

107）试验不确定度：试验随机不确定度和试验系统不确定度共同组成试验不确定度。

108）用户自定义：可以反映典型燃料和运行条件的一组边界条件，某些参数可与设计条件有所不同。

109）挥发分：根据 ASTM 近似分析标准化验，固体燃料中加热后会以气体形式挥发出来、但不包含水蒸气外的部分的质量份额，参见固定碳。

110）X 比：见热容量比。

2-3　计算符号与缩略语

本规程中使用首字母缩略语作为符号并分为如下几类。对于锅炉来言，这些缩略语符号尽可能遵循 ASME PTC 4 燃煤锅炉性能试验规程所提出的方法。

2-3.1　属性参数符号

Af：平面投影面积

Aid：内部面积

Cp：定压平均比热容

D：干态

Dg：任何干燥气体，通常指空气或烟气

Dn：密度

H：焓

Hca：对流换热系数

HHV：单位质量燃料高位发热量

$HHVcv$：燃料恒容高位发热量

$HHVv$：单位体积燃料高位发热量

Ht：高度

M：质量

Mo：摩尔

Mp：质量百分数

Mq：单位能量下的质量

Mr：质量流速

Mv：单位体积下的质量

Mw：分子量

p：压强（译者注：工业中多称压力）

pb：大气压

pp：局部压力

ps：饱和压力

Q：能量

Qp：基于燃料输入能量的百分数

Qr：换热速率

R：通用气体常数

Rhm：相对湿度

Rq：必需的

Se：烟囱效应

Sg：比重

T：温度

Tdb：干球温度

Thf：热表面的温度

Twb：湿球温度

v：速度

vh：速度头，动压头

Vp：体积百分数

2-3.2　功能性符号

Ad：额外的

Di：差值

Fr：份额

Mn：平均值

Sm：总和

2-3.3　设备、物流和效率符号

A：空气

Ac：暖风器

Ah：空气预热器

Al：漏风

Ap：渣池

Aq：空气净化设备

As：灰

B：带入热量

Bd：排污

C：碳

Ca：钙

Cb：燃烧碳

Cbo：燃尽碳

Cc：碳酸钙

Cf：系数

Ch：氢氧化钙

Clh：煅烧反应/脱水反应

Cm：燃烧

CO：一氧化碳

CO_2：二氧化碳

Coal：煤

Cw：冷却水

E：效率百分数

Ec：省煤器

El：电

Ev：蒸发

F：燃料

Fc：固定碳

Fg：烟气

Fo：燃油

G：燃气

Gr：毛

Hc：干基碳氢化合物

I：输入

In：惰性

L：损失

Lg：漏风

Mc：碳酸镁

Mh：氢氧化镁

N2：氮气

N2a：大气氮

NOx：氮氧化物

O：输出

O_2：氧气

Pc：燃烧产物

Pcu：未经脱硫反应修正的燃烧产物

Pr：石子煤

Rh：再热

Rs：大渣

Ry：再循环

S：硫

Sb：吸收剂

Sc：硫捕集

Sh：过热

Slf：硫酸化

SO_2：二氧化硫

Src：表面辐射对流

Ssb：乏吸收剂

St：蒸汽

Th：理论的

To：总的

Ub：未燃的

W：水

Wv：水蒸气

X：辅助的

Xp：过量空气系数

Xr：X-比

2-3.4 位置、面积、单元和构分的符号

En：进入

f：燃料相关特性

j：燃料相关吸收剂

k：燃料的吸收剂成分

Lv：出口、离开

m：实测

Re：参考

z：位置（参见图 2-3.4-1～图 2-3.4-6）

2-3.5 修正符号

Cr：读数修正或计算修正

Ds：设计

2-3.6 第 5 章（结果计算）中计算使用的缩略语符号

见 5-10。

2-3.7 第 5 章（结果计算）中不确定度计算使用的缩略语符号

见 5-10。

2-3.8 第 7 章中的符号汇总表

见 7-7。

2-4 缩写

以下缩写在本规程的全文中使用：

A/D：模数转换

AFBC：常压流化床燃烧

AH：空气预热器

APC：暖风器

APH：空气预热器

API：美国石油协会

Ar：氩

ASTM：美国材料试验协会

C：碳

Ca/S：钙硫比

$Ca(OH)_2$：氢氧化钙

CaO：氧化钙

$CaSO_4$：硫酸钙

CB：气化碳

CO：一氧化碳

CO_2：二氧化碳

CO_3：碳酸盐

CT：电流传感器

DCS：分布式控制系统

EPA：（美）环境保护署

ESP：静电除尘器

FC：固定碳

FD：强制通风

FEGT：炉膛出口烟温

FG：烟气

FID：火焰电离检测器
FW：给水
GPA：天然气加工者协会
H_2：氢气
H_2S：硫化氢
HHV：高位发热量
HHVF：燃料高位发热量
HHVGF：气体燃料高位发热量
I/O：输入/输出
ID：吸风
K_2O：氧化钾
kWh：千瓦时
LOI：灼烧失重
MAF：干燥无灰
MB：兆字节
$Mg(OH)_2$：氢氧化镁
$MgCO_2$：碳酸镁
MgO：氧化镁
N_2：氮气
N_2O：氧化亚氮
Na_2O：氧化钠
NH_3：氨气
NIST：国家标准技术局
NO：一氧化氮
NO_2：二氧化氮
NO_x：氮氧化物
O_2：氧气
O_3：臭氧
PA：一次风
ppmdv：干体积基百万分之一
ppmv：湿体积基百万分之一
PT：变压器
PTC：性能试验规范
RAM：随机访问存储器
RH：再热，相对湿度
RTD：电阻温度计
S：硫
SDI：空间分布指数
SH：过热器，过热
SI：国际单位制
SiO_2：二氧化硅
SO_2：二氧化硫
SO_3：三氧化硫
SO_x：硫氧化物
TC：热电偶
TGA：热重分析
THC：总碳氢化合物
VM：挥发分

2–5　边界图中的缩写

2-5.1　属性参数符号

Mr：质量流量
p：压力
T：温度

2-5.2　设备和物流符号

A：空气
Al：漏风
Fg：烟气
HF：热流体（包括暖风器中的热流体）
P：一次
S：二次

2-5.3　位置符号

En：进入
i，*j*：网格中点的坐标
Lv：离开

2-5.4　修正/设计符号

Cr：读数或计算修正
Ds：设计或标准条件

2-5.5　空气预热器和暖风器边界

7：暖风器空气进口
8：空气预热器空气进口
9：空气预热器空气出口
14：空气预热器烟气进口
15：空气预热器烟气出口
HF：暖风器热流体进、出口

2-5.6　排列顺序

请注意，本章中的缩略语符号按以下顺序排列：属性＞物流＞位置＞校正/设计。例如，在多分仓空气预热器中，MrSAlFG 指的是二次风漏到烟气侧的质量流量。类似地，TA9 是指在位置 9（空气预热器空气出口）处的空气的温度。

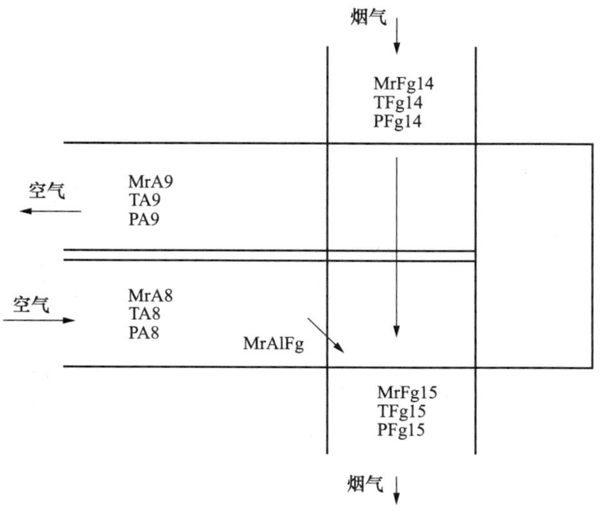

图 2-3.4-1　管/板式空气预热器

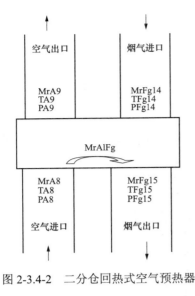

图 2-3.4-2　二分仓回热式空气预热器

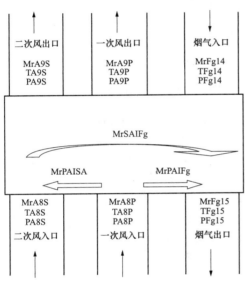

图 2-3.4-3　三分仓空气预热器

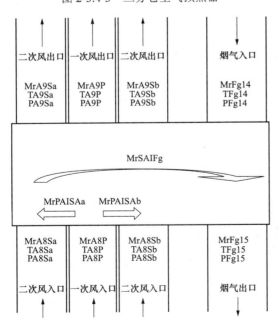

图 2-3.4-4　四分仓空气预热器

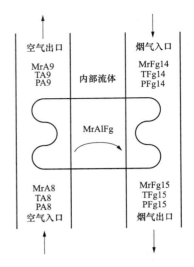

图 2-3.4-5　液体内循环介质空气预热器

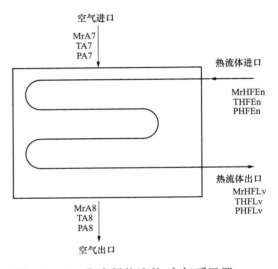

图 2-3.4-6　非冷凝热流体-空气暖风器

指 导 原 则

3–1 引言

本规程的首要目的是为空气预热器性能试验提供规范的策划和测试方法，以准确确定空气预热器的性能。其次，本规程还要保证验收试验（合规性试验）或其他要求高精度、高可重复性试验的全过程合格。本规程中所规定的要求就是为尽量减少试验的不确定度而设计的，因此，严格满足本规程所规定的强制性要求而进行的试验，可认为是规范性试验。

通常认为常规试验的规范性水平没有必要达到本规程所规定的强制性要求。此类不需要达到规程规定精细水平的信息摸底试验、故障排除试验或其他试验可采用非强制性附录 J 中讨论的方法。

总体试验原则如下：

（a）O_2 分析。本规程基于烟气中氧（O_2）分析和实验室燃料分析结果通过化学当量计算来确定烟气量。本规程没有提供使用二氧化碳（CO_2）分析仪的试验流程和相应的计算方法。

（b）速度分布预测量。本规程要求正式试验前在空气预热器所有进、出口的测试平面上，用三维探针网格法逐点全部测量的方法测定气流的速度分布，以确定是否需要对空气和（或）烟气的参数进行速度加权平均。

（c）多空气预热器配置时的要求。单元机组配多台空气预热器时，每台空气预热器都应单独测试。3-5 中讨论了此时的工作流程和必要的支持数据。

（d）试验前的不确定度预分析。本规程要求按 3-2.2 中讨论的方法，在试验前就要对试验结果的不确定度进行预先分析。

（e）基于工作效能的标准。基于工作效能（或基于试验目标）的方法允许用户在试验设计规划时，综合考虑成本、机组实际设备配置情况及其他因素后对试验进行适当调整。本规程为用户提供了应用该方法时如何设计试验内容和试验流程的条款。也就是说，只要能满足试验的目标，用户可以自由使用本规程中详细说明的任何技术或设备。这与固定方法的标准有所不同，使用固定方法的标准时，只能使用该标准中

给定的唯一测试设备和唯一测试技术进行试验。

（f）技术的选择。本规程中所讨论的测试仪表和测量方法都是标准编写时的最佳实践。本规程不排除使用本规程出版时尚未出现的技术，但该技术需要满足第 4 章中所讨论的精度要求。同时，本节明确排除了某些不适合使用的测试仪表和方法，这些测试仪表和测试方法不能应用在规范性试验中。

（g）支撑标准的选择。本规程使用时需要引用其他 ASME 性能试验规程或其附件作为支撑。然而，在本规程中也有引用其他组织的标准（如 ISA、ASTM、GPA）。如参与试验各方一致同意，也可以使用其他国际上认可的标准。

（h）配备冷一次风系统的机组。总烟气量应基于烟气中的 O_2 浓度和燃料元素分析结果，按化学当量方法计算得到。进入各个相同配置空气预热器的烟气量，可将先前速度分布预测量所得的、通过该空气预热器的烟气流量占总烟气量的比例，与总烟气量相乘得到，参见 4-7.1 和 5-4。

3–2 试验前的准备

准备规范试验时应考虑合理的技术措施。如何确定、区分待测试设备和所选的确切试验方法应无争议并做明确记录；相关的描述、图表或照片都应明确记录并永久保存；测点的具体位置应由试验各方事先确定，并在试验记录中详细说明。针对使用中可能出现故障或损坏的测试仪表，应配备校准合格的冗余（备用）测试仪表。

对于验收和/或其他正式试验，制造商或供应商应对设备进行检查、消缺，并把设备调整到最适合试验的状态。然而，制造商不能通过调整来改变设备的运行条件，进而规避相关规章、合同、安全或其他规定的约束，使试验结果更有利于自己。所有的调整必须保证设备在全工况（所有的设计运行条件和所有出力条件下）安全、连续、可靠运行。任何调整都必须记录在案，且调整前应向试验各方报告。

设备首次投运和初步试运后，应尽快进行验收试验和其他正式试验。每次试验之前，设备应该有足够

的稳定时间来证明已经达到预期的试验条件，如设备运行的稳定状态。试验前参加各方应就试验的流程和时间达成一致。

试验开始后对设备进行调整，可能影响试验结果，调整前已经完成的任何试验内容都必须重新测试。只有设备的可靠和持续运行不能保证时，才允许进行适当调整，且调整应事先得到试验各方的同意。

3-2.1 试验前的协议

验收试验要求试验各方就如下问题达成协议，涉及与试验范围和试验工况情况的各个方面。这些协商好的项目应记录在试验计划和试验报告中，包括但不限于：

（a）试验对象。

（b）试验地点和时间。

（c）试验边界。

（d）所需的原始数据复制数量。

（e）修正后无漏风出口烟气温度的允许偏差。

（f）试验期间运行条件允许的波动范围，包括但不限于设备的稳定性［包括关键标志性参数及其最大瞬态波动范围、最大长期偏差范围、长期偏差的平均周期以及每个参数所用的测量方法（使用固定测点、单只试验热电偶还是所有试验热电偶的平均）］、空气进口温度、空气预热器进出口挡板的位置、关键标志性参数的布点及其控制方法。典型稳定性判定准则见表 3-2.1-1 所示。

（g）标准工况或设计工况。

（h）如何根据试验目的进行合理的工况分配。

（i）人员的组织，包括试验负责工程师的任命。

（j）负荷点个数、试验工况时间和试验流程。

（k）受热面的清洁情况以及在试验期间如何保持清洁。

（l）试验前要进行检查的设备，包括影响漏风率的空气预热器部件。

（m）试验中机组所使用的燃料与吸收剂，试验的采样方法、样品的实验室分析及对系统不确定度进行评估等。

（n）为符合试验目标，试验期间所需记录和采集的数据。

（o）试验测试仪表的选择和校准，试验期间所采用的测量方法（见第 4 章），如：

（1）测量位置。

（2）网格点的布置和数量。

（3）传感器类型（热电偶型、热电阻、温度计、压力计、换能器、S 型皮托管、各种靠背测速管、孔板、顺磁 O_2 分析仪、奥氏烟气分析仪等）。

（4）每个点数据的记录方法（手动或电子数据采集设备，如电子采集还应确定数采系统的类型）。

（5）测量频率。

（6）网格法测量方法，是拉网格逐点还是混合点采样方法。

（7）测试仪表校准/精度检查方法。

（-a）整个测量回路进行精度检查，还是单个测量元件精度检查。

（-b）需精度检查的点数或范围。

（-c）对于热电偶，是全部检查还是从批次中选出代表性的热电偶进行检查。

（8）系统不确定度的组成及其数值（用于不确定度对所检查数据的影响进行修正）。

（-a）系统不确定度的主要标准。

（-b）采样管抽取位置。

（-c）针对已知影响因素的修正方法，（如 NO 浓度对顺磁氧量仪测量氧量的影响）。

（9）校正试验中测量数据的方法，确定精度结果对系统不确定度影响的方法。

（10）确定测试仪表漂移量的方法，包括氧分析仪的最大允许漂移量（零或一个量程范围）。

（p）试验目标中定义的每个性能参数的最大系统不确定度。

（q）各采集点之间灰渣量的分配，以及它们的采样、分析方法，并对其造成的系统不确定度进行评估。

（r）速度分布预测量中使用的测速探针类型。正如 3-1（B）和 3-2.5 所述，在首次速度分布预测量时应当使用能够同时测量（水平）偏转角和（垂直）俯仰角的三维探针，然后用户可根据先前预测量的结果选择使用三维、二维或无方向的探针。

（s）如果机组配备相同空气预热器且并列布置，需要确定可在多个空气预热器平均分配流量的最大允许流量偏差限值。具体参见 3-5.1。

（t）如何在异型空气预热器间进行流量分配。

（u）如果电子测量系统（温度、烟气体分析等）没有对整个电子回路进行校准（或精度检查），或不是基于把该电子系统作为一个整体进行校准的，需确定电力回路未进行校准的元器件（如传感器和永久配线之外的补偿导线、接头、数据采集/显示设备或任何其他物件）对系统不确定度产生影响。参见 4-5.4.2 和强制性附录Ⅲ。

（v）试验条件偏离标准条件或设计条件时，需要确定偏离引起的偏差如何进行修正及修正时所使用的数据。

（x）试验结果与标准条件或设计条件下性能进行比较的方法。

（y）摒弃离散数据或试验工况的基准。

（z）需要使用流量加权平均的基准。

（aa）如燃料采用输入用能量平衡法计算，则需要对效率损失和效率损失的不确定度进行估计。

（ab）如某参数采用估计而不是直接测量，则确定其估计值，并评估其对系统不确定度的影响。

（ac）网格法全部测量时所用的测试仪表及其结果随机不确定度的评估、计算方法。

（ad）试验对象为有相变流体（蒸汽）暖风器时，需要测量热流体（蒸汽）出口处的最小过热度。参见 5-8。

（ae）直燃式空气预热器或烟气/烟气换热器的漏风（烟气）率测量方法。

3-2.2 试验前不确定度分析

试验前不确定度分析是本规程的强制性要求。通过分析可在试验前采取一些工作，以便于把不确定度降低到与试验总体目标一致的水平，或在实现该目标的同时尽可能降低试验的成本。不确定度分析可用于确定测试的次数，有助于确定试验方案的某些变量，如确定网格密度和数据采集的频率或是否需要加密网格以提高试验的质量。

通过该工作还要完成一份敏感性分析，把对最终计算结果具有关键性影响的参数找出来。非强制性附录 J 中的表 J-1.4-4～表 J-1.4-6 总结列举了那些对烟气温度、漏风率、压差和空气/烟气质量流量的计算都具有重要影响的参数。

3-2.3 试验人员的选择与培训

所有参加试验的人员都要针对他们在试验过程中负责的特定活动进行培训。应指定一名试验工程师作为试验负责人领导整个试验，确保试验过程的正确执行，并对试验结果进行评估。测试仪表操作人员应熟悉其所负责硬件的校准和正确使用方法，能够根据需要对试验设备进行必要的小幅度修理，还应了解其在各自测试工作面所采集数据的大致预期范围。注意，试验前的速度分布预测量和预备性试验期间正是训练试验人员，并确认其是否可以顺利完成试验的最佳时机。

3-2.4 试验前设备检查

试验负责工程师（见 3-2.3）必须确保待测设备处于良好的运行状态。应注意试验边界内所有管道连接的紧密性和密封条件、所有传热表面的清洁度、所有管道和设备的状况，试验前都应进行检查并调整到适合操作的条件下。如试验期间不操作旁路挡板、再循环挡板，不投入暖风器，则应对旁路挡板、再循环挡板和暖风器的阀门等设备进行检查，确保其隔离时可以关闭严密。

3-2.5 试验速度分布预测量

试验应在各个负荷点对所有空气和烟气的进、出口横截面，进行强制性的速度分布预测量，以确定计算时是否需要流量加权平均。如果试验期间暖风器切除，可不进行进口空气横截面的速度分布预测量工作。温度、速度（差压）和烟气中的氧气体积浓度，都应通过网格法在整个平面内全部测量一遍。因

此，除非各方都同意使用二维或零维探针，否则速度分布预测量必须使用能够同时测量偏转角和俯仰角的探针。

3-2.6 预备性试验

预备性试验需要正常记录，主要用于确定设备的工作状态是否适合试验、检查测试仪表是否正常、测量方法是否合适、检查人员组织和试验流程是否适当、确定培训人员，并核实试验目标可以达到的不确定度水平，还有助于发现试验准备期间不容易显现但必须进行的次要操作或设备调整。试验各方可在必要时进行合理的预备性试验。为对试验流程、布局和组织进行全面检查，预备性试验的测试工作应完整进行，并给出计算结果。如预备性试验符合本规程所规定的必要要求，经试验各方同意，也可作为正式试验。

3-3 试验中的操作方法

3-3.1 试验工况的稳定性

为了全面确定性能，试验应包含多个工况。一个工况是针对特定的机组运行状态，在测量时段内进行的一组完整的测试。在整个工况内，把所有要控制参数的波动都维持在先前确定的范围内非常重要，因此，每个工况开始前就需把这些参数稳定到预定水平，并至少保持 30min。

所有的试验工况都应在设备处于稳定状态时进行。稳态由系统工作过程中的热平衡状态和化学平衡状态定义。对锅炉或炉膛的要求是，整个试验过程中燃烧要保持锁定不变。如只对暖风器等设备进行单独试验，则仅需进、出口的空气流量和温度保持稳定状态即可。本规程中的要求请参阅表 3-2.1-1。

建议在工况过程中对相关数据进行持续监测，以便于适时评估运行状态变化。试验前，各方应将类似于表 3-2.1-1 所描述多个运行参数的允许最大变化量确定下来，并形成一个控制清单。在试验工况中，要把这些运行参数的值与该条件下其平均值之间的偏差控制在协定中允许的长期偏差范围之内。长期偏差指协定的运行期间内，某一运行参数的平均值与整体试验期间平均值之间的最大偏差。此外，任何点随时间的波动范围不得超过瞬态波动的限值。在没有外加试验测试仪表的情况下，如当使用网格法逐点测量整个平面内温度和 O_2 时，可用机组在线仪表确定这些运行参数的偏差。图 3-3.1-1 为使用协定限值示例。

3-3.2 工况持续时间

每个工况的持续时间应至少 2h，如有需要可以延长工况的持续时间，以保证试验的所有测试数据一致。此外，当通过网格法逐点测量数据时，每个工况、每个试验测试平面内，所有点都应测量两遍。读数的频率应保证其平均值可以代表所测参数的真实值，并

满足不确定度分析/随机误差最小的要求。

3-3.3　试验过程中的调整

试验中操作空气预热器附近的控制挡板可能会影响多空气预热器配置时各个空气预热器之间的烟气和空气流量分布，或多分区空气预热器各个分区间的烟气和空气流量分布。为防止表 3-2.1-1 中所示的标志性参数在试验工况期间不发生超限现象，用于控制磨煤机出口风粉混合温度（调温风）和用于控制空气预热器粘污情况的空气旁路或热风再循环挡板均不应该进行操作。

试验过程中空气漏风控制装置（如可调节扇形板、轴向密封件、固定式矩阵空气预热器上的风罩等）不应手动操作（移动）。如果这些设备是自动控制的，应格外小心，试验时自动系统应退出运行，自动系统投入运行时试验应当停止采集数据。

试验工况期间空气预热器吹灰器不吹灰。上游吹灰器操作时，特别以空气作为吹灰介质的吹灰器吹灰时，会导致测试数据无效。如果进行吹灰，则吹灰过程中的试验数据应与吹灰前后的数据进行比较，如吹灰影响测试结果，则该工况应摈弃。

3-3.4　工况的摈弃

如果试验期间或结果计算时，发现某一工况存在严重影响结果一致性的测试数据，则该工况应完全无效。如果受影响的部分处于工况的开始阶段或结束阶段，则可以认为仅该部分无效。为了达到试验预定目的，无效的工况必须重复测试。某工况是否摈弃，需要试验负责工程师和试验各方指定的代表共同决定。

工况摈弃依据的示例参见表 3-2.1-1。燃煤锅炉空气预热器进口过量氧量相对于平均值的最大长期偏差限值 0.5%（绝对值）。在这种情况下，需要将可疑数据与采集到该截止时间点过量氧量的平均值进行比较。该幅度大小的偏差通常是由采样系统故障或运行工况显著改变引起的。两类事件都会导致试验结果出问题，即全部失效或部分失效。

注意，在试验前的检查清单中［见 3-2.1（y）］，要求试验各方事先对试验工况完全摈弃及仅对部分试验结果摈弃的基准达成一致。

3-3.5　试验工况次数和重复性标准

针对每个特定条件，试验至少要有两次都满足本规程可重复性要求的工况。两个试验工况中，如被考察参数的修正后结果处于彼此不确定范围所重合的区间内，则可认为其满足可重复性的标准，如图 3-3.5-1 所示。

基于各个工况的不确定度范围和结果比较确定试验工况可重复性时，需要先把被考察参数归一化（修正）到标准工况或设计工况的条件下。

3-3.6　多工况结果的平均

最终的试验结果是满足本规程要求的多个试验工况结果的平均值。试验报告应写明各个单独试验工况计算的不确定度结果。

3-4　测试结果与标准性能或设计性能的比较

试验时运行条件可能会和设计条件或性能保证条件有所不同。5-6 中提供了影响试验结果各因素的修正方法，试验各方应对修正方法的应用达成一致并做相应记录。

3-5　多空气预热器配置

多空气预热器配置机组中每个空气预热器的性能试验应尽可能单独进行，这样有利于空气预热器之间的性能比较。试验负责工程师可根据不确定度和成本等因素决定各个空气预热器的性能试验是同时进行还是顺序进行。无论采用哪种数据采集方式，每个空气预热器的性能计算最好基于各自的系统单独进行，可参阅 4-7.1、5-4.1 和 5-4.2。

3-5.1　相同设计或同类型多空气预热器配置

同型空气预热器平行布置通常不需要在各个空气预热器间的空气/烟气流量分配花费很多功夫，性能试验时一般可认为两台空气预热器的空气流量、烟气流量相等。

如果速度分布预测量结果表明各个空气预热器间的进口烟气流量存在显著偏差，则总烟气流量必须按速度分布预测量所得各空气预热器的流量比例分配到各个空气预热器。一般来说，各空气预热器间的流量不平衡超过平均值的10%时，就必须进行烟气流量的按比例分配。具体要求基于什么流量偏差基准需要进行流量分配，需要事先在试验预定协议中达成一致，见 3-2.1（s）。

每台空气预热器的烟气流量确定后，就可以通过能量平衡的方式来计算通过每个空气预热器的空气流量。

3-5.2　各空气预热器设计不同或型号不同

本部分讨论一次风空气预热器与二次风预热器并联布置时的情况。

不同型号空气预热器并联布置时，首先需要确定系统中各空气预热器的烟气流量分配比例。具体来说，就是必须事先给定，或测量某一台空气预热器上某一个空气流的流量。实践中通常进行实际测量的是一次风空气预热器出口空气流量，因为机组运行中该流量通常需要进行校准工作。给定空气流量并测得漏风率后，就可以通过能量平衡的方法计算通过空气预热器的进口烟气流量（见 5-4.2）。

基于烟气流量的总体平衡（见 5-3.5.9），可按类似方式（3-5.1）为其余空气预热器分配烟气流量。

3-6 不确定度

试验前试验各方应通过协议为每个性能参数设定最大不确定度限值。

必须精心设计性能试验流程并在试验中严格执行，以保证最终试验结果的正负不确定度小于事先确定的最大不确定度范围。选择哪些参数需要测量、哪些参数可以估计、使用什么样的估计值以及如何使用更少的测试仪表或替代测试仪表，将很大程度上影响试验的结果最终可否满足最大不确定度限值的要求。试验负责工程师要设计试验内容和试验流程以满足不确定度水平的要求。试验前试验各方应就这些选择达成一致。

需要注意的是，在使用不确定度方面，本规程仅把它作为保证试验质量的措施。具体说来，试验各方必须就试验允许的最大不确定度达成一致。

3-7 参考的其他规程和标准

空气预热器性能试验所涉及的必要测试仪表和主要试验环节在第 4 章中规定。关于测试仪表和测试方法方面的部分要求，需要参考其他一些 ASME 关于测试仪表和试验方法的相关规程、规程附件和相关出版物。所有这些引用的参考都是基于本规程发布时有效的最新版本，读者应注意这些参考文件的最新修订。

3-7.1 ASME 性能试验规程

ASME PTC 2 定义和定值

ASME PTC 4 蒸汽锅炉性能试验规程

ASME PTC 6 汽轮机性能试验规程

ASME PTC 11 风机性能试验

ASME PTC 19.1 试验不确定度

ASME PTC 19.2 压力测量

ASME PTC 19.3 温度测量

ASME PTC 19.5 流量测量—参见 ASME MFC-3M-2004 附件中的 MFC-3Ma-2007 附录，利用孔板、喷嘴和文丘里计测量管内流量

ASME PTC 19.10 烟气和排烟分析

ASME PTC 38 烟气中颗粒物浓度的确定

出版商：美国机械工程协会（ASME），2 号林荫大道，纽约，NY 10016-5990（www.asme.org）。

3-7.2 ASTM 标准方法

ASTM C25 石灰石、生石灰、含水石灰石化学分析标准测试方法

ASTM D95 石油产品和烟煤中水分蒸馏分析标准测试方法

ASTM D240 液体碳氢化合物燃料利用氧弹分析仪化验热值的标准测试方法

ASTM D482 石油新产品中灰分分析标准测试方法

ASTM D1298 采用液体比重计进行原油产品和流体石油产品密度、相对密度、API 重度标准试验方法

ASTM D1552 利用高温燃烧和 IR 探测方法石油新产品中硫含量测试标准方法

ASTM D1826 采用连续记录量热量计方法测试天然气热值标准测试方法

ASTM D1945 通过烟气套色板方法分析天然气标准方法

ASTM D2013 化验分析煤样标准制备方法

ASTM D2015 采用绝热氧弹热量仪化验煤或焦高位热值的标准试验方法

ASTM D2234 化验分析原始煤样标准采集方法

ASTM D3173 化验煤或焦炭中水分的标准试验方法

ASTM D3174 化验煤或焦炭中灰分的标准试验方法

ASTM D3177 化验煤或焦炭中硫分的标准试验方法

ASTM D3178 化验煤或焦炭中碳和氢的标准试验方法

ASTM D3179 化验煤或焦炭中氮的标准试验方法

ASTM D3180 从确定基质到不同基质中煤和焦炭分析计算的标准实施规程

ASTM D3228 用改良的基耶达法测定润滑油中总氮量的方法

ASTM D3302 煤中全水分测量标准方法

ASTM D3588 计算热值、压缩系数和气体燃料的相对密度比重标准的标准实施方法

ASTM D4057 石油和石油产品的手工采样用标准实施方法

ASTM D4239 高温燃烧方式测定煤及焦炭中硫含量的标准实验方法

ASTM D4809 采用氧弹热量计测定液烃燃料燃烧热值的标准试验方法（精密法）

ASTM D5142 采用测试仪表测量法对煤和焦炭样品进行工作分析的标准试验方法

ASTM D5287 气体燃料的自动抽样的标准操作方法

ASTM D5291 石油产品和润滑油中碳、氢和氮测试仪表测定的标准试验方法

ASTM D5373 测定煤和焦炭分析样品中的煤和碳分析样品中碳，氢和氮的标准试验方法

ASTM D6316 标准的试验方法测定总可燃碳酸盐从煤和焦炭固体灰渣

ASTM E178 处理异常数据的标准做法

出版商：美国试验和材料协会（ASTM 国际），100 巴尔港大道，邮箱 C700，西康舍霍肯，PA19428-

2959（www.astm.org）。

3-7.3　GPA 标准

GPA 2166　获得天然气样品的气相色谱法分析

出版商：天然气体处理者协会（GPA），6526 东 60 号大街，塔尔萨，OK 74145（www.gpaglobal.org）。

3-7.4　ISA 标准

ANSI/ISA-S51.1　工艺测量仪表术语

出版商：国际自动化协会（ISA），67 T. W. 亚历山大海港，邮箱 12277，三角研究公园，NC 27709（www.isa.org）。

时间	0	20	25	30	35	40	45	50	55	60	65	70	75	80	85	90	95	100	105	110	115	120	125	130	135	140
读数	302	292	302	305	303	295	298	296	305	313	308	309	311	313	308	307	309	298	311	297	294	294	293	297	298	305
试验平均值	302.4	302.4	302.4	302.4	302.4	302.4	302.4	302.4	302.4	302.4	302.4	302.4	302.4	302.4	302.4	302.4	302.4	302.4	302.4	302.4	302.4	302.4	302.4	302.4	302.4	302.4
5点运行平均	...	...	...	...	300.8	299.4	300.6	299.4	299.4	301.4	304.0	306.2	309.2	310.8	309.8	309.6	309.6	307.0	306.6	304.4	301.8	298.8	297.8	295.0	295.2	297.4
最大长期偏差	...	...	...	...	1.6	3.0	1.8	3.0	3.0	1.0	1.6	3.8	6.8	8.4	7.4	7.2	7.2	4.6	4.2	2.0	0.6	3.6	4.6	7.4	7.2	5.0
最大瞬时波动	...	10	10	3	2	8	3	2	9	8	5	1	2	2	5	1	2	11	13	14	3	0	1	4	1	7

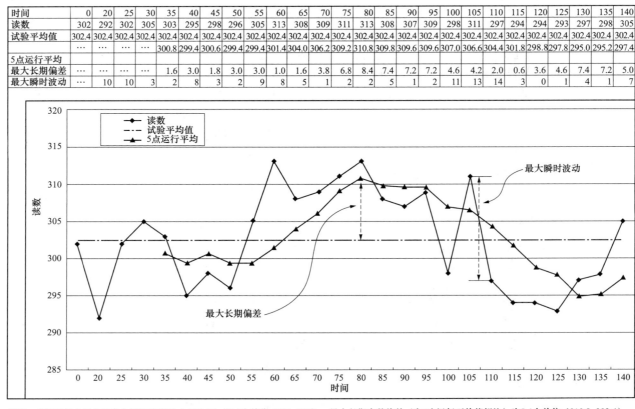

提示：本图示例中最大瞬态参数波动范围（点到点）是14个单位（311-297），最大长期参数偏差（和5点运行平均值相比）为8.4个单位（310.8-302.4）。

图 3-3.1-1　参数的瞬时波动范围（点到点）和长期偏差示例

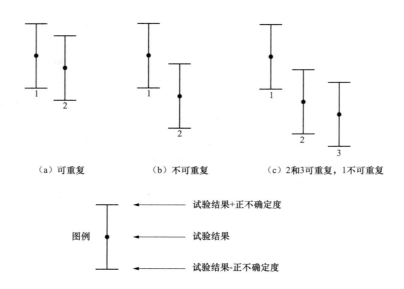

（a）可重复　　　（b）不可重复　　　（c）2和3可重复，1不可重复

	→	试验结果+正不确定度
图例	→	试验结果
	→	试验结果-正不确定度

注：正负不确定度通常在数值上不相等。

图 3-3.5-1　试验工况次数和重复性标准要求

表 3-2.1-1   运 行 参 数 偏 差

参 数			瞬态参数波动（点到点）	基于平均值的长期参数偏差［注（1）］
空气预热器进口空气温度			10℉（6℃）	见注（2）
空气预热器进口烟气温度			10℉（6℃）	见注（2）
空气预热器进口烟气流量［注（3）］	空气预热器进口氧量［注（4）］	煤	1.0% O2	0.5% O2
		油或燃气	0.4% O2	0.2% O2
	机组蒸发量［注（5）］	煤	4.0%	3.0%
		油或燃气	2.0%	1.0%
	机组燃料量［注（6）］		2.0%	1.0%
磨煤机入口空气温度［注（7）］			10℉（6℃）	10℉（6℃）

注：

（1）参见图 3-3.1-1。

（2）这些参数通常无法控制，但试验各方应就某些限值达成一致。

（3）为最大程度减少烟气流量波动，O_2 蒸汽量或燃料量应当控制在所述限值范围之内。

（4）百分比的值是 O_2 的绝对值。

（5）燃煤蒸汽锅炉适用，给水流量和/或汽轮机第一级压力可用作蒸汽流量的指示值。

（6）炉膛燃烧控制优先机组适用，如或燃气锅炉用燃料量控制机组比控制蒸汽流量更优。

（7）显示煤中水分与/或磨煤机调温风量不一致。

第4章

测试仪表和测量方法

4–1　引言

各种各样的测量技术和测量装置都可用于空气预热器性能试验的数据测量。本章介绍了几种目前比较实用的测试仪表和方法，用于指导试验中如何开展数据采集工作（注：不代表本规程优先推荐这些测试仪表和方法）。性能试验负责工程师应根据各种技术的相对不确定度来选择合适的测试仪表，使试验结果的整体不确定度（见3-6）满足要求。

为试验所选的测试仪表和测试系统应确保其能长期在高温、脏污和易受振动的环境中正常运行。所有测试仪表都应进行适当的检查和校准，以达到生产厂家规定的不确定度。

应根据理想的设备运行条件，在试验前计算所有记录数据的预期范围，以确保所选测试仪表符合预期的目的。在充分考虑测量系统的采样管线的尺寸、位置和响应时间等因素的前提下，应通过计算确定每一个测试平面上适宜的采样频率。

4–2　需确定的数据

根据试验的目的，确定空气预热器性能需要测量以下（全部或部分）数据：

（a）空气预热器各分仓的进、出口空气温度；

（b）空气预热器各分仓的进、出口烟气温度；

（c）空气预热器各分仓的出口热空气流量；

（d）空气预热器的进、出口烟气流量；

（e）每股空气的进、出口静压；

（f）每股空气的出口动压；

（g）烟气（或热流体）的进、出口静压；

（h）烟气（或热流体）的出口动压；

（i）进口空气湿度；

（j）空气预热器的进、出口烟气含氧量；

（k）炉内燃烧的燃料量；

（l）燃料的元素分析；

（m）雾化蒸汽流量或烟气中加入的其他成分的流量；

（n）飞灰、底渣等物质流中的可燃物流量。

4–3　网格法

4-3.1　测量位置

烟风管道内空气和烟气的流量、温度和成分等参数通常是非均匀分布的，特别是经过空气预热器之后。按照网格法布置测点并进行多点测量，对于准确确定每个参数的平均值非常重要。用网格法选定了合适的测点位置之后，烟道或风道截面被划分为若干个单元格，使用相应的测量元件和采样系统，就能用一个点测出的速度、温度和气体组分等数据代表整个单元格内的特征参数。然后累加每个单元格的流量就可以得到截面上的总流量，或根据测量和计算的需要，对不同的单元格赋予不同的加权因子。平均温度和气体组分按 4-4 计算。

测点布置、划分单元格的大小和形状、对每个单元格的特征参数求和（理论上相当于积分）或求平均值的方法很多，包括基于假设分布（对数-线性、勒让德多项式或切比雪夫多项式）的测点布置方法、基于图形或数字技术来计算特征参数的积分、基于等分单元格进行简单的算术求和或算术平均方法、在流量测量中使用边界层修正来考虑壁面附近的缓慢流动的方法等。增加截面上的测点数或引入更复杂的数学方法（如插值多项式、边界层修正等）通常可以提高测量精度。

测量大型烟、风道中的速度、温度和气体成分时，基于实际流场中存在各种不同的分布情况，相比复杂又难于验证的预告假设分布或边界层修正测试方法而言，通过大数量等分单元中心点网格法采样的试验方法，获取高精度的试验结果，是更为现实的做法，也更符合现场测试的要求。本规程即采用大数量等分单元中心点网格法采样的试验方法。使用高斯或切比雪夫测量方法的具体细节请参阅 ASME PTC 19.5。

4-3.1.1　矩形管道

矩形管道应按等面积划分网格，在每个单元格的中心设置测点。管道截面积小于等于 $30m^2$（$324ft^2$）时，应该设置 9～36 个测点，每个单元格面积不得大于 0.84m²（9ft²）。管道截面积大于 30m²（324ft²）时，测点数应增加到 36 个以上，每个单元格面积可放宽至不超过 1.1m²（12ft²）。

根据本规程第 7-5.3.2 中提出的系统不确定度模型，数值积分引起的系统不确定度随测点数的增加而减小，因此设置较多的测点有利于控制试验结果的不确定度。

管道截面的每个方向上（高度和宽度）应设置至少三个测点。单元格应为以下形状之一：

（a）如果管道截面上不存在明显的分层，或者如果两个方向上的分层相似或未知，单元格的长宽比应与管道截面一致（即单元格的长边对应管道截面的长边），直至单元格形状为正方形，如图 4-3.1.1-1 所示。

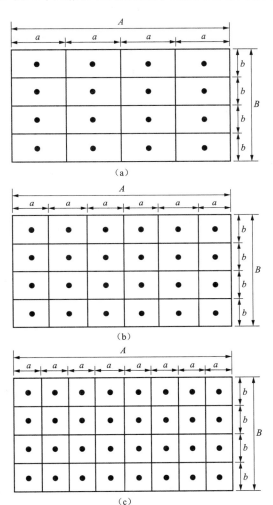

图 4-3.1.1-1　矩形管道的测量网格划分

（a）形状与管道截面相似的单元格 $\left(\dfrac{A}{B}=\dfrac{a}{b}\right)$；（b）形状

更接近正方形的单元格 $\left(\dfrac{A}{B}>\dfrac{a}{b}且a>b\right)$；

（c）正方形单元格（ $a=b$ ）

（b）如果管道截面上只有一个方向严重分层，建议在该方向增设更多测点，而不再受截面长宽比的限制。

4-3.1.2　圆形管道

圆形管道应按等面积划分成不超过 0.84m²（9ft²）的单元格，测点数量应不少于 9 个。如上所述，增加测点数可以减小数值积分引起的系统不确定度，因此大型管道的测点数不宜少于 24 个。为保证每个单元格面积不超过 0.84m²（9ft²），可增加测点数量，将管道截面等分为 4 个、6 个或 8 个扇形。每个测点必须设置在扇形的中心。以 20 测点和 4 个扇形的网格划分为例，测点可按图 4-3.1.2-1 所示的方法设置。

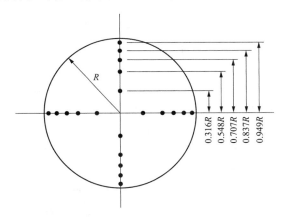

图 4-3.1.2-1　圆形管道的测量网格划分

圆形管道中测点位置的计算公式为

$$r_P = R\sqrt{\frac{p-0.5}{n}}$$

式中： n 为每条半径上的测点总数； p 为从内向外标记的测点序号，记为 $p=1,2,\cdots,n$ ，与圆心距离相同的测点序号相同； R 为管道半径； r_p 为第 p 点与圆心的距离，单位与 R 相同。

例如，当 $n=5$ 时，第 3 个测点到圆心的距离为

$$r_3 = R\sqrt{\frac{3-0.5}{5}} = 0.707R$$

4-3.2　分层

空气预热器进、出口测量截面上的气体组分、温度和速度分布与测量位置上、下游的混合和流动过程密切相关。上游邻近的弯头和（或）挡板等，对速度分布有决定性的影响。再生式空气预热器（含风罩式回转式空气预热器）的分层问题较为明显，管式空气预热器的分层问题则相对较轻，但仍不能忽视。

4-3.2.1　空气进口

在空气预热器的空气进口，气体组分应该与空气一样均匀，但温度分布受风机和暖风器（如有）加热的影响。速度分布则取决于风机出口到测量截面之间的混合情况。投运暖风器时，进口空气速度分布和暖风器内部介质流动将通过传热间接影响到温度分布。

这些复杂过程的综合影响无法在试验之前定量计算，但与截面上的平均温度相比，测点之间的温度

差异通常很小。如果采用空气预热器出口热空气再循环到风机进口的运行方式，需要考虑测点之间的温度差异。

4-3.2.2 烟气进口

烟气成分、温度和速度的分布取决于上游燃烧室和受热面（如过热器、省煤器等）内的传热和混合过程。另外，锅炉在负压下运行时，外部空气的漏入将同时影响这三个参数的分布，特别是对烟气成分分布的影响很大。漏风点越接近测量截面，对烟气成分分布的影响就越大。

漏风、传热和混合的过程非常复杂，受现场测试环境和负荷等因素影响，也无法在试验前定量计算。

4-3.2.3 空气出口

本规程不考虑残留空气预热器转子中、被带入空气侧的少量烟气的影响，因此可认为空气出口气体组分类似空气进口，仍是标准空气。

空气出口的速度分布取决于空气进口的速度分布、预热器换热元件与测量截面之间的过滤风道和弯头，以及传热表面的不均匀灰污情况。

空气进口速度除影响空气预热器出口速度分布以外，还影响空气预热器内的传热。这些因素会和部分冷风经由环形密封、沿空气仓室（径向与轴向密封）漏入空气预热器的情况，及空气预热器整体会旁路一部分冷风的情况，共同产生作用，进一步影响到空气出口温度沿空间的分布情况。

决定空气预热器出口空气温度分布范围最主要的因素是随受热面旋转的传热过程，如在大型空气预热器换热元件的出口截面空气温度平均值为 328℃时，实际上空气温度分布范围为 296～360℃，最高温度和最低温度相差值高达 64℃。转子传热产生的温度分布偏差沿转子的周向呈线性变化，但随着出口风道的形状从半圆形过渡到矩形及最终到达测量截面，气流的混合作用使得温度分布形状发生改变，偏差范围会缩小。尽管空气预热器换热元件出口截面上的空气温度分布可以定量计算，但其下游的混合作用却无法估算。

4-3.2.4 烟气出口

因各股空气都会通过密封机构向空气预热器漏风，转子本身也会挟带空气，空气预热器出口烟气成分的分布情况比进口更为复杂。空气预热器的漏风包括热端和冷端的径向漏风，以及转子冷端的周向漏风。在烟气通过管道系统时，会有部分局部漏风不断掺混进来。

出口烟气温度分布的影响因素与空气出口类似，但空气预热器漏风对出口烟气温度分布的作用其对空气出口温度分布的作用更为复杂。

决定出口平面内实测烟气温度分布范围的因素仍然是随受热面旋转时的传热过程。在空气预热器换热元件的出口截面上，无漏风稀释作用时，温度随转子转动而变化，如烟气温度的平均值为 141℃时，烟气温度分布范围为 113～168℃，最高温度和最低温度相差高达 55℃。

4-4 流量加权

考虑到空气预热器附近的管道布置情况，在测量截面位置处，管内很可能无法形成均匀且充分发展的流动，从而满足准确测量的要求。在这种情况下，为了抵消这种非均匀流动的影响，需要对每个测点的数据进行流量加权平均。当温度分层（如再生式空气预热器出口、错流式空气预热器出口和蒸汽/乙二醇暖风器后的出口烟道）和（或）氧量分层（如再生式空气预热器出口烟道）很严重时，流量加权尤为重要。

流量加权需要在管道中每个采样测点位置同时测量流体的动压和温度数据。动压、温度和静压等应测量两次，以相互对比保证流速数据的可重复性。采集这些数据可能需要大量人力和时间。因此，可以在试验前预先测量每个试验工况下每条管道中的动压、温度和静压数据，得到整套流量加权的数据集，以便在以后的试验中使用。如果试验参加单位认为数据的流量加权平均值与算术平均值有显著差异，就可以用试验前预测量得到的数据，对受影响管道的所有测试数据进行流量加权平均。7-5.3.3 介绍了根据预先测得的速度和温度（和氧量）的数据，判断是否采用流量加权的技术，以及如何在流量加权或非流量加权条件下估算系统不确定度。

变量 X 的流量加权平均值可按下式计算

$$X_{FW} = \frac{\sum_{i=1}^{n} Mr_i X_i}{\sum_{i=1}^{n} Mr_i} \text{ 或 } \frac{\sum_{i=1}^{n} v_i X_i}{\sum_{i=1}^{n} v_i} \quad (4\text{-}4\text{-}1)$$

式中：Mr_i 为第 i 测点对应的质量流量；N 为测量截面上的测点总数；v_i 为第 i 测点对应的流速；X_{FW} 为变量 X（温度、氧量等）的流量加权平均值；X_i 为第 i 测点对应的变量 X 的实测值。

质量流量 Mr_i 可按下式计算

$$Mr_i = Dn_i A_i v_i \quad (4\text{-}4\text{-}2)$$

式中：A_i 为第 i 测点所在单元格的面积；Dn_i 为第 i 测点对应的流体密度；v_i 为第 i 测点对应的流速。

流体密度 Dn_i 可按下式计算

$$Dn_i \approx K_1[(p_B + p_{S,i})/(460 + T_i)] \quad (4\text{-}4\text{-}3)$$

式中：K_1 为一个常数（假设管道内流体为理想气体）；p_B 为当地大气压力，inH_2O；$p_{S,i}$ 为第 i 测点对应的流体静压，inH_2O；T_i 为第 i 测点对应的流体温度，℉。

流速 v_i 可按下式计算

$$v_i = K_2(\Delta p_i / Dn_i)^{1/2} \quad (4\text{-}4\text{-}4)$$

式中：K_2 为流速测量元件的动压修正因子；Δp_i 为第

i 测点对应的动压。

式（4-4-1）最终变为

$$X_{\text{Wgtd}} = \frac{K_1 K_2 \sum_{i=1}^{n}\{[\Delta P_i(P_B + P_{S,i})/(460 + T_i)]^{1/2} A_i X_i\}}{K_1 K_2 \sum_{i=1}^{n}\{[\Delta P_i(P_B + P_{S,i})/(273.15 + T_i)]^{1/2} A_i\}}$$

(4-4-5)

式中：K_1 是单位转换因子和流体的分子量的函数，对于确定的测量截面是保持不变的，可以直接消去；如果在同一个测量截面上的测点全部用同一个动压测量元件，即动压修正因子相同，则 K_2 也可以消去；如果在同一测量截面上使用了多个动压测量元件，则 K_2 不一定是常数（与测点位置相关），应放到求和括号内。

4-5 温度测量

本规程中主要测量大型烟风管道中燃烧空气和烟气的温度，还可测量环境空气、干球温度和湿球温度，当热电偶带有冰浴时还须测量冰浴温度。

温度测量通常使用的仪表是热电偶，也可用热电阻（RTD）、液体式玻璃温度计等或其他传感器。

有关温度测量更完整的介绍，请参阅 ASME PTC 19.3。

4-5.1 热电偶

4-5.1.1 简介

热电偶有两个不同的导体，称为热电极。热电极末端连接在一起形成触点，其余部分彼此电绝缘。每个热电偶必须有两个触点，位于热电极的两个末端，分别是测量触点（热端）和参比触点（冷端）。热电偶产生的电动势是两个触点间温差的函数。如果已知参比触点的温度，则可以通过测量回路中的电动势来确定测量触点的温度。因此使用热电偶测量温度时，需要用到电动势的测试仪表。

下列四种是最常用的热电偶类型：

（a）铜-康铜（T 型）；

（b）铁-康铜（J 型）；

（c）镍铬-镍铝（K 型）；

（d）镍铬-康铜（E 型）。

热电偶的测量触点通常封装在铠鞘中，并且不接地（即热电偶的触点与铠鞘间的电绝缘通过某种类型的耐火材料实现，如氧化铝、氧化镁或玻璃纤维等）。测量空气进口温度时，也可使用由热电偶导线（不含补偿导线）制成的"自制"热电偶（带有裸露接头）。

采用补偿导线连接的热电偶有利于最大程度减小系统不确定度。使用兼容（同类型）的热电偶补偿导线可降低试验成本，此时对热电偶精度校验时应包括热电偶和热电偶补偿导线。为限制系统不确定度

增大，应在试验前将扩展线连接到热电偶，完成精度校验后，保持连接直至试验结束后的精度检查工作结束。

网格法测量管道中的温度时，如果使用一组热电偶，应分别读取每个热电偶的示数，不应将它们合并在一起作为一个信号输出。

4-5.1.2 测试仪表

（a）电位计。电位计将未知量与标准量或已知量进行比较。例如，精确称重时经常用机械天平来完成与标准质量的直接比较，如果测量的质量太重不能直接比较，可以使用杠杆来增加力量。电位器在测量电压时也具有类似的功能，标准电池提供标准电压，电阻比就是"杠杆"，电流计则是天平指针。电位计测量时，应将参比触点浸入冰浴。

（b）数字温度计。数字温度计是从热电偶测量接点测量电动势，同时测量环境温度（通常使用热敏电阻）的设备。基于这两种测量和标准的热电偶-电动势关系，数字热电偶（包括手持设备和数据采集系统）可以直接显示/记录测量触点处的温度。

当使用等温端子将多个热电偶接入数据采集系统时，应特别注意防止在热电偶输入端与等温端子之间出现温度梯度。

4-5.1.3 精度检查

热电偶测温系统进行精度检查优先推荐将整个回路作为检查对象，包括热电偶、导线、电位计/数字温度计/数据采集系统等。每次精度检查应至少包括四个校验点，检查范围应当覆盖待测对象的温度范围，即至少要有一个精度检查点要低于最低读数、有一个精度检查点高于最高读数。需要注意的是，虽然校准最低要求 4 个点，但减小相邻校准点间的温度间隔，有利于降低系统不确定度。

也可以对热电偶和显示/记录数据的电子系统分别进行精度检查。不论是热电偶的精度检查，还是电子系统（数字温度计/数据采集系统等和热电偶校准时未包含的任何导线）的精度检查，都应至少包括 4 个校准点，而且检查范围应当覆盖待测对象的温度范围，即至少要有一个精度检查点要低于最低读数、有一个精度检查点高于最高读数。需要注意的是，虽然校准最低要求 4 个点，但减小相邻校准点间的温度间隔，有利于降低系统不确定度。

当使用电位计时要求与上述不同，电位计本身不需要校准。但为适应环境温度和稳定标准电池，电位计从装设到位到开始正式测量前应稳定不少于 3h。稳定后电位计应按照厂家要求进行校准或"标准化"。

在为试验前精度检查设定温度范围时要慎重预估试验对象的温度区间，因为试验中如果任何一个热电偶的平均温度超出精度检查的最高温度和（或）最

低温度，则该热电偶应视为无效。

单个热电偶可分别进行精度检查，或者从同规格热电偶组中抽取两个（或以上数量）热电偶进行精度检查，并用检查结果的平均值作为整组热电偶的检查结果。精度检查数据可用于计算系统的不确定度，也可以用于修正该组内热偶温度测量结果。如果精度检查时抽取两个以上的热电偶，则应计算中，每个热电偶的数据都要用到而不能舍弃（译者注：可用精度检查平均值计算未检查热偶测量的不确定度，或修正未检查热偶的测试结果，但遇到自己测量时用自己的精度检查结果计算或修正）。单个热电偶（或组中抽取的热电偶）的精度检查既可采用全回路检查方式（推荐方案）也可以采用分系统检查方式（备选方案）。当使用备选方案时，完成每个回路中剩余部分，包括电子系统和补偿导线（如有）等，也应该进行精度检查工作。

4-5.2 液体式玻璃温度计

4-5.2.1 简介

液体式玻璃温度计由一段玻璃毛细管和一个薄壁玻璃泡构成，毛细管的一端与玻璃泡连通，另一端封闭，主要用于测量相对湿度和冰浴温度。玻璃泡和一部分毛细管内充有膨胀指示液，毛细管其余空间内则是指示液的蒸气或其与惰性气体的混合物。毛细管上标有温度刻度，指示液柱末端（与气体的分界面）对应的刻度读数就是玻璃泡内的温度。

部分浸入式温度计只要求玻璃泡和毛细管内指示液柱的特定部分浸入待测温度环境中即可，无论指示液柱和毛细管的其余部分温度与待测温度是否一致，稳定后的示数就是待测温度的真实值。该类温度计使用时，如在测量冰浴温度时，温度计读数前应确保玻璃泡和毛细管浸入冰水混合物液面以下的长度达到浸没刻度线的位置。

全部液柱浸入式温度计要求玻璃泡和毛细管内指示液柱全部浸入待测温度环境中，无论液柱上部气体温度与待测温度是否一致，稳定后的示数就是待测温度的真实值。试验不应使用液柱浸入式温度计。

完全浸入式温度计要求玻璃泡和毛细管（指示液柱和上部气体）整体浸入待测温度环境中，稳定后的示数才是待测温度的真实值。

温度计的毛细管部分应采用蚀刻方式将刻度标示于管体上。

4-5.2.2 精度检查

试验中使用的所有温度计都应该有经认证的校准。校准应至少包括三个点。

4-5.2.3 使用前检查

使用前，应检查每个温度计以确保液柱没有分段。如出现液柱分段，必须先消除液柱分段或更换温度计。对于水银温度计，只须将玻璃泡浸入干冰/酒精溶液中，就能消除液柱分段。对于其他膨胀指示液，可以使用离心力或将温度计竖直后轻轻地敲击分段液柱上方的毛细管体的方式来消除液柱分离。

4-5.3 热电阻（RTD）

4-5.3.1 简介

大多数金属和某些半导体材料电阻率会随温度变化，且其规律已知、可重复。热电阻 RTD 测温测试仪表由这样一个称为热电阻的传感元件和 2～4 条连接传感器与电阻测量装置的导线组成。RTD 内的热电阻为金属元件，一般为铂，偶尔也会用镍和铜。热电阻以金属细线的形式盘绕在陶瓷或玻璃的芯体上，密封到腔体内，最后封装到金属铠甲中。如果采用两线制结构，所测量的电阻值既包含热电阻，也包含导线的电阻。如果采用三线制或四线制，再配合桥接电路，就能单独测出热电阻的阻值。

4-5.3.2 精度检查

精度检查方法同 4-5.1.3。

4-5.4 系统不确定度

4-5.4.1 温度计

温度计的系统不确定度由分辨率和精度两部分组成。分辨率用最小刻度间隔除以 2 来表示。系统不确定度中的精度则由校准点误差和测量值处的内插误差计算得到，具体算例参见强制性附录Ⅲ。

4-5.4.2 热电偶和热电阻

热电偶和热电阻测温整体系统不确定度受下列因素（但不仅限于）的影响：

（a）所采用的这种测温技术自身的系统不确定度水平；

（b）传感器安装、热电偶、焊接等造成的系统不确定度；

（c）（热电偶）冰浴的温度；

（d）未经校准的导线；

（e）电位传感器漂移；

（f）传感器校准点是离散的，因为测量值要与偏离这些精度检查点的校准数据进行对比，就必须用这些点进行内部插值，进而产生传感器的系统不确定度；

（g）数据采集系统精度检查点之间插值导致的系统不确定度。

组成整体系统不确定度的每一个部分可以仅为正值（测量值高于"真值"），可以仅为负值（测量值低于"真值"），也可以有正有负。当用表格表示整体系统不确定度的每个组成部分时，应该制作两列，一列用于填写正值，另一列用于填写负值。

对于使用电位计的热电偶，精度检查数据只包括热电偶本身（和导线）的数据。对于使用数字温度计和热电阻的热电偶，精度检查数据包括传感器、导线和显示/记录温度设备等的数据。在下文及强制性附录

Ⅲ中，传感器是指热电偶或热电阻以及其永久连接的导线；电子系统是指导线、触点、数据采集/显示设备，或回路中除传感器之外的任何其他设备。

4-5.4.3 精度检查

针对精度检查结果，有三种进行插值、修正试验数据和相应的确定系统不确定度的方法，分别为：

（a）基于回路（或传感器和电子系统）的精度检查结果计算特定的修正因子，用于修正每个热电偶/热电阻或测点的每次读数，这是本规程推荐的方法。

（b）基于回路（或传感器和电子系统）的精度检查结果计算特定的修正因子，用于修正每个热电偶/热电阻或测点的（算术或加权）平均读数。

（c）不修正温度测量结果，仅用回路（或传感器和电子系统）的精度检查结果来确定测量截面上温度的系统不确定度。

以上方法的具体算例参见强制性附录Ⅲ。

4-5.5 空气平均温度和烟气平均温度

为了确定大型管道中空气或烟气的平均温度，必须进行多点测量。可按照 4-3.1 将管道分成若干个面积相等的单元格，测量每个单元格中心位置的温度（和速度）。如果管道截面上的空气或烟气流速分布存在明显的差异，那么温度测量应根据每个测点对应的质量流量（或速度）取加权平均，质量流量可根据测点处的温度、流速以及管道中的静压计算。4-4 中介绍了当要求加权平均的具体条件，即使不满足上述条件，经参加试验各方一致同意，也可采用加权平均。需要注意的是，由于流量测量本身存在的不确定度，流量加权平均可能会增大最终结果的系统不确定度。

在试验期工况期间，使用按网格法固定安装温度传感器（通常是热电偶）开展连续的温度测量时，经常会有部分传感器发生故障的情况。如果某些热电偶在试验的后半段出现故障，且在整个试验中该传感器至少还有 50%的读数可用，则可以直接使用故障前的读数，而不用考虑该热电偶的故障。表 4-5.5-1 规定了管道中故障传感器数量的上限，试验期间故障传感器数量不超过该规定时不会影响正常试验。但试验结果的不确定度仍会受到影响，这可能导致该次试验结果被舍弃。除非试验各方一致同意可以不更换这些故障传感器，否则应在下一次试验前及时更换。

表 4-5.5-1　　故障传感器数量上限

管道内传感器总数	故障传感器数量上限
6～10	任意 1 个点
11～15	任意 2 个点
16～20	任意 3 个随机点
21～25	任意 4 个随机点

续表

管道内传感器总数	故障传感器数量上限
26～30	任意 5 个随机点
31～35	任意 6 个随机点
36 及以上	任意 7 个随机点

为了相对准确地代表管道截面上的温度，测量中的故障点位置应具有随机性。如果相邻传感器失效，将增大测量的系统不确定度，但增大幅度难以估计。图 4-5.5-1 给出了部分故障测点非随机组合的示例，如果遇到其中任何一种故障模式，应立即中止当前试验并更换故障传感器，之后方可重新开始试验。

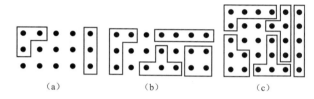

图 4-5.5-1　非随机故障模式示例
（a）三点非随机故障模式；（b）四点非随机故障模式；
（c）五点非随机故障模式

在（进口和出口）烟道内，除了测量温度外，还应测量相同位置处的氧量。如果采用单点采样，采样枪实际上是一根抽取烟气样品的管子。热电偶可以固定在管子的外部，但多装于另一根起保护作用的套管内。热电偶的测量端（热端）与气体采样管的进气端在相同位置上。如果在同一个测孔安装和固定多个气体采样枪，通常将所有的温度传感器装在同一根套管内。温度传感器的套管上钻有小孔，分别对应每根气体采样管的端部位置，热电偶的测量端（热端）从这些小孔依次伸出。

4-5.6　干球（环境）温度和湿球温度

测定比湿度经常会用到干球温度、湿球温度和大气压力。这种方法一般用两个具有相似性质的"匹配"温度计分别测量干湿球温度。湿球温度计的玻璃泡应用纱布包裹，纱布应用蒸馏水充分浸润（但不滴水）。

4-5.7　冰浴温度

当热电偶与电位计和冰浴一起使用时，应在冰浴中放置部分浸入式玻璃温度计。温度计的玻璃泡应靠近冰浴底部。

4-6　压力测量

全压是静压和动压的总和。空气预热器试验中所需的压力读数包括：

（a）空气和烟气的进/出口静压；

（b）空气和烟气的进/出口动压。

有关压力测量和通过压力测量流量的更多信息，请参见 ASME PTC 19.2《压力测量》、ASME PTC 19.5

《流量测量》和 ASME PTC 11 《风机性能试验规程》。

4-6.1 压力测试仪表

压力计或压力传感器是目前常用的压力测试仪表。

试验期间应采取措施注意保护指示器，避免它们受风、太阳和辐射热的影响。应定期检查探针、软管和指示器以防止泄漏或堵塞。探针内的微粒堆积或测量系统内的局部凝结都可能造成堵塞。

测量静压或全压的测试仪表可设有一个阀门通大气。如果指示器所处位置的大气压力与大气压力测量点之间存在压差，那么应同时测量该压差的大小。

（a）压力计。压力计一般应为内径不小于 8mm（5/16in）的垂直 U 形管或井形管，内部灌装有油或水。刻度尺的间距不应超过 3mm（1/8in）。压力计里的流体密度应在现场温度下确定。对于低压读数，为了提高分辨率，应使用倾斜管压力计。在这种类型的压力计中，其中一个管是倾斜的，以便按管的倾斜角度成比例地将刻度放大。倾斜管压力计通常配有气泡矫正器和调节螺钉。

选择压力计 U 形管的刻度长度和内装流体的密度时，应保证读数的误差不超过测量压力或压差的0.5%。压力计的分辨率、流体密度随温度的变化、毛细管效应和测试仪表倾斜等，都可能影响到测量不确定度。

（b）压力传感器。压力传感器是一种压力传感装置，传感器在压力下发生应变或形变时，其电学特性也会变化，它产生的电信号输出与感应到的压力成正比。传感元件可以是一组应变计，其中的导体（如一组导线）在压力下的长度改变会引起电阻的变化。类似地，传感元件也可以是半导体晶片或在压力下改变其电学特性的任何其他装置。传感器误差的主要影响因素有零位漂移、滞后、温度和海拔等。传感器的电信号输出可以从仪表或数据记录器上读取。压力测量系统应试验前在现场校准，或者试验前、试验后均进行校准。有关压力传感器的详细信息，请参阅 ASME PTC 19.2。

4-6.2 系统不确定度

评估压力测量的系统不确定度，应考虑一次元件、安装影响和数据采集等的系统不确定度的总体效应。典型的压力计的系统不确定度为最小刻度的一半，而典型的标准压力传感器的系统不确定度不超过全量程的 ±0.1%。

压力测量系统的整体系统不确定度包括传感器、变送器和数据采集系统（如采用）等的系统不确定度。压力计流体的密度、大气压头与校准工况存在差异时或温度引起的管子上刻度的长度有所变化时，都应进行修正。

4-6.3 静压

静压是指扣除流动流体的速度影响时测量到的

压力。如果全压已知，则静压来可以用来计算动压。静压也可用于确定空气和烟气管道中的压差。当用静压来确定压差时，为了减小不确定度，应该采用差压测量装置（如同一个压力计的两个支腿），而不是两个独立的压力测量装置。

静压测量应使用壁面垂直感压管或静压探针。为了尽量减少气流冲击造成的误差，应安装静压接头。静压接头是指安装在管壁适当位置的壁面垂直感压管或专门设计的探针。当管道壁光滑平整且无流动干扰时，任一管壁上安装的单个壁面垂直感压管就能满足静压测量的要求。否则，应在同一截面上沿管道均匀布置四个壁面垂直感压管，分别测量静压后再取算术平均值，也可以通过均压环来实现取算术平均的功能。均压环安装在管道外部，同时连接四个壁面垂直感压管和一个压力传感装置，其横截面面积应不小于各个壁面垂直感压管的通流面积之和。

4-6.3.1 壁面垂直静压感压管

当气流经过壁面垂直感压管时，流线会偏转到感压管中心位置，从而在感压管内产生涡流。这使得静态压力产生失真，并导致或正或负的压力误差。壁面垂直感压管直径越大、流体流速越快，这种误差也越大。因此，壁面垂直感压管应该很细，并且边缘呈方形。壁面垂直感压管必须光滑，没有毛刺和碎屑，并且安装时应避免靠近弯头或管道内部部件，以防止气流冲击或紊流造成的误差。

壁面垂直感压管的直径通常为 9mm（3/8in）或12mm（1/2in）。如果想要使用单个壁面垂直感压管来测量静压，则应从同一平面上的至少两个壁面垂直感压管中读取数据，以确定其是否具有代表性。如果单个壁面垂直感压管不具有代表性，则应采用四个壁面垂直感压管的算术平均值、均压环或静压探针。在任何情况下，压力传感管线内都不应有凝结物。

4-6.3.2 静压探针

管道形状不规则或管道膨胀节会产生流动变形，使壁面垂直感压管无法提供具有代表性的读数，在这种情况下，通常要用静压探针来检测管道中的静压。标准静压采样探针（译者注：即毕托管）的外形是一根带有垂直弯管（鼻管）的采样管，鼻管前端指向气流呈光滑圆形，沿采样主管上钻有一系列静压感应孔。这些感应孔在直径方向上彼此相对，以消除气流引起的误差。这些静压感应小孔连接到压力测试仪表（如压力计）后就可以测量出静压。此外，也可以用（L 型）皮托管测量静压。静压探针或皮托管不需要校准。

如果静压开口容易堵塞，可以使用靠背管（S 型）探针。但是 S 型探针需要校准。

如果流动方向未知，皮托管和靠背管探针都不适用，应使用校准后的有方向探针（如 Fechheimer 探针）

测量静压。另见强制性附录 V。

4-6.3.3　静压测量读数

静压读数的频率不应与空气预热器的旋转频率一致。

4-6.4　动压

动压测量时需要将探针插入一个（或多个）插孔，把探针深入或固定到不同深度的合适测点位置上，就可获得每个测点处的动压值。探针宜能够同时测量静压、全压、差压、偏转角和仰俯角。基于初步测试结果，只有在仰俯角绝对值的平均值不超过 5° 时，才可以能使用仅具有偏转角测量功能的探针；只有在偏转角和仰俯角绝对值的平均值都不超过 5° 时，才能使用无方向探针。有关各种动压测量探针的详细信息，参见强制性附录 V。

应在速度截面上的每个测点位置进行压力测量，包括动压和全压或静压。它们中任意一个的值都可以根据其他两个值计算得出。

探针在管道横截面总的阻塞面积不应超过管道横截面的 5%。

动压即全压和静压之差，用 $\dfrac{(流体密度)\times(流动速度)^2}{2g_c}$（单位为 Pa）来表示［其中：$g_c$ 为重力加速度，取 $1.000 \mathrm{m\cdot kg/(N\cdot s^2)}$］。

有多种测试仪表可用于在管道中速度测量截面上网格法测量每一个点动压。速度测量截面是指垂直于流动方向的一系列、需要全部的网格测点组成的测量平面。探针插入的测点位置应处于每个等面积单元格的中心。

由于典型的烟气和空气流量测量点均处于流动干扰紊乱的位置，因此速度测量必须考虑流动方向，以便进行流量加权（参阅第 4-4 节）和/或质量流量测量。为克服探针不能区分流动方向而带来测量偏差，这些地方通常需要能够同时测量气流方向和速度的探针（简称有方向探针）。流量计算只考虑与单元格垂直的速度分量。无方向探针必须与流动速度方向一致，不能简单地认为探针与管道轴线方向平行就能测出正确的动压值。速度测量中不可确定的误差往往来源于静压感应孔的影响（对全压也有一定的影响，但会轻微一些）。因此，想在严重扰流的区域正确测量流量，需单独测量每个测点处的速度和方向（即偏转角和仰俯角），然后计算垂直于速度截面的速度分量。

4-6.5　压力波动的时间平均

由于极少有压力完全稳定的工况，任何测试仪表的压力示值都会随着时间而波动。为了获得读数，测试仪表应该衰减压力波动或以适当的方式对读数应取平均值。可以在压力感应管路和测试仪表之间装设某种类型（如多孔塞子型、孔板型）的压力阻尼器或缓冲器，以衰减压力波动。如果压力波动很小而且规律，可以凭经验取平均。如果波动较大而且不规律，则应采用更为复杂的方法取平均。当一次元件是电子传感器时，可以用电子方式获得时间平均值。尽管空间平均速度由时间平均动压的平方根计算，但为防止引入系统误差，不宜在时间平均之前直接对动压原始数据取平方根。相关内容请参阅 ASME PTC 19.5 第 6 章。

4-6.6　根据所测动压计算速度和质量流量

采用无方向探针时，根据某一测点的测量数据计算质量流量需要以下信息：

项　　目	符号	单位
动压（实测）	p_{vm}	Pa
静压（实测）	p_{sm}	Pa
大气压（实测）	p_b	Pa
干球温度（实测）	T_{dbm}	K
无方向探针系数（基于探针的校准结果，常数或为雷诺数的函数）	K	
探针直径（源于探针的几何尺寸）	d_p	m
该测点代表的管道横截面积（由管道几何尺寸决定）	A_i	m²

采用有方向探针时，还需要以下信息：

项　　目	符号	单位
偏转角（实测）	K	(°)
俯仰差压（实测）	Ψ	Pa
仰俯角-俯仰压力系数曲线（基于探针的校准结果）	Φ、C_Φ	
动压系数-俯仰压力系数曲线（基于探针的校准结果）	K_v、C_Φ	
全压系数-俯仰压力系数曲线（基于探针的校准结果）	K_t、C_Φ	
探针截面曳力系数（基于探针的校准结果）	C_D	
校准工况探针前端部正对来流的面积（由探针几何尺寸计算）	S_p	m²
校准喷嘴或风道横截面积（基于校准设备几何尺寸计算）	C	m²

待测流体是空气时，还需要以下数据：

项目	符号	单位
相对湿度（即空气中水蒸气的质量分数 $MFrWDA$；见表 5-10.2-1）	W	

待测流体是烟气时，还需要确定烟气成分，参阅 5-3.5。

4-6.6.1　计算俯仰压力系数 C_Φ（无量纲）

当动压 $p_{vm} \neq 0$ 时，俯仰压力系数 $C_\Phi = \Delta p_\Phi / p_{vm}$；否则，$C_\Phi = 0$。

4-6.6.2　确定仰俯角 Φ（°）

根据探针校准时提供的仰俯角-俯仰压力系数（Φ、C_Φ）曲线确定仰俯角。如果该曲线是雷诺数的函数，那么应首先假设一个雷诺数，再进行迭代计算。

4-6.6.3　确定动压系数 K_v（无量纲）

根据探针校准时提供的动压系数-俯仰压力系数（Φ、C_Φ）曲线确定仰俯角。如果该曲线是雷诺数的函数，那么应首先假设一个雷诺数，再进行迭代计算。

4-6.6.4　确定全压系数 K_t（无量纲）

根据探针校准时提供的全压系数-俯仰压力系数（Φ、C_Φ）曲线确定仰俯角。如果该曲线是雷诺数的函数，那么应首先假设一个雷诺数，再进行迭代计算。

4-6.6.5　计算全压 p_{tm}（kPa）

$$p_{tm} = p_{vm} + p_{sm}$$

4-6.6.6　计算绝对静压 p_{sam}（Pa）

$$p_{sam} = p_{sm} + p_b$$

4-6.6.7　考虑探针阻塞流体作用对校准影响的修正系数计算 β（无量纲）

计算中需要用到动压的压缩修正因子 $(1-\varepsilon_p)$，而确定 $(1-\varepsilon_p)$ 又要求 β 为已知量，因此应首先假设一个 $(1-\varepsilon_p)$ 的值，再进行迭代计算。

$$\beta = \pm \frac{C_D \cdot (1-\varepsilon_p)}{4(1-\varepsilon_p)-3} \cdot \frac{S_p}{C}$$

4-6.6.8　考虑探针阻塞流体作用对动太压影响的修正系数计算 K_{vc}（无量纲）

$$K_{vc} = K_v/(1+\beta \cdot K_v)$$

4-6.6.9　计算烟气和空气的摩尔质量 Mw（g/mol）

干空气摩尔质量为 28.963 g/mol。干燥气体（含干烟气）的摩尔质量 $MwDg$（g/mol），由各组分的体积分数 $(X)_x$ 按照下式计算

$$MwDg = 44.01(CO_2) + 28.01(CO) + 32.00(O_2)$$
$$+ 28.02(N_2) + \cdots$$

含湿烟气的摩尔质量 Mwg（g/mol），由 $MwDg$ 和相对湿度 W 按下式计算

$$Mwg = \frac{1+W}{\dfrac{W}{18.02} + \dfrac{1}{MwDg}}$$

空气相对湿度（$MFrWDA$）的确定参见 5-3.4.2。烟气相对湿度（$MFrWDFg$）即烟气中的总水分（$MqWFgz$，参见 5-3.5.8）和干烟气质量（$MqDFgz$，参见 5-3.5.10）之比。

4-6.6.10　计算定压比热容 c_p[J/(kg·K)]

定压比热容的确定参见 5-9。

4-6.6.11　计算 R[J/(kg·K)]

$$R = R_0/Mw$$

其中　$R_0 = 8.314462\,\mathrm{J/(kg \cdot K)}$

4-6.6.12　计算 k（无量纲）

$$k = \frac{c_p}{c_p - R/J}$$

4-6.6.13　计算动压的压缩修正因子 $(1-\varepsilon_p)$（无量纲）

$$1-\varepsilon_p = 1 - (K_{vc}/2k) \cdot (p_{vm}/p_{sac})$$

如果结果与 4-6.6.7 中的假设值不符，则应返回到第 4-6.6.7 步重新迭代。

请注意选用本规程中规定的测试仪表和测量方法的前提是，流动中仅存在轻微压缩效应。本规程中给出的速度、压力和温度的确定方法，仅限于气体流动马赫数低于 0.4 的情况，对应于 $K_{vjc}\,p_{vi}/p_{saj}$ 的值约为 0.1，参见强制性附录 V 中式（V-8-9）。

4-6.6.14　计算绝对温度的压缩修正因子 $(1-\varepsilon_p)$（无量纲）

$$1-\varepsilon_T = 1 + 0.85(k-1)/k\,K_{vc}\,p_{vm}/p_{sac}$$

4-6.6.15　计算绝对温度 T_m（K）

$$T_m = T_{dbm} + 273.15$$

4-6.6.16　计算修正后滞止温度 T_{sc}（K）

$$T_{sc} = T_m/(1-\varepsilon_T)$$

4-6.6.17　计算修正后全压 p_{tc}（Pa）

$$p_{tc} = K_t\,p_{tm}$$

4-6.6.18　计算修正后静压 p_{sc}（Pa）

$$p_{sc} = p_{tc} - K_v\,p_{vm}$$

4-6.6.19　计算修正后动压 p_{vc}（Pa）

$$P_{vc} = K_{vc} \cdot (1-\varepsilon_p) \cdot p_{vm}$$

4-6.6.20　计算修正后绝对静压 p_{sac}（Pa）

$$p_{sac} = p_{sc} + p_b$$

4-6.6.21　计算流体密度 Dn_c（kg·m^{-3}）

根据修正后滞止温度 T_{sc} 和修正后绝对静压 p_{sac} 计算，空气密度计算参见 5-3.4.10（DnA），烟气密度计算参见 5-3.5.13（$DnFg$）。

4-6.6.22　计算流体速度 V_c（m/s）

$$V_c = \cos(\Psi) \times \cos(\Phi) \times (P_{vc}/Dn_c)^{1/2} \times 换算因子$$

式中，换算因子为 $\sqrt{2000}\,\mathrm{m \cdot Pa^{1/2}/s}$。

4-6.6.23　计算流体黏度 Vs（Pa·s）

本规程中，空气和烟气的黏度均采用 ASME PTC 11 的标准程序提供的二阶曲线拟合计算。黏度计算需要首先计算雷诺数，探针校准系数 K（或 $K^{1/2}$）也需要根据雷诺数来修正。曲线拟合黏度的最大误差约为 2.5%。对于典型的 Fechheimer 探针，在校准范围的平直段（典型的雷诺数范围为 10000～50000）上，5% 的黏度误差带来的流量计算误差通常小于 0.05%；即便是在校准范围的末段，带来的流量计算误差也小于

0.1%。当温度超出曲线拟合范围时，建议根据 ASME PTC 11 编制相应的计算程序。

对于空气和烟气，计算公式为：

$$Vs = A + BT + CT^2 \qquad (4\text{-}6\text{-}1)$$

式中：A、B 和 C 为拟合系数，查表 4-6.6.23-1；T 为温度，℉；Vs 为流体黏度，Pa·s。

表 4-6.6.23-1　　　　　　　　　　空气和烟气黏度曲线拟合系数，lbm/ft-sec

类别	A	B	C	温度范围（℉）	不确定度（%）
标准空气（湿度为 0.013）	$1.08970×10^{-5}$	$1.76984×10^{-8}$	$-4.13800×10^{-12}$	$0\sim1,000$	±0.5%（湿度为 0.009~0.017） ±0.5%（其他）
水蒸气	$5.50104×10^{-6}$	$1.43983×10^{-8}$	$-1.46824×10^{-12}$	$0\sim1,500$	±0.1%
标准干烟气	$1.07284×10^{-5}$	$1.64854×10^{-8}$	$-2.74740×10^{-12}$	$100\sim1,500$	±1.5%

对空气和烟气的黏度进行曲线拟合：由于影响空气和烟气黏度的主要变量是其中的含湿量，正如下文所述，已经有人基于典型含湿量的结果为这两种气体进行拟合并得到了曲线，该曲线被作为参考"标准"；然后基于已拟合的干空气或干烟气黏度曲线，再结合"实测"的含湿量计算黏度。下面将分别对这两种方法作详细介绍：

（a）标准空气。

标准空气曲线拟合采用设计常用的含湿量（0.013 kg/kg），对应温度变化范围为 0~1000℉。实际含湿量不同时，曲线拟合有两个不同的不确定度（参见表 4-6.6.23-1）。

（b）水蒸气。

用"实测"含湿量计算空气或烟气黏度时，应采用水蒸气黏度的曲线拟合。注意：烟气和水蒸气的曲线拟合温度范围为 0~1500℉。

（c）含湿空气。

计算特定含湿量的空气黏度时，应采用以下两个公式

$$VsA = \frac{\sqrt{MwDA}×VsDA + \sqrt{MwWv}×VsWv×VFrWDA}{\sqrt{MwDA} + \sqrt{MwWv}×VFrWDA}$$
$$(4\text{-}6\text{-}2)$$

$$VFrWDA = MFrWDA × \frac{MwDA}{MwWv} \qquad (4\text{-}6\text{-}3)$$

式中：$MFrWDA$ 为干空气中水蒸气质量分数，kg/kg，参见5-3.4.2；$MwDA$ 为干空气的摩尔质量，28.965 g/mol；$MwWv$ 为水蒸气的摩尔质量，18.0153 g/mol；$VFrWDA$ 为干空气中水蒸气的体积分数，m³/m；VsA 为含湿空气黏度，Pa·s；$VsDA$ 为干空气黏度，Pa·s，查表 4-6.6.23-1；$VsWv$ 为水蒸气黏度，Pa·s，查表 4-6.6.23-1。

（d）标准烟气。

ASME PTC 11 给出了根据每种组分计算烟气黏度的程序。本规程则基于四种不同燃料在典型过量空气系数下燃烧的烟气黏度平均值给出了标准烟气的曲线拟合系数。这四种燃料分别是天然气、油和两种不同的煤。考虑到试验中实际燃料和过量空气系数的差异，烟气成分差异造成的不确定度约为 2.5%。如果采用 ASME PTC 11 的计算程序，烟气成分宜根据实

测的或典型的燃料分析数据和实测的烟气中氧量计算，参见 5-3.4。

（e）含湿烟气。

要想获得比标准烟气法更精确的结果，含湿烟气黏度可根据干烟气和水蒸气的黏度，采用以下两个公式计算。烟气中的水蒸气含量宜根据实测的或典型的燃料分析数据和实测的过量空气系数计算。综合考虑试验中实际干烟气成分和过量空气系数的变化，计算结果的不确定度约为 1.5%。

$$VsFg = \frac{\sqrt{MwDFg}×VsDFg + \sqrt{MwWv}×VsWv×VFrWFg}{\sqrt{MwDFg} + \sqrt{MwWv}×VFrWFg}$$
$$(4\text{-}6\text{-}4)$$

$$VFrWFg = MFrWFg × \frac{MwFg}{MwWv} \qquad (4\text{-}6\text{-}5)$$

式中：$MFrWFg$ 为烟气中水蒸气质量分数，kg/kg，参见 5-3.4.2；$MwDFg$ 为干烟气的摩尔质量，与干烟气组分相关,对应前述四种典型燃料的拟合值为 30.37 g/mol；$MwWv$ 为水蒸气的摩尔质量，18.0153 g/mol；$VFrWFg$ 为烟气中水蒸气的体积分数，m³/m；$VsFg$ 为含湿烟气黏度，Pa·s；$VsDFg$ 为干烟气黏度，Pa·s，查表 4-6.6.23-1；$VsWv$ 为水蒸气黏度，Pa·s，查表 4-6.6.23-1。（译者注：原公式有两处笔误：分子上 $VsFg$ 应为 $VsDFg$，分母上 $MwFg$ 应为 $MwDFg$）

4-6.6.24　计算雷诺数 Re（无量纲）

$$Re = Dn_j × V_c × d_p / Vs$$

注意：如果雷诺数的计算结果与 4-6.6.2，4-6.6.3 和 4-6.6.4 中使用的不一致，则需要将此处的计算结果重新带回 4-6.6.2，开始新一轮计算。

4-6.6.25　计算质量流量 Re（kg/s）

$$m = Dn_j × V_c × 横截面积$$

4-7　流量测量

4-7.1　简介

工业上可采用多种方法来确定固体、液体或气体的流量。空气和烟气的流量测量推荐参考 ASME PTC 11。其他流体的流量测量推荐参考 ASME PTC 19.5 和 ASME MFC-3M/MFC-3Ma。更多（特别是水和蒸

汽）流量测量技术推荐参考 ASME PTC6（汽轮机）。上述参考资料涵盖了流量计和连接管路的设计、制造、布置、安装，以及流量计算等内容。

多个空气预热器并联时，采用化学当量法计算总烟气流量要比直接测量更为精确。化学当量法由燃料的元素分析数据计算总烟气流量（$MrFg14$）的具体过程参见 5-3.5.9。对于同类型的空气预热器，预先测试每台空气预热器进口的烟气速度（或流量），再根据动压和温度数据计算出烟气动压（或流量）在各台空气预热器中的分配比例。

多分仓空气预热器参见 5-4.1（b）。

4-7.2 空气和烟气

经过锅炉边界的总烟气流量和总空气流量可以用化学当量法计算得出。其中，总烟气流量即所有空气预热器进口烟气流量之和，但总空气流量却不是所有空气预热器出口空气流量之和，还包含漏风和调温冷风等。多个空气预热器或多条烟风道并联时，对于每股经过锅炉边界的烟气或空气，除了测量温度外，还应同时测量流量，以便计算它们在锅炉边界上产生的能量交换。参见强制性附录 V。

4-7.2.1 测量方法

烟气和空气流量测量的方法包括文丘里管、机翼、拉网格逐点测量速度和热平衡等，这些测量装置在使用前应先校准。根据速度（按 4-6.4 测量）、流体密度和管道截面积（见 4-6.6）就可以计算出流量。

4-7.3 液态燃料

采用输入-输出法计算效率时，需要测量燃烧的液体燃料量。

4-7.3.1 测量方法

测量液体燃料量可采用流量测量装置、称重罐和体积计量罐。采用流量喷嘴或流量孔板等流量测量装置可参见 4-7.4.1。根据体积计量罐的液位变化来确定燃料量时，应先获得准确的液体密度值。API 质量和密度的确定流程参见 ASTM D1298。在测量位置和燃料着火位置间有燃料再循环时，应在流量计算和测量中予以考虑。燃料管路的分支连接处应予以隔离或用两道阀门隔绝。

4-7.4 气态燃料

输入-输出法中，应测量燃烧的气体燃料量。

4-7.4.1 测量方法

锅炉试验中通常需要测量大流量的气体燃料，可采用流量孔板、流量喷嘴或涡轮流量计等。其中，压差测量应采用差压传感器或差压变送器。传感器或变送器输出的信号可通过手持测试仪表人工读数，或录入数据采集器中。测量烟气流量时，温度和压力的测量对确定气体密度至关重要。温度或压力的微小变化都可能导致密度计算结果的明显差异。另外，气体的压缩因子对于密度的计算也有明显的影响。

4-7.5 固态燃料和吸收剂

由于固体物料的差异性，直接测量固体流量存在困难。宜采用反平衡法预先确定锅炉的燃料效率，通过测量锅炉输出热量来反算入炉燃料的流量。

4-7.5.1 测量方法

固体流量的测量方法包括称重式给料机、体积计量式给料机、等速颗粒采样、称重仓/计时称重、冲击计量仪等。上述方法需要基于某一参考值、进行大量的校准工作，才能将不确定度控制在 5%～10% 以内。相比在皮带上直接称重，宜将固体物料采集到方便称重的容器中。如称重式给料机的出口物料直接落入称重传感器悬挂的容器中，用已知时长内落入容器内的物料质量来标定给料机显示的给料流量。

由于需要假定每次旋转送出的物料体积和密度，体积计量式给料机的精度也更难估计。首先，转子可能没有完全装满；其次，物料的粒度分布或其他原因可能导致密度发生变化；最后，这些参数还可能随时间变化。

为了控制测量结果的不确定度，每次试验前都应标定固体流量测量装置，两次标定的时间间隔不宜过长。

4-7.6 灰渣比

锅炉边界排出的灰渣比主要用于计算，灰渣中未燃尽碳（和机组消耗吸收剂产生的二氧化碳）的加权平均值和灰渣物理热损失。典型的定期或连续排灰（渣）口有炉膛底渣、省煤器或锅炉灰斗、除灰系统收集灰和烟囱排放的烟尘。如果参加试验各方达成一致，可以采用估计（或设计）的灰渣比，也可以按以下方法测量实际的灰渣比。

4-7.6.1 测量方法

宜用燃料灰分计算灰渣总量，这比直接测量更准确。此外还需要确定每个排灰（渣）口的流量占灰渣总量的百分数，可采用以下几种方法：

（a）测量每个排灰（渣）口的质量流量。

（b）测量（质量流量最大的）一个或多个排灰（渣）口的质量流量，剩余排灰（渣）口的质量流量即总灰渣量与已测排灰（渣）口质量流量的差。当未测量的排灰（渣）口不止一处时，应估计各未测量排灰（渣）口的流量分配比例。

（c）可基于典型燃料、典型燃烧方式上进行的典型结题对各个灰（渣）流量出处的分配百分数进行评估。

对于上述方法中需要测量的灰（渣）流量和需要估计的流量分配数值，参加试验各方应在试验前达成一致。

根据机组排烟中的飞灰浓度，可以计算出烟尘排放的质量流量，具体方法参见 4-4。根据入炉物料量计算灰量的方法参见 5-3.3.3。

从料斗或炉排排出的干灰（渣）的质量流量可以用称重箱/计时称重的方法来确定，如旋转进料器的旋转次数、螺杆速度、冲击计量仪等。关于校准和不确定度来源的讨论，请参阅 4-13。水封排放的灰（渣）的质量流量比干灰（渣）更难测量。一般来说，总排放流量必须采集到仓罐或卡车中，排出多余的水分，再对装载灰（渣）的仓罐或卡车称重，并与皮重进行比较。由于机组排出的是干灰（渣），所以还应确定灰（渣）样品的含水量，再据此将湿灰（渣）的质量流量修正到干灰（渣）状态下。

4-8　氧量测量

4-8.1　电子分析仪

测量烟气中氧气浓度的电子烟气分析仪主要包括电化学型、顺磁型和氧化锆型三种不同类型。电化学分析仪利用燃料电池的可消耗电极与氧气反应，产生的电流与氧气量成正比。顺磁分析仪则利用氧气被磁场吸引的原理。氧化锆传感器使用二氧化锆作为固体电解质，产生的电压与电池两侧的氧气分压之差成正比。有关分析仪的操作、校准、精度的影响因素，以及典型的系统不确定度值，详见非强制性附录 E。

4-8.2　化学吸收法（奥氏体分析仪）

测量烟气中的氧量宜采用电子分析仪。但在部分情况下仍会采用奥氏体分析仪，因此本规程保留了该方法。奥氏体分析仪是一种测试仪表，采用化学吸收法来手动测量燃烧产生的烟气成分。通常测量的烟气成分包括二氧化碳、氧气和一氧化碳等。化学吸收法通过测量气体体积的变化来确定气体成分的含量。气体样品通过一系列气体吸收剂，首先除去二氧化碳，然后除去氧气，最后除去一氧化碳。经过特定的气体吸收化学品之后，气体样品的体积减少量指示的就是从样品被除去的组分的含量。有关使用奥氏体分析仪的详细说明，请参阅非强制性附录 F。

4-8.3　烟气采样技术

烟气采样技术和测试仪表精度共同决定了测量截面上获得的气体分析数据平均值的精度。本节主要介绍可能用到的典型烟气采样技术，以及这些技术的优缺点。

4-8.3.1　采样方式

烟气采样方式包括：

（a）每个测点位置处单独采样，称为逐点顺序采样；

（b）从整个测量截面网格上同时抽取各点的烟气制成混合样本，或采用具有多个抽气孔的采样探针，称为混合采样。

4-8.3.2　采样技术

由于拉网格逐点采样技术费时费力，在很多情况下被认为太麻烦而无法完成。此外，由于该方法需要耗费数小时的时间，期间锅炉的运行工况可能发生明显变化，因此拉网格逐点采样不适用于统计分析所需的高频采样。

尽管如此，当管道截面存在明显的（成分和/或速度）分层时，或是不便/不能测量和控制（均衡）进入混合装置的各采样管线流量时，就需要采用拉网格逐点采样。

由于拉网格逐点采样和分析过程需要一定的时间，因此该工作必须在空气预热器进、出口同时进行。

除了使用速度加权来描述管道截面上局部气体成分的空间变化之外，还可以考虑附加的辅助修正来描述移动测量期间空气预热器进口的平均过量空气水平随时间的波动。这种修正可以是在空气预热器进口的单个代表性测点处连续采样和分析烟气样本，也可以使用在线测试仪表。以这种方式，每次气体采样和分析可以被视为单个测点位置处固定的采样探针测量的瞬时值，适当条件下，可修正为该测点位置处采样和分析的时均值。

拉网格逐点采样技术的优点是不需要气体混合装置，也不必去调节来自多个探针的流量。

当采用拉网格逐点采样和电子气体分析仪时，系统从前一点清除了气体之后，应记录足够的烟气成分（O_2）的测量数据（尽可能频繁，如手动读数每 5s 或 10s 一次），测量时间等于预热器旋转的两圈或多圈的时长，以便计算平均值。

另外一种采样方式是获得所分析气体的批量（或混合）样本。混合样本是从测量平面上的所有测点同时抽取气体，然后通入混合装置后获得。采制混合样本的多点采样和样本混合装置有气泡罐和采样母管两种类型。气泡罐是有多个进口和一个出口的干净容器。进口管向下延伸到容器底部附近，出口与罐顶部平齐。泡沫罐内盛装部分水，水面浸没进口管。采样母管通常由直径 10.12cm 或 15.25cm（4in 或 6in），长度 30.36～45.75cm（12～18in）的不锈钢管制成，具有多个进口和一个出口。

混合样本只能在不需要速度加权的情况下使用，并且当测量截面存在明显的低流量区域或涡流时会产生误差。

确定采用混合采样前，为判断测量截面上是否存在明显的分层，应在进、出口烟道预先完成一次逐点顺序采样，并用逐点顺序采样测量的数据计算氧量读数的空间系统不确定度。

在批量的气体分析方面，虽然混合采样具有快速和方便的优点，但应注意保持所有进口的抽气流量相等，这样制成的混合样本才能真正代表空间平均气体成分。如果使用气泡罐，则在每条采样管线上都应配备一个小型调节"夹紧"夹钳、针形阀、带阀门的转子流量计或用于改变进口管深度的措施。在采样过程中调整这些装置，以确保气泡罐中每条浸入式采样管冒出的气泡流（或转子流量计的指示流速）均匀。如果使用采样母管，则应在每条进口管都配备一套流量指示装置（即流量计）和调节阀。

4-8.3.3 样本混合装置

当采用样本混合装置制作混合样本时，为保证混合样本的代表性，应保持所有进口的抽气流量相等，则要做到以下几点：

（a）应确保采样探针和采样管线的长度和直径均相等，并且在气泡罐前的弯头和"T"片数量相同。

（b）应确保样本混合装置的大小足够容纳所有的进口管，每条进口管对应一个测点。

（c）用气泡罐作为样本混合装置时，应确保罐体内水面位置适宜，并且所有的进口管都浸入水面以下相同深度（浸没深度作为均衡进口管抽气流量的手段时除外）。如果两个气泡罐并联，则每个罐体内的水位高度相同。试验中应注意烟气中水蒸气凝结速率不同可能导致的水位变化。采样泵停运和烟道内有负压时，气泡罐和进口管的布置应能防止罐内存水倒吸入采样管线。

（d）试验前检查确保采样系统无泄漏。具体方法为：启动真空泵并封堵住所有采样管线与探针的连接部位；待泵进口压力稳定后，隔绝真空泵；如果采样系统内压力增长的速度超过每 2 分钟 338Pa（0.1inHg），则应找出并修好泄漏部位后再重新检查系统泄漏。

（e）由于采样管在试验过程中可能发生间歇性堵塞，所以在测试过程中应定期检查气泡罐或采样母管状况，并适当调整各条采样管线的流速。当试验机组的烟尘含量较高时，气泡罐内的水有时会变脏，以致很难观察到每个进气管冒出的气泡流。

混合采样作为一种批量采样技术，对异常情况很敏感，如采样管线泄漏，或是烟道壁面附近局部的空气漏入导致氧量升高等。相比于逐点顺序采样，混合采样缺少判断异常情况的手段，因而也无法提供纠正这种"虚假"（或错误）的样本的手段。

4-8.3.4 采样技术

如表 4-8.3.4-1 所示，原理性的烟气采样技术分为以下两类：

（a）便携式探针移动逐点顺序采样。即采用只有一个进口的采样探针，人工从一个测点移动到下一个测点。

（b）在采样截面按均匀布置网格固定多个采样探针或采样口。本节介绍了四种固定网格采样方法。

表 4-8.3.4-1　几种烟气采样技术

采样技术	优先级	采集样本类型		
		单点	混合	单点+混合
便携式探针逐点顺序采样	4	×	…	…
固定网格［注（1）］				
混合采样［注（2）］	5	…	×	…
单泵逐点顺序采样	3	×	…	…
双泵逐点顺序采样	2	×	…	…
组合式采样	1	…	…	×

注：
（1）此类采样方法不要求同步移动。
（2）仅可在不需要流量加权的情况下使用。

强制性附录 II 中介绍了这五种采样技术各自的替代特性、优点和缺点。

4-8.4 预处理方法

几乎所有的烟气分析仪都对进口烟气提出了一些要求，包括干燥度、温度和清洁度等。一些迫使气体样本通过系统的装置，通常还要求第四类预处理。

（a）样本干燥度。大多数计算要求采用气体的"干燥"基体积浓度（干基浓度，%）。一种方法是将采样气体完全干燥；另一种方法是确保烟气样本在分析之前没有水分损失，以便可以测量或从燃料和烟气成分分析计算烟气的水分体积浓度（含湿量，%）。可用下式将湿基体积浓度（%）转换为干基浓度：

干基体积浓度=湿基体积浓度/（1-水分体积浓度/100）

从气体样本中脱除水分有三种常用方法：方法一，可以冷却样品，使大部分水蒸气冷凝，然后用干燥剂过滤器吸收剩余的水分；方法二，可以使用珀耳帖冷却器将样品冷却至 0℉ 以下，使几乎所有的水分冷凝；方法三，利用湿度梯度，含湿烟气流过特制管道时，管壁仅允许水蒸气渗透，其他气体不可渗透。

（1）方法一。第一种方法是将冷凝盘管与干燥剂过滤器组合在一起。单靠浸没在冰水混合物中的冷凝盘管不能除去所有的水分。单靠干燥剂过滤器，则过滤器必须非常大以防止在试验期间其中的干燥剂过饱和。

第一步是让烟气样本通过浸入冰浴中的螺旋管进行冷却，冰水混合物温度保持在 0℃（32℉）。螺旋管通常使用 6.35mm 或 9.52mm（1/4in 或 3/8in）规格的铜或不锈钢管。进气口位于螺旋管的顶部，因此气流有助于将冷凝液推向盘管下部。当水蒸气冷凝时会堵塞气流，因此宜在螺旋管底部设置集水室或定期疏水。烟气冷却至 15.6℃（60℉），剩余的水分约为 1.8%（体积分数）。即使烟气冷却至 0℃（32℉），采样气体中仍有约 0.6%的水分。因此，还应在螺旋管后设置一个干燥剂过滤器。

下一步是使用干燥剂来吸收剩余的水分。常用的干燥剂包括无水硫酸钙、氯化钙和硅胶。干燥剂通常盛装在透明的亚克力柱体中，柱体两段装有连接管。为保护干燥剂不受杂质影响，在进口下游通常设有过滤器。干燥剂接近饱和时，必须进行更换或再生。一种再生方法是在烤箱中加热，脱除掉已吸收的水分；另一种再生方法是设置两个室，从"工作中"的柱体抽取一些干燥气体来再生另一个柱体。有些干燥剂具有"指示性"，即它们吸收水分后会改变颜色，因而易于判断何时需要更换和再生。

（2）方法二。第二种方法是将烟气冷却到水分几乎完全凝结的温度，需要将烟气通过热电冷却器或珀耳帖冷却器。这类冷却器属于固态热泵，由施加在两种不同材料上的直流电流产生温差，通常可以将烟气温度降低到-17.8℃（0℉）以下，使其中水分的体积分数减少约 0.14%。

（3）方法三。第三种方法是使烟气流过特制的管道，管内的水蒸气被管壁吸收后排到管外的气体中。水蒸气的这种流动由管内烟气和管外气体之间的湿度差驱动，因此必须给这类设备供应连续的干燥气流，通常是空气。四氟乙烯的共聚物可以制作这类管道。使用这些装置时，通常将烟气温度降低到-17.8℃（0℉）以下，使其中水分的体积分数减少至约 0.14%。

（b）样本温度。当分析湿基烟气时，应注意确保从探针到分析仪的样本温度全程高于露点，以防止水分凝结。如果有水分凝结，测得的气体组分浓度将高于真实的湿基浓度。此外，冷凝物可能会污染系统，造成采样管线和/或分析仪堵塞。因此，通常需要设置采样管线伴热（即沿着管长设置电阻加热器，并且采样管和加热器都是绝缘的）。

烟气干基分析时，如果样本在除湿过程中未充分冷却，则应使用上述两种冷却系统之一（冰浴或珀耳帖冷却器）。

（c）样本清洁度。大多数分析仪需要去除 1μm 以上的颗粒。高负荷的环境中，可同时使用粗滤器和精滤器。典型的滤棉材料有毛毡、聚四氟乙烯、玻璃纤维和石英纤维。高温（315℃以上）环境中，通常需要在探针端部装设烧结过滤器。

（d）采样泵。多数气体分析仪内部都自带一个抽气泵，然而这类泵常常不足以克服典型采样系统的压差，或是烟道内的负压。因此，通常还需要增设一个外置采样泵，其尺寸应适应分析仪对流量的要求和整个采样系统对压力的要求（包括气流通过探针、管道和设备的压差，以及管道正压或负压）。采样泵设计应确保不会漏入空气，也不会从润滑油中漏入污染物，建议使用无油的膜式泵和喷射泵。当从采样烟道内为负压时，可以将烟气分析仪的排气管引回到烟道内，以减小采样泵压头。这样就使泵的压头全部用于克服系统阻力，但应防止排气返回烟道时漏入空气，

影响到下游读数。

4-9　湿度测量

4-9.1　简介

在热量和质量平衡计算中必须考虑空气的湿度。

4-9.2　湿度测量的系统不确定度

在估算湿度测量的系统不确定度时，测试人员应考虑但不限于以下可能的来源。其中一些也可能不适用于所有测量。

（a）湿度计。

（b）湿/干球温度计类型。

（c）校准。

（d）漂移。

（e）温度计的非线性。

（f）视差。

4-9.3　测量方法

机组的进气湿度应为确定值，除非有额外的水分来源，否则这一湿度不因加热而变化，即说空气预热器出口的燃烧空气的湿度与进口的空气湿度相同。为了确定这一湿度，需要测量干球温度和湿球温度，或干球温度和相对湿度。湿度比（单位质量干空气对应的水分质量）和湿度（单位质量的湿空气对应的水分质量）的计算方法参见 5-3.4.2。湿度测量可以借助便携式干湿球温度计，具有温度或类似测量装置的湿度计，以及大气压力读数来确定。

4-10　燃料、吸收剂和灰渣采样

4-10.1　简介

采样方法应由所有参试方协商确定，并且必须写入试验报告中，并明确试验使用的采样方法的不确定度。

应使用 ASTM D2234、D4057 或 D5287 中所述的方法采样，才能代表性能试验期间的燃烧状况。相比煤或其他固体燃料，燃油和天然气通常成分更一致，因此需要的样品量更少。如果由于外部因素（如改变燃料来源）导致燃料特性可能变化，则需要执行更严格的采样程序来确保样品的代表性。

下面讨论的方法用于确定测试期间获得的样本的方差，标准偏差和随机不确定度，以及估计系统不确定度。

4-10.2　固体燃料和吸收剂的采样方法

4-10.2.1　样品采集

ASTM D2234 提供样品采集指导。"静止皮带截取"技术是首选或标准方法。如果使用静止皮带技术，则采样系统不确定度应视为零。

然而在很多情况下，静止皮带采样无法实际操作，因此应采用全流面截取（简称全截）采样。全截采样即将固体流全部分流的截取方式。图 4-10.2.1-1

所示为典型的全截采样方法。

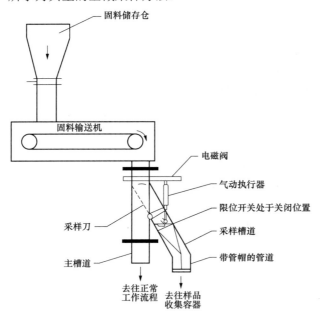

图 4-10.2.1-1　全流面截取采集固体样品流程

一般说明：获采样品有五个步骤。

第 1 步，关闭粉尘抑制系统的隔离门，防止细颗粒流失。

第 2 步，启动气动执行器，将样品转向门开到采样位置。

第 3 步，根据对样品量的需求确定合适的采样时间。

第 4 步，舍弃之前采集的样品。

第 5 步，采集约 19L 样品，装入密封容器，准备筛分、破碎和称量。

第三种方法是在部分流动截面上"窃取"样品，最具操作性，但系统性不确定度也可能是最大的。如图 4-10.2.1-2 所示，"窃取"式探针可以截取出固体流中的一部分。

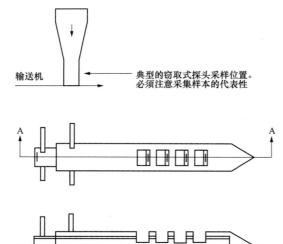

A—A 截面

图 4-10.2.1-2　固体流样品采集的"窃取"式探针示例

一般说明：由两个采样口结构相同的同心管组成。采样口保持关闭（内管从采样位置相对于外管旋转 180°），将探针插入固体流中。旋转内管使采样口对齐，开始采样。待装满物料后，旋转内管关闭采样口。抽回探针，采样结束。

建议通过试验前来识别并缓解采样技术中潜在的问题。

4-10.2.2　采样位置

为确保燃料、吸收剂（如有）和灰渣等采样的代表性，应在对应的进口固体流上尽可能靠近锅炉的位置。如果不能或不便在锅炉附近进行采样，则采样时刻可能会滞后于固体物料实际进入或离开锅炉的时刻。应根据采样位置和锅炉之间的流量估算滞后的时间，这对判断样品能否代表实际进入或离开锅炉的物料很重要。

在燃料和吸收剂的筒仓、储罐和料斗上游采样的不确定度通常大于下游采样。由于上游采样取得的样品不能代表试验中实际燃烧的燃料，所以上游采样仅作为替代操作，不应在验收试验中使用。其他试验中如果使用替代程序，参加试验各方宜为其指定合适的系统不确定度。

4-10.2.3　采样时间间隔

应以均匀而非随机的时间间隔采样，仅下述情况例外。如果已知采样程序与细料成分含量的"高点"或"低点"一致，那么应以随机时间间隔采样。每次采样质量应相同，燃煤采样总时长应与试验的持续时间相等。

4-10.2.4　采样次数

最少采样次数推荐为：在每次试验的开始和结束时各采样一次，其间每小时采样一次。例如，在 4h 的试验中，采样次数为 5 次。

每次采集样品的数量取决于并行固体流的数量。例如，如果有 5 个并行固体流，则总共将采集 25 个样品。

如果各方希望提高燃料特性测量的准确性，则可在此基础上增加采样次数。

4-10.2.5　采样量

煤或吸收剂为人工采样时，单个样品的质量宜为 1～4kg（2～8lb）。若采用自动采样装置，则可增大采样量。采样尺寸的相关内容参见 ASTM D2234 的表 2。

4-10.2.6　并行固体流

由于流量、颗粒尺寸和化学成分不同，各条并行固体流（如带式给料器上的煤流）之间可能会有差异。因此，除非样品具有均匀的化学成分，否则必须在每条并行固体流都采样。如果并行固体流的流量不相等，则还必须对每个并行固体流的采样量进行流量加权。整个试验过程中，每条并行固体流的流量都必须连续。

4-10.2.7　样品处理

采样时应在有资质的人员监督下进行。应制定试验规程并严格实施，以确保样品具有代表性，并防止采样装置和储存容器受到污染。在采样期间，应防止室外采集的样品受外部环境影响。分析化验前，样品应装入密闭和无腐蚀性的容器内，以防止变质。每个样品在采集后都应立即密封。为避免可能造成的水分损失，在水分分析前不应露天混合样品。

样品应贴上适当的标签，并根据其对试验的重要性排序。标签应至少包含采样日期、时间、地点和样品类型等信息。

煤样制备应遵循 ASTM D2013 和 D3302。吸收剂分析规程参见 ASTM C25。

4-10.3　液体或气体采样方法

应按照 ASTM D4057 在性能试验期间采集具有代表性的入炉液体燃料样品。对于不同工况和不同种类的液体燃料，采样的容器类型和规程都有对应的 ASTM 标准。

应按照 ASTM D5287 采集性能期间具有代表性的入炉气体燃料样品，也可以参考 GPA 2166 确定合适的气体采样程序和设备。

4-10.4　灰渣的采样

由于燃用含灰燃料，机组不可避免地会排出含灰的物质流，其中典型的有飞灰和底渣。从其中采集具有代表性的样本比较困难。烟气流向烟囱的过程中，飞灰可能被采集在几个料斗中：最重的颗粒首先沉积，较小的颗粒由气流转向产生的机械力去除。碳在整个粒度范围内分布并不均匀，灰分进入各种料斗的相对比例也无法准确测量。获得代表性飞灰样品的最佳方法是：在收灰尽可能多的料斗上游的烟气中进行飞灰等速采样，通常是在省煤器出口处。这里采集的飞灰样品在颗粒尺寸和含碳量方面都最有代表性，同时也确保了样品能代表试验期间的飞灰。

底渣可能出现粒度分布不均或结大块。可能要多次采样和对每个样品进行多次分析才能获得有代表性的结果。极端情况下，单个样品可能会含有煤块，亦或可能不含碳。

4-10.4.1　简介

飞灰可以采用颗粒物等速采样，先抽取烟气样品通过过滤器，再对过滤器上采集的颗粒量称重。根据过程中记录的烟气体积和样品质量可以确定烟气中的颗粒浓度。为了避免改变气流的浓度，采样口的进入气流速度必须等于烟道中该点处的气体速度，因而称为等速采样。应在测量截面上多点采样，以补偿速度分布不均和颗粒浓度分层的影响。

4-10.4.2　飞灰采样方法

所有设备和试验规程应符合 ASME PTC 38 或美国环保署参考方法 17，如下所述。

（a）ASME PTC 38。颗粒采样系统通常由喷嘴、探针、过滤器、冷凝器、干式烟气流量计、孔板流量计和真空泵或抽吸器组成。ASME PTC 38 介绍了不同的采样系统结构，具体应用时可以参照配置。

（b）美国环保署方法 17。美国环保署提出了两种相似的颗粒物采样方法，即方法 5 和方法 17。区别在于，方法 17 使用流入式过滤器，而方法 5 使用外置式过滤器。优先推荐使用方法 17，因为它捕集到的所有颗粒都留在过滤器支架中。方法 5 需要用丙酮清洗探针组件，可能不适用于碳的分析。这两种方法的详细规定参见 40CFR60 的附录 A。

烟气等速采样飞灰采样的参考和首选方法。测量截面上的采样网格点数量应符合 ASME PTC 38 的要求。此方法的系统不确定度设为零。从等速采样点上游的料斗和底渣中采集的样品仍然存在相应的系统不确定度。如果对底渣进行多次采样和多次分析，则分析数据可以用于估计对应的系统不确定度。另外，还应复查采样流程以确定是否存在其他可能的系统不确定度来源。

4-10.4.3　底渣采样方法

湿式排渣采样宜采用多孔探针，以覆盖整个湿渣流动的量程。关于多孔探针的内容，可参见美国电力科学研究院 EA-3610 报告的 2-3、2-4、2-5 页。或者分流一部分湿渣流，引入并留存在采集装置中，然后取出样品。

4-10.4.4　其他灰渣流

某些情况下，当灰渣流对能量损失影响不大时，试验各方可能决定不对其采样。如流量和忽略不计的空气预热器清理放灰或放气管带灰，或是显热和未完全燃烧损失都很小的底渣排放。如果将湿渣排放到沉淀池中采样，其结果的不确定度甚至会高于使用假设值。未采样的固体流应分配适当的系统不确定度，并在最终报告中记录历史依据。

4-10.5　系统不确定度

估计采样流程的系统不确定度时，应该考虑但不限于下列潜在的来源，并非每次测量都会包含下列所有来源：

（a）采样位置/几何结构。

（b）探针设计。

（c）流体流动分层。

（d）采样点的数量和位置。

（e）采样位置的环境条件。

（f）（固体、液体或气体）燃料/吸收剂变化性。

（g）固体燃料/吸收剂粒度。

（h）样品处理/存储。

（i）试验持续时间。

（j）获得样品的数量。

样品的系统不确定度是样品采集、位置和流动一致性的系统不确定度的组合。

除推荐的采样方法外，其他的采样方法的系统不确定度应更大。

在性能试验前，试验各方应就采样位置检查、确定采样方法并调试采样探针。应特别关注样品可能不具代表性的区域。在流动的煤和其他固体材料中采样，可能导致样品某一粒径范围内的颗粒比例偏大。如果采样系统存在系统误差，则必须予以修正，或由试验各方为其指定保守（较大）的系统不确定度。

4-10.6 确定平均值和标准偏差

有三种方法可以确定燃料特性（即水分、灰分、碳等）的平均值和标准偏差，即单样分析、部分混样分析和完全混样分析。

4-10.6.1 单样分析法

从每个样品单独制备分析样品，在 ASTM D2234 的术语中称为"增量"。分别分析每个分析样品的适用成分、发热量、碳、水分等。用式（5-2-1）和式（5-2-3）计算每种成分的平均值和标准偏差。当没有历史数据可以用来估计样本的随机不确定度时，必须使用此方法。

4-10.6.2 部分混样分析法

如 4-10.6.1 所述，单独采集样品。将样品分成两"组"，第一组单独分析每个样品中的可变成分，如灰分和水分（如果要考虑脱除 SO_2，还应分析硫分）。用式（5-2-1）和式（5-2-3）计算每个可变成分的平均值和标准偏差。

第二组样品完全混样分析（如果它们来自并行流）并制成一个总分析样品。每个化合物成分的平均值是总分析样品的测量值，标准偏差则取自有效的历史数据。

这是单样分析的替代方法，前提是已经掌握了有效的历史数据。目的是降低实验室成本。成分分析分组为"化合物成分"（如碳、氢和氮）和"可变成分"（如水、灰分和可能的硫）。

这种替代方法的基本前提是历史数据和试验数据的"化合物成分"来自同一统计群体。只有成分来自同一群体，从历史数据得出的平均值的标准偏差才可以用于试验数据的不确定度分析。7-4.1.4 进一步描述了这种替代方法的背景。

为了简化讨论，以煤的成分和术语为例，吸收剂的成分和术语可以根据需要替换。

由于煤通常存放在户外，所以入炉煤比入厂煤的水分含量变化可能更大，这就可能因无法满足历史数据和试验数据来自同一统计群体的前提而失效。但是，含水量的变化不会影响干燥无灰基的成分。如果

试验中需要重点考察含硫量，那么含硫量应作为可变成分，因为含硫量的变化通常较大。

这种替代方法不适用于灰渣样品。锅炉内的运行工况会影响灰渣的组成，无法确保残灰渣的历史数据和测试数据来自相同的统计群体。

可用于估计随机不确定度的历史数据应该满足以下标准：

（a）历史和试验用煤（吸收剂）来自同一采矿场和煤层；

（b）历史数据是对煤（吸收剂）的单个（未混合）样品增量的分析；

（c）历史和测试样品按照 ASTM D2234 和 ASTM D2013 采集和制备；

（d）历史数据和测试数据的增量类型为 ASTM D2234 类型 1，条件 A（静止皮带截取）或条件 B（基于系统均布的全流面截取）；

（e）历史样品的尺寸与试验样品的尺寸相同。

如果历史样本的采样位置不同，则可能会引入额外的系统不确定度。

将历史分析结果转换为干燥无灰（daf）基，方法是将（除可变成分、灰分和水分外的）收到基百分数乘以

$$\frac{100}{100 - MpH2OF_i - MpAsF_i} \tag{4-10-1}$$

式中：$MpAsF_i$ 为历史样品增量 i 的灰分，%；$MpH2OF_i$ 为历史样品增量 i 的水分，%。

对于含碳量，转换公式为

$$MpCFdaf_i = MpCF_i \left(\frac{100}{100 - MpH2OF_i - MpASF_i} \right)$$
$$\tag{4-10-2}$$

式中：$MpAsF_i$ 为燃料收到基灰分（试验分析平均值），%；$MpCF_i$ 为燃料收到基含碳量，%；$MpCFdaf_i$ 为燃料干燥无灰基含碳量，%；$MpH2OF_i$ 为燃料收到基水分（试验分析平均值），%。

发热量、氢、氮、硫和氧的转换公式类似。不同分析基成分数据间应按照 ASTM D3180 进行转换计算。

使用单个历史样品的干燥无灰基数据，估算每种化合物成分的最大可能标准偏差 s_{oj}。使用 ASTM D2234 的附录 A2 估算增量总体方差的方法来确定 s_{oj}，这就要求对每个化合物成分进行 20 个以上的单个增量分析。如果少于 20 个，则使用公式（5-2-4）计算每个化合物成分的标准偏差 $STDDEV_j$。

每个化合物成分有 20 个以上的分析数据时，用下式计算标准偏差

$$STDDEVMN_j = \frac{s_{oj}}{\sqrt{N}} \tag{4-10-3}$$

少于 20 个分析数据时用下式

未使用

$$STDDEVMN_j = \left(\frac{F_{n-1,\infty} \times STDDEV_j^2}{N} \right)^{1/2} \qquad (4\text{-}10\text{-}4)$$

式中：$F_{n-1,\infty}$ 为自由度为 n 和 ∞ 时的 F 分布上 5%点的比例，表 4-10.6.2-1 提供了 F 分布的取值；n 为历史数据中样品增量总数；N 为试验中采集的样品增量总数；s_{oj} 为每种干燥无灰基化合物成分的最大可能标准偏差，该标准偏差的自由度是无限的。

表 4-10.6.2-1 F 分 布

$n-1$	F_{n-1}
1	3.8415
2	2.9957
3	2.6049
4	2.3719
5	2.2141
6	2.0896
7	2.0096
8	1.9384
9	1.8799
10	1.8307
12	1.7522
15	1.6664
20	1.5705
40	1.3940
120	1.2214
∞	1.0000

4-10.6.3   完全混样分析法

同属单独分析每个样品的替代方法。对于完全混样分析的样品，没有任何成分被归为变量。当具备历史数据并且水分或灰分的变化可以忽略时，这种替代方法可适用于吸收剂和煤。

试验中获得的所有样品制成混合分析样品并分析所有成分。每种成分的平均值是混合分析样品的测量值。

除公式（4-10-1）和公式（4-10-2）的转换因子外，上述部分混样分析样品的标准和计算方法同样适用于完全混合的样品。

4-11 燃料、吸收剂和灰渣分析

4-11.1 简介

本规程推荐使用最新的方法和规范完成样品分析。参加试验各方应事先就实验室的选择达成一致。

4-11.2 燃料、吸收剂和灰渣分析的系统不确定度

ASTM 提供了典型的实验室到实验室可重复性，

系统不确定度通常被认为是占到可重复性的一半。表 4-13-1～表 4-13-5 可用于估计样本分析的系统不确定度。（译者注：为阅读方便，译者对标准表格序号进行了适当调整，表 4-13-1 为原表 4-13-2，表 4-13-2 为原表 4-13-3，依次类推，表 4-13-5 为原表 4-13-1）

表 4-13-1   典型的煤和灰渣分析不确定度

项目	分析规范	不确定度	备注
采样方式	ASTM D2234	灰分的±10%、其他成分的±2%	灰分＜5%时为±0.5%
样品制备	ASTM D2013	无	…
空气干燥	ASTM D3302	±0.31% ±0.33%	烟煤 次烟煤
灰分	ASTM D3174	±0.15% ±0.25% ±0.5%	不含无碳酸盐的烟煤 含碳酸盐的次烟煤 含碳酸盐和硫化铁 12%灰分
工业分析	ASTM D5142	0.12+0.017x 0.07+0.0115x 0.31+0.0235x	水分 灰分 挥发分
全水分	ASTM D3173	±0.15% ±0.25%	燃料中水分＜5% 燃料中水分＞5%
碳	ASTM D5373 ASTM D3178	±1.25%（1−H_2O/100） ±0.3%［注（1）］	样品＞100mg …
氢	ASTM D5373 ASTM D3178	±0.15%（1−H_2O/100） ±0.07%［注（1）］	样品＞100mg …
氮	ASTM D5373 ASTM D3179	±0.09%（1−H_2O/100） ±0.205x−0.13	方法B样品＞100mg …
硫	ASTM D4239 ASTM D3177	±0.05% ±0.07% ±0.5% ±0.1%	烟煤 次烟煤 燃料硫分＜2% 燃料硫分＞2%
高位发热量	ASTM D2015	±126kJ/kg ±163kJ/kg	干基，无灰煤/烟煤 干基，次烟煤/褐煤
转换为不同基的分析数据	ASTM D3180	无	…

注：若非特别注明，所有系统不确定度均为绝对值。

注

（1）基于可重复性估计。

表 4-13-2   典型的石灰石分析不确定度

项目	分析规范	不确定度	备注
氧化钙	ASTM C25	±0.16%	测试方法31
氧化镁	ASTM C25	±0.11%	测试方法31
外水分	ASTM C25	实测值的±10%	…
惰性物质	ASTM C25	实测值的±5%	…

续表

项目	分析规范	不确定度	备注
采样方式	参见 4-7.5.1	±2.0% ±5.0%	"窃取"式采样 其他采样方法

注：（a）若非特别注明，所有系统不确定度均为绝对值。
（b）外水分、惰性物质及采样的系统不确定度均为建议值。

表 4-13-3　典型的燃油分析不确定度

项目	分析规范	不确定度	备注
采样方式	ASTM D4057	±0.5%混合样品 ±1%单一样品 ±2%供应商提供的分析数据	
API质量	ASTM D1298	±0.25API 不透明（重油） ±0.15API 透明（蒸馏油） ±5API 估算	
水分	ASTM D95	±0.1%，燃料水分<1% 实测值的±5%，燃料水分>1%	
灰分	ASTM D482	±0.003%，燃料灰分<0.08% ±0.012%，燃料灰分为0.08%～0.18%	
硫分	ASTM D1552	硫分<0.5　　　　IR　　碘酸吸收法 硫分0.5～1　<0.07%　<0.04% 硫分1～2　<0.11%　<0.06% 硫分2～3　<0.14%　<0.09% 硫分3～4　<0.19%　<0.13% 硫分4～5　<0.22%　<0.20% 注：IR即烧失法　<0.25%　<0.27%	IR　碘酸吸收法
碳	ASTM D5291 ASTM D3178 ［注（1）］	±(x+48.48) 0.009 ±0.3%［注（2）］	
氢	ASTM D5291 ASTM D3178 ［注（1）］	±($x^{0.5}$) 0.1157 ±0.07%［注（2）］	
氮	ASTM D5291 ASTM D3228	±0.23 ±0.095$N^{0.5}$	有报道为 0.00
热量	ASTM D240 ASTM D4809	200kJ/kg ±114kJ/kg，所有燃料 ±119kJ/kg，非挥发分 ±102kJ/kg，挥发分	

注：若非特别注明，所有系统不确定度均为绝对值。
注
（1）为燃油修改。
（2）基于可重复性的估计值。

表 4-13-4　典型的天然气分析不确定度

项目	分析规范	不确定度	备注
采样方式	ASTM D287	±0.5%混合样品 ±1.0%单一样品 ±2.0%供应商提供的分析数据 在线分析可视为供应商分析数据	

续表

项目	分析规范	不确定度	备注
气体成分	ASTM D1945	±0.01%成分的摩尔份额 0.0%～0.1% ±0.04%成分的摩尔份额为 0.1%～1.0% ±0.05%成分的摩尔份额为 1.0%～5.0% ±0.06%成分的摩尔份额为 5.0%～10.0% ±0.08%成分的摩尔份额为 10.0%以上	
计算高位发热量	ASTM D3588	无	取决于气体成分
高位发热量	ASTM D1826	0.3%～0.55%	…

注：若非特别注明，所有系统不确定度均为绝对值。

4-11.3　燃料、吸收剂和灰渣分析的方法

4-11.3.1　固体燃料

对于燃用固体燃料的锅炉，计算锅炉效率至少需要元素分析、工业分析和高位热值。表 4-13-2～表 4-13-4 给出了燃料分析相关的 ASTM 规范。ASTM D3180 规定了这些分析结果在不同基准下转换的方法。使用中应注意查阅这些规范的最新版本。只要试验各方一致同意，就可采用 ASTM 新增或修订的相关规范。

试验中可能还需要测定固体燃料的其他性质，如灰熔点、自由膨胀指数、可磨性、灰成分和燃料粒度等，用以判断试验燃料和设计燃料的等效性或实现其他目的。

4-11.3.2　吸收剂或其他添加剂

确定炉内脱硫及其效率至少需要吸收剂的元素分析（钙、镁、水分和惰性物质）。根据试验的具体目的，可能还需要测定固体吸收剂的其他性质，如吸收剂粒度等。

4-11.3.3　液体燃料

对于燃用液体燃料的锅炉，计算锅炉效率至少需要燃料的元素分析和高位热值。根据试验的具体目的，可能还需要测定液体燃料的其他性质，如 API 比重和密度。具体测试规范参见 ASTM D1298。

4-11.3.4　气体燃料

对于燃气锅炉，计算锅炉效率至少需要燃料的体积组分分析，参见 ASTM D1945。体积组分分析转换为元素质量分析的具体方法参见 5-3.1.2。高位热值的测定可采用 ASTM D1826 中定义的连续在线量热计。试验各方应就测量方法达成一致。

4-11.3.5　灰渣

应根据 ASTM D6316 分析灰渣样品的总碳、可燃碳和碳酸盐碳含量。总碳含量的测试可采用几种方法中的任意一种。若使用 ASTM D5373 规定的测试仪表方法测定总碳含量，测试仪表应能够分析不少于 100mg 制备后的灰渣样品。不应使用灼烧失重（LOI）分析来确定未燃烧的可燃物含量，因为在燃烧过程中可能发生几种反应，仅影响样品的质量而不发生热量变化。

灰渣中总碳含量的测试可以包括氢的测定，测定报告也可以有氢的测定结果。对于氢的测定不做强制性要求，经验表明燃料中的氢容易挥发，正常燃烧产生的灰渣中氢的量可以忽略。测得的氢含量数量级在 0.1% 以下，在燃烧和效率计算中应被视为零。测定游离氢的一个潜在的误差来源是，这种测试方法分析得出的是灰渣中氢的总含量，既包括样品内游离水分中的氢，也包括硅酸盐或氧化钙水合物中的氢。

4-12　测量的总体要求

本规程给出了测试性能参数的方法。

图 2-3.4-1～图 2-3.4-6 定义了典型的空气预热器的系统边界，测试每个性能参数所需的数据参见非强制性附录 J 表 J-1.2.4-3～表 J-1.2.4-6。

4-13　测量产生的系统不确定度

估计系统不确定度是设计试验和选择测试仪表的关键步骤。测量系统的若干系统不确定度决定了测量结果的总系统不确定度。只有完全了解测量系统的组成，测试过程以及可能影响测量系统不确定度的所有其他因素，才能为系统不确定度估计合适的值。宜由试验工程师来评估这些因素。可利用表 4-13-1～表 4-13-5 来辅助估计测量系统不确定度的值（系统不确定度的典型值也可参考其他来源，包括 ASME PTC 19.1、PTC 19.2、PTC 19.3、PTC 19.5、PTC 19.10 和 MFC-3M/MFC-3Ma，相应的 ASTM 标准，以及制造商提供的测试仪表规格）。但是，表中所列的系统的不确定度可能无法代表所有的具体测量情况，本规程不强制要求按表确定系统不确定度的具体值。因此，系统不确定度的值必须由测试各方商定。

表 4-13-5　典型测试仪表的系统不确定度

测试仪表	系统不确定度[注(1)]
数据采集	见注（2）
数字化数据记录器	人为指定
现场控制计算机	±0.1%
手持温度显示器	±0.25%
手持电位计（含参比接点）	±0.25%
温度测量 热电偶	见注（3）
NIST 可溯校准源	见注（4）
优质级，E 型	
0～315.6℃（32～600℉）	±1.1℃（±2℉）
315.6～871.1℃（600～1600℉）	±0.4%

续表

测试仪表	系统不确定度[注(1)]
数据采集	见注（2）
优质级，K 型	
0～276.7℃（32～530℉）	±1.1℃（±2℉）
276.7～1260℃（530～2300℉）	±0.4%
标准级，E 型	
0～315.6℃（32～600℉）	±1.7℃（±3℉）
315.6～871.1℃（600～1600℉）	±0.5%
标准级，K 型	
0～276.7℃（32～530℉）	±2.2℃（±4℉）
276.7～1260℃（530～2300℉）	±0.8%
热电阻（RTD）	
NIST 可溯校准源	见注 4
0℃（32℉）	±0.03%
93.3℃（200℉）	±0.08%
204.4℃（400℉）	±0.13%
298.9℃（570℉）	±0.18%
398.9℃（750℉）	±0.23%
498.9℃（930℉）	±0.28%
593.3℃（1100℉）	±0.33%
704.4℃（1300℉）	±0.38%
温度计	全量程的 ±2%
水银玻璃温度计	最小刻度间隔的 ±0.5 倍
压力测量	见注（5）
压力表	
试验	全量程的 ±0.25%
标准	全量程的 ±1%
压力计	最小刻度间隔的 ±0.5 倍
压力传感器和变送器	
高精度	全量程的 ±0.1%
标准	全量程的 ±0.25%
膜盒气压计	±169Pa（±0.05 in Hg）
气象站	见注（6）
速度测量	
标准皮托管	
已校准	±5% [见注（7）和注（8）]
未校准	±8% [见注（7）和注（8）]
S 型皮托管	
已校准	±5% [见注（7）和注（8）]
未校准	±8% [见注（7）和注（8）]
三孔或五孔 Fechheimer 探针	
已校准	±2% [见注（7）]
未校准	±4% [见注（7）]
热线风速仪	±10%
涡轮流量计	±2%
量测量（空气和烟气）	
多点皮托管	
已校准、已检查（定向速度探针）	±5%
已采用 S 型或标准探针校准	±10%
未校准、已检查	±8%
未校准、未检查	±20%
机翼	
已校准	±5%
未校准	±20%
流量测量（水和蒸汽）	
流量喷嘴	见注（9）
PTC 6（有整流）	
已校准、已检查	±0.25%
未校准、已检查	±2.5%
未校准、未检查	±5%
管接头	
已校准、已检查	蒸汽 ±0.50%，水 ±0.40%
未校准、已检查	蒸汽 ±2.2%，水 ±2.1%
未校准、未检查	新机组同上，在役机组会有变化
文丘里流量计	

续表

测试仪表	系统不确定度[注(1)]
数据采集	见注（2）
喉部取压	
已校准、已检查	蒸汽±0.50%，水±0.40%
未校准、已检查	蒸汽±1.2%，水±1.1%
未校准、未检查	新机组同上，在役机组会有变化
孔板流量计	
已校准、已检查	蒸汽±0.50%，水±0.40%
未校准、已检查	蒸汽±0.75%，水±0.70%
未校准、未检查	新机组同上，在役机组会有变化
量水堰	±5%
排污阀	±15%
科里奥利流量计（液体型）	±0.1%
液体燃料流量测量（已校准）	
流量计	
正向位移计	±0.5%
涡轮流量计	±0.5%
孔板流量计（未校准）	±1.0%
科里奥利流量计	±0.1%
称重罐	±1%
体积计量罐	±4%
气体燃料流量测量	
孔板流量计	
已校准、已检查	±0.5%
未校准、已检查	±2%
未校准、未检查	±0.75%
涡轮流量计	
无自修正	±1.0%
自修正	±0.75%
科里奥利流量计	±0.35%
固体燃料和吸收剂流量测量	
称重式给料机	
已采用称重罐校准	±2%
已采用砝码校准	±5%
未校准	±10%
体积计量式给料机	
皮带	
已采用称重罐校准	±5%
未校准	±15%
螺杆、回转阀等	
已采用称重罐校准	±5%
未校准	±15%
称重仓	
称重称	±5%
应变仪	±8%
料位	±10%
冲击计量仪	±10%
灰渣流量测量	
烟尘等速采样	±10%
称重仓	
称重称	±5%
应变仪	±8%
料位	±20%
螺旋给料机，回转给料阀等	
已采用称重罐校准	±5%
未校准	±15%
假定灰渣比	总灰量的10%
固体燃料和吸收剂采样	见表4-13-1和表4-13-2
静止皮带截取	±0%
全流面截取	≥1%
"窃取"式探针	≥2%
采样时间滞后	≥5%

续表

测试仪表	系统不确定度[注(1)]
数据采集	见注（2）
液体和气体燃料采样	见表4-13-3和表4-13-4
烟气采样	
逐点顺序采样	见第7章
混合采样	见第7章
灰渣采样	
烟尘等速采样	±5%
"窃取"式探针	±200%
底渣	±50%［见注（10）］
流化床放灰	±20%
燃料处理和储存	
石灰石处理和储存	水分的 −10%/+5%
灰渣	0
烟气分析	
氧量分析仪	
电子分析仪	全量程的±1.0%
化学吸收法分析	最小刻度间隔的±0.5倍
便携式化学电池分析仪	读数的±5%或全量程的±2%
空气校准后	…
标准气体校准后	…
电功率	
电压或电流	
电流互感器	±10%
电位变压器	±10%
手持式数字电流表	±5%
功率	
功率表	±2%
湿度	
湿度计	相对湿度的±2%
悬挂式湿度计	最小刻度间隔的±0.5倍
气象站	见注（6）

注：

（1）若非特别注明，所有系统不确定度均为读数的百分数。

（2）热电偶可根据参比接点的修正方法来确定误差。而且，将热电偶输出电压转换为温度的算法可能会引入误差。

（3）适用范围参见 ASME PTC 19.3。

（4）NIST 可溯源测试仪表的系统不确定度等于校准设备的精度，但不含漂移。

（5）适用范围参见 ASME PTC 19.2。

（6）应根据试验现场与气象站间的距离和海拔差异进行修正。

（7）已包括操作误差，如探针位置等。

（8）仅适用于偏转角和仰俯角确定不超过5°的情况。

（9）对于蒸汽和水的流量测量，更准确的系统不确定度估算方法参见 ASME MFC-3M/MFC-3Ma 和 ASME PTC 19.5 中，根据雷诺数、贝塔比、压力和压差给出的流量系数和膨胀系数的不确定度表格和计算公式。

（10）底渣含碳量应很低。

估计系统不确定度时，应考虑影响测量的所有因素。大多数因素都是双向的，同时导致正、负两方面的系统不确定度，这些不确定度的幅度可能相等，也可能不等。如与温度校准设备的主要标准相关的系统不确定度为±0.25℉，是等幅的系统不确定度。用校准数据修正读数时，若测量值与校准点之间的距离不相等，就会导致正、负系统不确定度的幅度不等，属于不等幅系统不确定度。漏入烟气分析仪的空气只能稀释样品，这类因素应归为单侧系统不确定度（尽管在试验开始之前应找到并修复所有泄漏点，在试验期间仍可能发生小泄漏，或者试验前可能找不到微小的泄漏）。应将所有正系统不确定度（和负系统不确定度）合并成一个正系统不确定度值（和一个负系统不确定度值）。系统不确定度的合并过程参见 7-5。

许多测试仪表给定了测量精度，但精度只是该测试仪表潜在系统不确定度的一部分。其他因素也会影响测量，如漂移、振动和其他气体对氧量分析仪的影响等。通常可以通过校准来提高测试仪表的参考精度。校准后可以组合参考标准的精度、测试仪表的可重复性以及测量值与校准点不一致导致的潜在系统不确定度，从而估计测试仪表的正负系统不确定度。

每个估计而非测量的参数值，其正、负系统不确定度的值应由试验各方商定。试验工程师在估计系统不确定度时，通常可以考虑概率约为 19:1 上、下限以内（即 95% 置信水平），并依据常识性的物理原理（如辐射热从较热的物体传递到较冷的物体、空气只能漏到负压状态的样品中），来取得合理的数值。

第5章

结 果 计 算

5-1 简介

本章描述了为确定空气预热器性能所需的数据和计算过程。由于大多数空气预热器都与锅炉配合使用，本章还包含了基于能量平衡确定锅炉效率、燃料输入量时所需的计算方法。因为空气预热器的性能参数也是确定锅炉效率的关键测量参数，与直接测量方法相比，基于能量平衡计算得到的燃料量、空气流量和烟气流量具有最小的不确定度。第3章和第4章中给出了数据采集原理、测试仪表和测量方法，附录H给出了若干公式的推导过程。计算公式中所有变量采用首字母缩略语表示，由字母和数字符号构成，可直接用于计算机程序的编制。第2章中介绍了缩略语格式、字母或字母组合的定义及派生的缩略语。2-5汇总了空气预热器系统各部件相关的气体流、液体流相关位置识别的字母数字符号，示意图2-3.4-1～图2-3.4-6中显示了这些符号的应用。

本章基于根据锅炉效率确定燃料输入量的方法，按照一次试验后进行空气预热器性能所要求计算的顺序编排。进行性能计算和不确定度计算之前，必须将性能试验记录的测试数据整理为平均值。5-2提供了数据整理方法，也给出了用于计算不确定度分析中平均值标准偏差的计算公式。5-3给出了锅炉燃烧计算和效率计算的公式。5-4给出了用于确定通过空气预热器的烟道和空气流量的公式。5-5介绍了实测空气预热器性能的计算方法。5-6提供了将空气预热器性能修正到标准条件或设计条件的方法。5-7给出了计算不确定度各组成部分的计算公式及最终完成试验不确定度分析所需的其他公式。5-8介绍了无凝结暖风器性能的计算和修正方法。

5-2 测量数据的提炼

5-2.1 测试仪表的精度修正

测试仪表校准后，其校准应在整理数据之前对测试结果进行修正。以压力变送器为例，实际压力与输出读数（如mV输出）间的函数关系可根据实验室测量结果，以统计规律确定，并用于实测数据的修正。

类似地，对热电偶而言，实验室测定得到的mV输出值误差也应在求取平均值之前修正到测量结果。

其他由多个测量结果计算终值的非独立变量也属同一类型，常见例子是流体流量的测量。流量是根据压差的平方根计算的，并与温度和来流压力近似成线性关系。在求取数据平均值中宜采用上述计算的结果。计算流量的随机误差与仪表系统误差宜合并计入到流量测量参数的总体随机不确定度和系统不确定度（参阅5-7中的灵敏度系数）。

5-2.2 异常值

确定某一测量平均值的第一步是剔除坏点数据或异常值。异常值被认为是无效的，且不应当用于计算和不确定度分析的错误数据。异常值的起因包括读数或记录时的人为误差和电子干扰等因素引起的仪表误差。ASME PTC 19.1试验不确定度和ASTM E178等若干文件提供了如何确定异常值的基本原则和统计方法。本规程未推荐确定异常值的特定统计方法。应特别注意，处理异常值所用不同的统计方法和标准可能会导致结果不符合事实结果。对某一给定参数的所有记录数据进行比较时，大多数异常值是显而易见的，因此，本规程推荐采用根据工程判断和/或试验各方预先达成协议的方式来剔除异常值，并建议试验工程师和试验各方共同分析产生异常值的可能原因。

5-2.3 求取测量数据平均值

剔除异常值前后要分别计算性能试验期间某测量参数的平均值，该平均值可以用来确定异常值的重要信息。如果平均值是在确定异常值之前计算的，则异常值剔除之后要重新计算。

在性能试验期间测量的参数会随时间和空间而改变，基于参数会在某一定值上下波动，大部分参数可采用求平均值的方法，在单个测点测量的某一参数，如确定空气预热器进、口差压、蒸汽温度或压力就是这种情况。在稳定的性能试验期间（见第3章中的定义），某些单点参数是随时间变化的，但是，就本规程的目的而言，假定这些参数存在一个定值即为其算术平均值。

对试验中检测的某些参数，不仅必须考虑时间变化，还要考虑空间变化的影响（如在垂直于流动方向的截面上参数的不均匀性），需要在某一给定位置，根据多测点检测的方法确定该参数的值。利用网格法布置的热电偶测量空气预热器出口烟气温度就是一个典型的例子。既随时间、也随空间变化的参数的平均值求法，不同于仅随时间变化的参数。

参数的平均值及平均值的标准差和自由度都用于计算总体随机不确定度。

5-2.3.1 空间均匀分布参数的平均值❶。不随空间变化的参数的平均值是将在测量时段的读数进行平均得到的。

对那些在空间上（或内）视为定值的参数（如给水温度或压力），或在空间某一固定点的参数值（如在热电偶在某一网格点的排烟温度），计算平均值的公式为

$$X_{AVG} = \frac{1}{n}(x_1 + x_2 + x_3 + \cdots + x_n) = \frac{1}{n}\sum_{i=1}^{n} x_i \quad (5\text{-}2\text{-}1)$$

式中：n 为被测参数 x 的测量次数；X_{AVG} 为被测参数的算术平均值；x_i 为某时刻在任意点上第 i 次所测得的参数 x 的数值。

5-2.3.2 总体数据。通常，在试验过程中，数据采集系统要多次打印（并存储在电子介质上）测量参数的平均值和标准偏差，这些被称为总体数据。假设一次试验共计进行了 m 组测量，每组测量包括 n 个读数，第 k 组的平均值 X_{AVGk}，由式（5-2-1）求出，下标表示组别。则此类参数的总体平均值为

$$X_{AVG} = \frac{1}{m}\sum_{k=1}^{m} X_{AVGk} \quad (5\text{-}2\text{-}2)$$

对每组测量来说，只有各个被测参数数据和标准差均已知时，才可计算总体数据。如果未知，则应把其视为单独样本。

5-2.3.3 空间不均匀参数的平均值。随空间变化的参数的平均值确定方法为：首先计算一个测量网格中每个定义点的全部数据的平均值，然后确定网格中所有点的平均值。

5-2.4 随机不确定度

下面给出计算各单独测量参数平均值的标准偏差的一般原则，有关不确定度分析计算及偏差计算的细节在第 7 章给出。在开始误差分析之前宜浏览第 7 章。不确定度随机分量的计算必须分为若干步骤。每

一被测参数均有一个标准偏差、一个平均值的标准偏差和一个表示自由度的数。对所有测量组合的参数，也有一个整体平均值的标准偏差和一个表示自由度的数量，这些计算在完成 5-3～5-6 所述的空气预热器性能计算后才进行。整体平均值标准偏差的计算和不确定度随机分量的计算在 5-7 介绍。

确定被测参数平均值的标准偏差和自由度的第一步是利用试验中记录的数据计算平均值和标准差。随时间和空间均变化的参数与仅随时间变化的参数相比，被测参数的平均值、标准差和自由度的计算方法有所不同。

5-2.4.1 空间均匀参数的随机不确定度。对多次测量、不随空间变化的参数，其标准偏差和平均值的标准偏差的计算式为

$$STDDEVMN = \left(\frac{STDDEV^2}{n}\right)^{1/2} = \left[\frac{1}{n(n-1)}\sum_{i=1}^{n}(x_i - X_{AVG})^2\right]^{1/2} \quad (5\text{-}2\text{-}3)$$

$$STDDEV = \left[\frac{1}{n-1}\sum_{i=1}^{n}(x_i - X_{AVG})^2\right]^{1/2} \quad (5\text{-}2\text{-}4)$$

$$STDDEV = \left[(PSTDDEV)^2\frac{n}{n-1}\right]^{1/2} \quad (5\text{-}2\text{-}5)$$

式中：n 为被测参数 x 的测量次数；$PSTDDEV$ 为被测参数的总体样本标准差；$STDDEVMN$ 为被测参数平均值的标准偏差；$STDDEV$ 为由样本测量值估计的标准差；X_{AVG} 为被测参数的算术平均值；x_i 为某时刻在任意点上第 i 次所测得的参数 x 的数值。

各公式写成上述形式的原因是：因为有一些计算器和电子表格计算的是总体样本的标准差，而另一些计算的是子样本的标准差，还有一些计算的是平均值的标准差。理解三者之间的差别对计算各个用来确定随机不确定度的平均值的标准差是很重要的。利用计算机和科学计算器时，如果对被测参数值采用"子样本标准差函数"，则结果将是 $STDDEV$。如果对这些值采用"总体样本规程偏差函数"，结果将是 $PSTDDEV$。如果采用"平均值的标准误差"，结果将是 $STDDEVMN$。理解这些差别将有助于采用正确的函数和公式。

空间均匀分布参数平均值的标准偏差的自由度按式（5-2-6）计算

---

❶ 在空间单点测量的某些参数具有随时间变化的特征（如由于大气温度变化而造成的燃烧空气温度的变化）。本规程推荐采用公式（5-2-1）来计算这些参数的平均值，并且增加读数的次数以减小平均值的标准偏差。但是，根据试验各方的选择，可以对空间某固定点的数据拟合一个多项式。如果采用拟合曲线，则用户必须：

①从统计规律上验证该数学模型；

②在数学上对该拟合曲线进行积分，以确定该参数的平均值；

③导出计算该平均值方差的方法，以确定平均值的标准偏差。

$$DEGFREE=n-1 \qquad (5\text{-}2\text{-}6)$$

式中：$DEGFREE$ 为自由度数。

5-2.4.2 空间不均匀参数的随机不确定度。随空间变化参数平均值的标准偏差（随机不确定度）和自由度的确定方法必须与 7-4 讨论的积分法、加权平均法或不采用加权平均的方法保持一致。

　　首先，计算每个网格点 i 处的平均值、$STDDEVi$、$STDDEVMN$ 和 $DEGFREE$。然后计算网格内所有点的平均值。

　　积分平均参数的平均值的标准偏差为

$$STDDEVMN = \frac{1}{m}\left[\sum_{i=1}^{m} STDDEVMN_i^2\right]^{1/2} \qquad (5\text{-}2\text{-}7)$$

相关的自由度为

$$DEGFREE = \frac{STDDEVMN^4}{\sum_{i=1}^{m}\dfrac{STDDEVMN_i^4}{m^4 DEGFREE_i}} \qquad (5\text{-}2\text{-}8)$$

式中：$DEGFREE$ 为平均参数的自由度；$DEGFREE_i$ 为测点 i 处参数的自由度；m 为网格点数；$STDDEVMN$ 为平均参数的平均值标准偏差；$STDDEVMN_i$ 为测点 i 处参数平均值的标准偏差。

　　自由度数必须在基于每一网格点读数次数和网格点个数确定的最小值和最大值之间。最小可能的自由度为以下较小的一个：

　　（a）网格点数，m；

　　（b）每一网格点读数次数减 1，$n-1$。

　　最大可能的自由度是以上两项的乘积。

　　式（5-2-7）和式（5-2-8）适用于非加权平均值；如果加权因子与参数同时测得，上述公式也适用于加权平均值，因此可用加权参数（$X_{FW}=F_iX_i$）来计算各个网格点平均值的标准偏差。只有每一网格点都有足够多次的读数、确保具有统计学意义时，才宜将该计算方法用于加权平均。

　　如果在性能计算中采用了加权平均值，且同时测量的工况数较少（少于 6 条），则每点读数的个数会很少。此时可采用 7-4 描述的、利用单一探针的方法估计加权平均值的标准偏差。该探针用于在某一固定点上同时测量流速和其他有关参数（温度或氧量）。若在该点有 n 个读数，这些读数值按下式处理

$$X_{FW,i} = \left(\frac{V_i}{V_{AVG}}\right)X_i \qquad (5\text{-}2\text{-}9)$$

　　X_{FW} 的样本标准差 $STDDEV$，由式（5-2-4）或式（5-2-5）计算。加权平均参数的精度指标为

$$STDDEVMN_{FW} = \left(\frac{STDDEV^2}{n}\right)^{1/2} \qquad (5\text{-}2\text{-}10)$$

式中：FW 为加权平均；n 为在单个测点上的读数数量。

　　每个网格点平均值的标准偏差由单个固定参考测点的标准差确定，如果在性能计算中采用加权平均值，加权因子（速度）分别由被加权的参数确定，则加权平均参数的平均值的标准偏差计算式为

$$STDDEVMN = [STDDEVMN_{UM}^2 + (PARAVG_{UM} - $$
$$PARAVG_{FW})^2 STDDEVMN_V^2 / V_{AVG}^2]^{1/2}$$
$$(5\text{-}2\text{-}11)$$

式中：$PARAVG_{FW}$ 为该参数的加权平均值；$PARAVG_{UW}$ 为该参数的未加权平均值；$STDDEVMN_{UW}$ 为未加权平均值的标准偏差；$STDDEVMN_V$ 为速度加权平均值的标准偏差；V_{AVG} 为平均速度。

　　如果速度分布是有限数量的测点数决定的，则由上所述，$STDDEVMN_V$ 可由在单一测点经在测量时段测取的大量速度读数进行估计，用 V_i 代替 $X_{FW,i}$。

5–3　燃烧计算和效率计算

　　本节涉及以烟气作为热流体的空气预热器相关的计算。燃烧计算方法主要来自 ASME PTC 4，并且与之相同。本小节旨在简要介绍所需的计算过程，参阅 ASME PTC 4 可以得到全面的过程。

　　燃烧计算基于以下原则，并按照计算过程的常规要求实施，包括：

　　（a）测量氧量；

　　（b）按化学当量法计算过量空气和烟气产物；

　　（c）若未测量灰渣含碳量则预估未燃尽碳 UBC 损失；

　　（d）若有脱硫吸收剂由计算其带来的修正；

　　（e）计算湿烟气量（总烟气量）；

　　（f）计算烟气的摩尔质量和密度。

　　参考附录 A 计算表格中的示例，本节介绍其中燃烧和效率计算部分。

　　能用单位质量燃料（lbm/lbm 燃料）表示的项目可以使用基于燃料的输入进行归一化。当确定不同燃料对燃烧计算的影响时，单位质量燃料输入的定义是有意义的。在本规程中，用于计算的主要单位是 lb/Btu（kg/J）。实际的计算表格时也会使用 lbm/10000 Btu（kg/10 MJ）等对小数点处理更方便的单位。

5-3.1　燃料特性

5-3.1.1　燃料发热量。高位发热量 $HHVF$［Btu/lbm（J/kg）］是指燃料在恒压下燃烧的高位发热量。对于固体和液体燃料，高位发热量由氧弹量热仪测定（恒容）。因为燃料在锅炉内的燃烧基本是在恒压条件下，因此，恒容氧弹测量值必须修正到恒定压力下，即

$$HHVF = HHVFcv + 2.644MpH2F \qquad (5\text{-}3\text{-}1)$$

式中：$HHVFcv$ 为恒容条件下，由氧弹量热仪测得的燃料高位发热量；$MpH2F$ 为燃料中氢元素的质量百

分含量，%。

用户宜确认燃料分析的实验室尚未做该项修正。对于气体燃料，高位发热量是在定压条件下确定的，因此，量热计测得的发热量无需修正。

本规程的所有计算均采用单位质量燃料的高位发热量 [Btu/lbm（J/kg）] 作为基准。对于气体燃料，高位发热量通常表示为单位容积 $HHVGF$ [Btu/scf（J/m³，标况）]。为了与本计算过程中采用的单位兼容，必须将气体燃料的高位发热量换算为单位质量燃料的能量基准 [Btu/lbm（J/kg）]，即

$$HHVF = \frac{HHVGF}{DnGF} \qquad (5\text{-}3\text{-}2)$$

式中：$DnGF$ 为在标准温度、压力工况下的气体密度，用于 $HHVGF$ 的转化，lbm/scf（kg/m³，标况）。

5-3.1.2 燃料的化学分析。 本规程的计算基于燃料质量百分数表示的元素分析进行。燃料组成包括碳（CF）、氢（H₂F）、氮（N₂F）、硫（SF）、氧（O₂F）、水（H₂OF）和灰（AsF）。燃料中水分是以收到基为准。需要注意的是，氢元素（或氧元素）并不包括燃料中水分中的氢元素（或氧元素）。元素分析结果中各项组分的总和应为 100%。

气体燃料分析以容积百分数来表示各碳氢化合物和其他组成成分。在本规程的燃烧计算中，气体燃料分析要换算为单位质量的形式。计算遵循以下一般原则：

$$MpFk = 100\frac{MvFk}{MwGF} \qquad (5\text{-}3\text{-}3)$$

$$MwGF = \sum MvFk \qquad (5\text{-}3\text{-}4)$$

$$MvFk = Mwk\sum\frac{VpGj \cdot Mokj}{100} \qquad (5\text{-}3\text{-}5)$$

式中：j 为基于容积或摩尔数表示的燃料组分，如 CH₄ 和 C₂H₆ 等；k 为基于质量表示的燃料成分。本规程涉及的成分包括 C、H₂、N₂、S、O₂、H₂O。对气体燃料假定水分为蒸汽状态，在所有计算中均用首字母缩略词 H₂Ov 表示；$Mokj$ 为组分 j 中子组分 k 的摩尔数，如组分 j=C₂H₆，k=C，$Mokj$=2；组分 j=C₂H₆，k=H₂，$Mokj$=3；$MpFk$ 为子组分 k 的质量百分数；$MvFk$ 为单位容积燃料子组分 k 的质量，lbm/mol 或 lbm/ft³（kg/mol 或 kg/m³）；$MwGF$ 为气体燃料的摩尔质量，lbm/mol（kg/mol），是单位摩尔（或容积）质量为基准的各 MvFk 值之和，lbm/mol（kg/mol）；Mwk 为子组分 k 的摩尔质量，lbm/mol（kg/mol）；$VpGj$ 为容积百分数表示的入炉燃料组分（如 CH₄ 和 C₂H₆）。

5-3.2 吸收剂和其他添加剂的性质

本节论述输入锅炉系统边界内烟气侧、除入炉燃料以外的固体和/或气体物质的处理方法。吸收剂等添加剂会从以下几个方面影响锅炉效率和燃烧过程：

（a）添加剂可增加灰渣质量和灰渣显热损失。

（b）添加剂可带入水分，从而增加烟气中的水分损失并且改变烟气的比热容。

（c）添加剂可发生化学反应，从而改变烟气的组成或改变所需空气量。

（d）吸热化学反应需要热量，从而造成额外损失。

（e）放热化学反应可放出热量，而成为额外的外来热量。

空气预热器试验中可以基于经验来估计与吸收剂相关的参数，如硫捕集率和煅烧份额。如果这些参数要严格确定，请参阅 ASME PTC 4。

由于石灰石广泛用于脱硫，本规程将着重讨论添加石灰石对锅炉效率和燃烧计算的影响。在本规程中，添加到烟气（锅炉系统边界内）中的所有非燃料物质统称为添加剂。石灰石计算示范了大多数添加剂对锅炉效率和燃料产物的影响所需要遵循的计算原则。如果其他添加物质对烟气组分或灰粒的影响可单独验证且可测量或可计算，则试验各方可把这些有关的外来热量或损失包含进来。除石灰石之外，本章还讨论了另一种降低 SO₂ 的吸收剂，即消石灰 [由 Ca(OH)₂ 和 Mg(OH)₂ 组成] 的计算。当加入惰性物质时，如石英砂，仍采用下面的计算方法，但将其处理为仅含惰性成分和水分的石灰石。

5-3.2.1 $MFrSb$——吸收剂的质量份额 [lbm/lbm 燃料（kg/kg 燃料）]。反映计算需要吸收剂的质量分数，可以通过测量的吸收剂质量流量或预估钙硫（Ca/S）摩尔比来确定

$$MFrSb = \frac{MrSb}{MrF} \qquad (5\text{-}3\text{-}6)$$

或

$$MFrSb = MoFrCaS\frac{MpSF}{MwS}\sum\frac{MwCak}{MpCak} \qquad (5\text{-}3\text{-}7)$$

或

$$MoFrCaS = MFrSb\frac{MwS}{MpSF}\sum\frac{MpCak}{MwCak} \qquad (5\text{-}3\text{-}8)$$

式中：$MoFrCaS$ 为钙硫摩尔比；$MpCak$ 为以组分 k 表示的吸收剂中钙的质量百分数，%；$MpSF$ 为燃料中硫元素的质量百分数，%；MrF 为燃料质量流量，lbm/hr（kg/s），效率计算需迭代直到 MrF 收敛；$MrSb$ 为吸收剂质量流量测量值，lbm/hr（kg/s）；$MwCak$ 为钙化合物 k 的摩尔质量，lbm/mol（kg/mol），如 CaCO₃（Cc）的摩尔质量为 100.089；Ca(OH)₂（Ch）的摩尔质量为 74.096；MwS 为硫的摩尔质量，值为 32.065lbm/mol。

5-3.2.2 $MFrSbk$——吸收剂中各组分的质量 [lbm/lbm 燃料（kg/kg 燃料）]。吸收剂的主要组分为反应组分、水分和惰性物质。每一组分的质量都应换算为基于燃料质量的质量比

$$MFrSbk = MFrSb \frac{MpSbk}{100} \qquad (5\text{-}3\text{-}9)$$

式中：$MpSbk$ 为组分 k 在吸收剂中的百分数；k 为吸收剂组分。k 所涉及反应组分如下：

　　(a) $CaCO_3$，碳酸钙（Cc）；

　　(b) $MgCO_3$，碳酸镁（Mc）；

　　(c) $Ca(OH)_2$，氢氧化钙（Ch）；

　　(d) $Mg(OH)_2$，氢氧化镁（Mh）。

5-3.2.3 $MoFrClhk$——组分 k 的煅烧份额。组分 k 煅烧时释放的 CO_2 摩尔数与该组分摩尔数之比。本规程计及两种组分。碳酸镁（Mc）成分在常压流化床锅炉空气燃烧的通常 CO_2 分压力下和正常运行温度下很容易煅烧分解，因此，煅烧份额通常认为是 1.0。但是，碳酸钙（Cc）不会全都转化为 CaO 和 CO_2，为此本规程推荐值为 0.90（不确定度-0.10 和 0.05）。如想通过分析测定请参阅 ASME PTC 4。

5-3.2.4 $MFrSc$——脱硫率［lbm/lbm（kg/kg）］。脱硫率是被脱除的硫与总硫量之比，由烟气中的 SO_2 和 O_2 测量值计算。对于本规程，可以使用设计值或以前的试验值与适当的不确定度。如果估计，建议脱硫率的不确定度为±0.05 lbm/lbm。

5-3.2.5 $MqThAAd$——脱硫反应引起的额外理论空气。被捕捉的硫元素被转化为硫酸钙，反应式为

$$CaO + SO_2 + \frac{1}{2}O_2 \longrightarrow CaSO_4$$

每摩尔硫元素被捕集需要多消耗 0.5mol 的氧气。

$$MqThAAd = \frac{0.02155 \times MpSF \cdot MFrSc}{HHVF}$$
$$(5\text{-}3\text{-}10)$$

需要注意的是，修正后理论空气量 $MqThACr$ 里包含了该修正部分。

5-3.2.6 $MqCO2Sb$——吸收剂煅烧产生的气体［lbm/Btu（kg/J）］。当碳酸钙和碳酸接受热时释放出 CO_2，使干烟气质量增加。增加的干烟气量为

$$MoCO2Sb = \sum MoFrClhk \frac{MFrSbk}{Mwk} \qquad (5\text{-}3\text{-}11)$$

$$MFrCO2Sb = 44.0098 MoCO2Sb \qquad (5\text{-}3\text{-}12)$$

$$MqCO2Sb = \frac{MFrCO2Sb}{HHVF} \qquad (5\text{-}3\text{-}13)$$

式中：k 为包含碳酸盐的组分，一般为碳酸钙（Cc）和碳酸镁（Mc）；$MFrCO2Sb$ 为吸收剂产生的气体（CO_2）的质量份额，lbm/lbm fuel（kg/kg 燃料），此处 44.0098 为 CO_2 的相对分子质量；$MoCO2Sb$ 为吸收剂产生的气体（CO_2）的摩尔数，mol/lbm fuel（mol/kg 燃料）；$MoFrClhk$ 为组分 k 的煅烧份额，即释放的 CO_2 摩尔数与该组分摩尔数之比；$MqCO2Sb$ 为吸收剂产生 CO_2 的质量，基于燃料输入热量，lbm/Btu（kg/J）；Mwk 为组分 k 的质量，lbm/mol（kg/mol）。

5-3.2.7 $MqWSb$——吸收剂产生的水分［lbm/Btu（kg/J）］。由吸收剂带入的总水分为吸收剂水分及其中氢氧化钙和氢氧化镁脱水释放的水分之和

$$MoWSb = \frac{MFrH2OSb}{18.0153} + \sum \frac{MFrSbk}{Mwk} \qquad (5\text{-}3\text{-}14)$$

$$MFrWSb = 18.0153 MoWSb \qquad (5\text{-}3\text{-}15)$$

$$MqWSb = \frac{MFrWSb}{HHVF} \qquad (5\text{-}3\text{-}16)$$

$$MrWSb = MFrWSb \cdot MrF \qquad (5\text{-}3\text{-}17)$$

式中：k 为含水的组分或可脱水的氢氧化物，主要为氢氧化钙（Ch）和氢氧化镁（Mh）。这些成分在燃烧过程中被认为 100%脱水；$MFrWSb$ 为吸收剂总水分的质量份额，lbm/lbm fuel（kg/kg 燃料）；$MoWSb$ 为吸收剂中水分总摩尔数，mol/lbm fuel（mol/kg 燃料）；$MqWSb$ 为单位燃料输入热量的吸收剂中总水分质量，lbm/Btu（kg/J）；$MrWSb$ 为吸收剂中总水分的质量流量，lbm/hr（kg/s）。

5-3.2.8 $MFrSsb$——脱硫灰渣的质量份额［lbm/lbm fuel（kg/kg 燃料）］。脱硫灰渣为吸收剂经释放水分、煅烧以及脱硫反应后增加的固体灰渣

$$MFrSsb = MFrSb - MFrCO2Sb - MFrWSb + MFrSO3 \qquad (5\text{-}3\text{-}18)$$

$$MFrSO3 = 0.025 MFrSc \cdot MpSF \qquad (5\text{-}3\text{-}19)$$

$$MqSsb = \frac{MFrSsb}{HHVF} \qquad (5\text{-}3\text{-}20)$$

$$MoO3ACr = \frac{MFrO3ACr}{MwO3} \qquad (5\text{-}3\text{-}21)$$

$$MqO3ACr = \frac{MFrO3ACr}{HHVF} \qquad (5\text{-}3\text{-}22)$$

$$MFrO3ACr = 0.6 MFrSO3 \qquad (5\text{-}3\text{-}23)$$

式中：$MFrO3ACr$ 为脱硫过程中生成 SO_3 所需空气中 O_3 的质量份额（由于形成 $CaSO_4$ 中的 3 个 O 均来自空气，因此用 O_3 表示来自空气的氧），lbm/lbm（kg/kg），常数 0.6 是 O_3 的摩尔质量与 SO_3 的摩尔质量之比；$MFrSO3$ 为脱硫过程中生成 SO_3 的质量份额，lbm/lbm fuel（kg/kg 燃料），常数 0.025 是 SO_3 的摩尔质量与硫摩尔质量之比再除以 100，将百分数换算为质量份额；$MoO3ACr$ 为生成 SO_3 消耗空气中 O_3 对干烟气摩尔数的修正，mol/单位质量燃料；$MqO3ACr$ 为生成 SO_3 消耗空气中 O_3 对干烟气流量的修正，lbm/Btu（kg/J）；$MwO3$ 为 O_3 的摩尔质量，47.9982 g/mol。

5-3.3 $MpUbC$ 和 $MpCb$——燃料中未燃尽碳和已燃碳（质量百分数）

未燃尽碳的质量百分数可以根据预估的未燃尽碳损失（$QpLUbC$）来计算，也可根据灰渣中估计或测量的灰渣中未燃烧碳百分数 $MpCRs$ 来计算。对于估算值，应使用适当的不确定度值。

5-3.3.1 利用 *QpLUbC* 来计算未燃尽碳

$$MpUbc = QpLUbc \frac{HHVF}{HHVCRs} \quad (5\text{-}3\text{-}24)$$

式中：*HHVCRs* 为灰渣中碳的发热量，一般取 14500 Btu/lbm（33700kJ/kg）。

5-3.3.2 *MpCRs*——灰渣中的未燃尽碳，百分数。 灰渣中未燃尽碳指灰渣中的游离碳，用来确定燃料的未燃尽碳。采用石灰石以及灰分中含有大量碳酸盐的燃料时，灰渣中不仅含有游离碳，还有以碳酸盐形式存在的碳。测定灰渣中碳的标准试验是先确定总含碳量（*MpToCRs*），再测定灰渣中 CO_2 含量（*MpCO2Rs*），然后将总含碳量值修正到只有游离碳量（*MpCRs*）的水平。具体分析方法可参考 4-11。如果实验室分析报告中未区分总碳量（*MpToCRs*）和游离碳量（*MpCRs*），宜予以澄清。当采用含有 $CaCO_3$ 作为吸收剂时，要求确定灰渣中的 CO_2 含量，以便计算灰渣中 $CaCO_3$ 的质量和吸收剂中 $CaCO_3$ 的煅烧份额

$$MpCRs = MpToCRS - \frac{12.011}{44.0098} MpCO2Rs \quad (5\text{-}3\text{-}25)$$

如果灰渣在一个以上地点采集，则灰渣中碳和 CO_2 的加权平均值的计算式为

$$MpCRs = \sum \frac{MpRsz \cdot MpCRsz}{100} \quad (5\text{-}3\text{-}26)$$

$$MpCO2Rs = \sum \frac{MpRsz \cdot MpCO2Rsz}{100} \quad (5\text{-}3\text{-}27)$$

5-3.3.3 *MFrRs*——灰渣质量份额［lbm/lbm Fuel（kg/kg 燃料）］。 将燃料中灰分和脱硫灰渣总量基于单位质量燃料换算成灰渣质量份额为

$$MFrRs = \frac{MpAsF + 100MFrSsb}{100 - MpCRs} \quad (5\text{-}3\text{-}28)$$

式中：*MFrSsb* 为单位质量燃料的脱硫灰渣总量的份额，lbm/lbm fuel（kg/kg 燃料）；*MpAsF* 为燃料中的灰分，质量百分数；*MpCRs* 为灰渣中的未燃烧碳，质量百分数。

5-3.3.4 *MpUbC*——燃料中的未燃尽碳（质量百分数）。 灰渣中的未燃尽碳用于计算燃料中未燃尽碳的百分数

$$MpUbc = MpCRs \cdot MFrRs \quad (5\text{-}3\text{-}29)$$

5-3.3.5 *MpCb*——已燃尽碳（质量百分数）。 燃料中实际已燃尽碳的百分数是由元素分析得到的燃料含碳量与未燃尽碳含量的差值计算。在燃料化学反应当量计算中采用实际已燃烧的碳（*MpCb*）代替燃料含碳量（*MpCF*）

$$MpCb = MpCF - MpUbc \quad (5\text{-}3\text{-}30)$$

5-3.4 燃烧空气性质

5-3.4.1 物理特性。 本规程中计算使用的常数基于以下干空气的组成推导。每摩尔空气含有 0.20946mol O_2，0.78102mol N_2，0.00916mol Ar，0.00033mol CO_2（还有其他微量元素），空气的平均摩尔质量为 28.9625。为简化计算，N_2 包括 Ar 和其他微量元素，并称为"大气中的氮气"（N_2a），其当量摩尔质量为 28.158。

本规程采用的空气性质概括如下：

（a）容积组成：20.95%的 O_2，79.05%的 N_2。

（b）质量组成：23.14%的 O_2，76.86%的 N_2。

5-3.4.2 *MFrWDA*——空气湿度［lbm 水/lbm 干空气（kg 水/kg 干空气）］。 空气湿度由进口空气的湿球温度和干球温度确定，也可由干球温度、相对湿度和湿度图确定，也可测定湿球温度时由 Carrier 式［式（5-3-32）］确定的水蒸气压力计算，还可测定相对湿度时由式（5-3-33）确定的水蒸气压力计算

$$MFrWDA = 0.622 \frac{PpWvA}{Pb - PpWvA} \quad (5\text{-}3\text{-}31)$$

$$PpWvA = PsWvTwb - \frac{(Pb - PsWvTwb)(Tdbz - Twbz)}{2830 - 1.44Twbz} \quad (5\text{-}3\text{-}32)$$

$$PpWvA = 0.01Rhmz \cdot PsWvTdb \quad (5\text{-}3\text{-}33)$$

$$PsWvTz = C_1 + C_2T + C_3T^2 + C_4T^3 + C_5T^4 + C_6T^5 \quad (5\text{-}3\text{-}34)$$

式中：C_1 取 0.019257；C_2 取 1.289016×10^{-3}；C_3 取 1.211220×10^{-5}；C_4 取 4.534007×10^{-7}；C_5 取 6.841880×10^{-11}；C_6 取 2.197092×10^{-11}；*Pb* 为大气压力，psia，由英寸汞柱（in.Hg）转化为 psia 时需除 2.0359；*PpWvA* 为空气中水蒸气分压，psia，可由相对湿度或湿球温度和干球温度计算；*PsWvTz* 为在湿球温度（*PsWvTwb*）或干球温度（*PsWvTdb*）下的水蒸气饱和压力，psia。拟合曲线在 32～140℉（0～60℃）范围内有效；*Rhmz* 为位置 z 处的相对湿度；*Tdbz* 为位置 z 处空气温度（干球），℉；*Twbz* 为位置 z 处空气温度（湿球），℉。

5-3.4.3 *MqThACr*——修正后的理论空气量［lbm/Btu（kg/J）］。 理论空气量定义为使燃料完全燃烧，即 C 生成 CO_2，H 生成 H_2O，S 生成 SO_2 时，所需的最小空气量。在实际燃烧过程中，会生成少量的 CO 和氮氧化物（NO_x），这些物质通常是可以测量的。同时还会生成少量 SO_3 和气态碳氢化合物，但是它们通常很少检测。这些微量成分对本规程燃烧计算的影响可忽略不计

$$MqThA = \frac{MFrThA}{HHVF} \quad (5\text{-}3\text{-}35)$$

$$MFrThA = 0.1151MpCF + 0.3429MpH2F + 0.0431MpSF - 0.0432MpO2F \quad (5\text{-}3\text{-}36)$$

式中：*MpCF*、*MpH2F*、*MpSF* 和 *MpO2F* 均为燃料成分的质量百分数。

对于典型矿物燃料，理论空气量的计算值可用来检验燃料分析数据的合理性，以 lbm/百万 Btu（MBtu）为单位（$MqThA \times 10^6$），有效的燃料分析应满足下列理论空气量的范围：

（a）煤（$VMmaf > 30\%$）：735～775 lbm/MBtu。

（b）油：735～755 lbm/MBtu。

（c）天然气：715～735 lbm/MBtu。

碳和氢的理论空气量分别为 816、516 lbm/MBtu，是碳氢燃料实际的最大值和最小值。

对运行监测和燃烧分析来说，确定燃烧所需理论空气量要比上述定义的理想值更有意义。在商业应用中，尤其是固体燃料，要想燃料完全燃尽是不可能的。气态燃烧产物是燃料燃烧或气化的结果。有吸收剂发生二级化学反应时，如当 CaO 与烟气中的 SO_2 发生反应生成 $CaSO_4$ 时（一种脱硫方法），需要额外的 O_2。所以，本规程的目的计算中要使用经实际燃烧过程修正后的理论空气量。

修正后理论空气量定义为使燃料气化并完全燃烧，维持二级化学反应，且过剩氧量为零时的空气量。根据定义，理论燃烧产物不应含有 CO 和气态碳氢化合物。

$$MqThACr = \frac{MFrThACr}{HHVF} \quad (5\text{-}3\text{-}37)$$

$$MFrThACr = 0.1151 MpCb + 0.3429 MpH2F$$
$$+ 0.0431 MpSF(1 + 0.5 MFrSc)$$
$$- 0.0432 MpO2F$$

$$(5\text{-}3\text{-}38)$$

$$MoThACr = \frac{MFrThACr}{28.9625} \quad (5\text{-}3\text{-}39)$$

式中：$MFrSc$ 为脱硫率，lbm/lbm，当脱硫发生在锅炉边界之外时，此项一般认为是 0，计算过程见 5-3.2.4；$MoThACr$ 为修正后理论空气量，mol/lbm 入炉燃料；$MpCb$ 为燃料中已燃尽的碳，质量百分数，$MpCb=MpCF-MpUbC$；$MqThACr$ 为修正后理论空气量，lbm/Btu（kg/J），需要注意，当采用脱硫时，过量空气系数与燃烧计算取决于脱硫装置的位置和测量烟气成分的位置。

5-3.4.4 XpA——过量空气系数（%）。过量空气系数指实际送入的空气量减去理论所需的空气量，再除以理论空气量所得的百分数

$$XpA = 100 \frac{MFrDA - MFrThACr}{MFrThACr}$$
$$= 100 \frac{MqDA - MqThACr}{MqThACr} \quad (5\text{-}3\text{-}40)$$

在本规程中，采用式（5-3-37）计算出的修正后理论空气量作为过量空气系数的计算基准。该定义表明，烟气中 O_2 为零时过量空气系数为零。

锅炉效率和空气预热器漏风计算必须要确定空气预热器烟气进口 14（14A 和 14B）、空气预热器烟气出口 15（15A 和 15B）处的过量空气系数。数字表示边界的定义见图 2-3.4-1～图 2.3.4-6 和 2-5.1～2-5.6。过量空气系数由烟气的容积成分确定，本规程烟气中的 O_2 是计算过量空气系数的基础。

5-3.4.5 烟气中水分全部凝结时的干燥基 O_2 分析（凝结由烟气采样预处理系统完成）

$$XpA = 100 \frac{DVpO2(MoDPc + 0.7905 MoThACr)}{MoThACr(20.95 - DVpO2)}$$

$$(5\text{-}3\text{-}41)$$

$$MoDPc = \frac{MpCb}{1201.1} + (1 - MFrSc)\frac{MpSF}{3206.4} + \frac{MpN2F}{2801.34}$$
$$+ MoCO$$

$$(5\text{-}3\text{-}42)$$

式中：$DVpO2$ 为烟气中的 O_2 浓度，容积百分数，干燥基；$MFrSc$ 为脱硫率，lbm/lbm；$MoCO2Sb$ 为吸收剂生成烟气的摩尔数，mol/lbm 燃料（mol/kg），计算方法见 5-3.2.6；$MoDPc$ 为燃料燃烧干烟气产物的摩尔数，包括碳燃烧生成的 CO_2、实际生成的 SO_2（不包括吸收剂吸收的硫）、燃料中的 N_2 和吸收剂产生的干烟气组分 CO_2，mol/单位质量燃料。

5-3.4.6 过量空气系数已知时，计算干燥基烟气成分，即 $DVpO2$，$DVpCO2$，$DVpSO2$，$DVpN2F$ 和 $DVpN2a$ 的方法

$$DVpO2 = \frac{0.2095 MoThACr \cdot XpA}{MoDFg} \quad (5\text{-}3\text{-}43)$$

$$DVpCO2 = \frac{\frac{MpCb}{12.011} + 100 MoCO2Sb}{MoDFg} \quad (5\text{-}3\text{-}44)$$

$$DVpSO2 = \frac{\frac{MpSF}{32.064}(1 - MFrSc)}{MoDFg} \quad (5\text{-}3\text{-}45)$$

$$DVpN2F = \frac{MpN2F}{28.0134 MoDFg} \quad (5\text{-}3\text{-}46)$$

$$DVpN2a = 100 - DVpO2 - DVpCO2$$
$$- DVpSO2 - DVpN2F \quad (5\text{-}3\text{-}47)$$

$$MoDFg = MoDPc + MoThACr\left(0.7905 + \frac{XpA}{100}\right)$$
$$- MoO3ACr$$

$$(5\text{-}3\text{-}48)$$

式中：$DVpCO2$ 为烟气中 CO_2 的容积百分数，%，需注意，如果与奥式分析仪的结果比较，则需加上 $DVpSO2$；$DVpN2a$ 为烟气中 N_2 的容积百分数，%，见 5-3.4.1；$DVpN2F$ 为烟气中来自燃料的 N_2 的容积百分数，%，该项与空气中带入的大气中的 N_2 是分开处理的，注意两者在计算上的差别，因为燃料中 N_2 含量与空气中 N_2 量相比是微乎其微的，通常可以忽

略；$DVpSO2$ 为烟气中 CO_2 的容积百分数，%；$MoDFg$ 为每 1lbm 入炉燃料产生干烟气量的摩尔数；$MoO3ACr$ 为考虑生成 SO_3 消耗的空气中 O_3 对干烟气的流量进行的修正，mol/单位质量燃料。

5-3.4.7 湿基 O_2 分析。此时烟气样品中含有水分（如分析时采用现场检测仪表和带伴热采样抽气的系统）

$$XpA = 100\left\{\frac{DVpO2[MoWPc + MoThACr(0.7905 + MoWA)]}{MoThACr[20.95 - VpO2(1 + MoWA)]}\right\}$$

(5-3-49)

$$MoWA = 1.608MFrWDA \quad (5-3-50)$$

$$MoWPc = MoDPc + \frac{MpH2F}{201.59} + \frac{MpWF}{1801.53} + \frac{MFrWAdz}{18.0153} + MoWSb$$

(5-3-51)

式中：$MFrWAdz$ 为位置 z 处的额外水分，如雾化蒸汽和吹灰蒸汽，lbm/lbm 入炉燃料，该项计算时采用蒸汽量和燃料量的测量值通常已足够精确；$MFrWDA$ 为空气（绝对）湿度，kg 水/kg 干空气；$MoWA$ 为空气携带水分的摩尔数，mol 水/mol 干空气；$MoWPc$ 为燃料燃烧的湿烟气摩尔数，由 $MoDPc$ 燃料产生水蒸气、吸收剂产生的水蒸气和其他额外的水分，mol/单位质量燃料；$MoWSb$ 为吸收剂的全部水分，moles/lbm 燃料，见 5-3.2.7；$MpWF$ 为燃料中的水分，质量百分数；$VpO2$ 为烟气中 O_2 的浓度，容积百分数，湿基；1.608 为干空气的摩尔质量除以水的摩尔质量。

5-3.4.8 过量空气系数已知时计算湿基烟气成分 $VpO2$、$VpCO2$、$VpSO2$、$VpH2O$、$VpN2F$ 和 $VpN2a$ 的方法

$$VpO2 = \frac{0.2095MoThACr \cdot XpA}{MoFg} \quad (5-3-52)$$

$$VpCO2 = \frac{\frac{MpCb}{12.011} + 100MoCO2Sb}{MoFg} \quad (5-3-53)$$

$$VpSO2 = \frac{\frac{MpSF}{32.064}(1 - MFrSc)}{MoFg} \quad (5-3-54)$$

$$VpH2O = \frac{\frac{MpH2F}{2.0159} + \frac{MpH2OF}{18.0153} + \frac{MFrWAdz}{0.180153} + 100MoWSb + (100 + XpA)MoThACr \cdot MoWA}{MoFg}$$

(5-3-55)

$$VpN2F = \frac{MpN2F}{28.0134MoFg} \quad (5-3-56)$$

$$VpN2a = 100 - VpO2 - VpCO2 - VpSO2 - VpH2O - VpN2F \quad (5-3-57)$$

$$MoFg = MoWPc + MoThACr\left[0.7905 + MoWA + \frac{XpA}{100}(1 + MoWA)\right] \quad (5-3-58)$$

式中：$MoFg$ 为每 1lbm 燃料产生的湿烟气摩尔数。

5-3.4.9 $MqDAz$——干空气量 [lbm/Btu（kg/J）]。在位置 z 处之前进入锅炉的干空气量由根据该处的过量空气系数计算得到，计算式为

$$MqDAz = MqThACr\left(1 + \frac{XpAz}{100}\right) \quad (5-3-59)$$

$$MFrDAz = MFrThACr\left(1 + \frac{XpAz}{100}\right) \quad (5-3-60)$$

注意，用此项计算烟气流量的方法见 5-4，计算空气预热器出口空气流量。

5-3.4.10 DnA——空气密度 [lbm/ft³（kg/m³）]。湿空气的密度用理想气体状态方程计算

$$DnA = \frac{C1(C2Pb + PAz)}{Rk(C3 + TAz)} \quad (5-3-61)$$

$$Rk = \frac{R}{Mwk} \quad (5-3-62)$$

$$MwA = \frac{1 + MFrWDA}{\frac{1}{28.963} + \frac{MFrWDA}{18.0153}} \quad (5-3-63)$$

式中：$C1$ 取 5.2023lbf/ft 或 1.0J/m³（国际单位）；$C2$ 取 27.68inH₂O/psia 或 1.0Pa/Pa（国际单位）；$C3$ 取 59.7℉ 或 273.2℃；MwA 为湿空气摩尔质量，lbm/mol（kg/mol）；PAz 为 z 点的空气静压，inH₂O 或 Pa；Pb 为大气压力，psia。由 inH₂O 转化为 psia 时需除以 2.0359；R 为通用气体摩尔常数，1545ft·lbf/lbm-mol·℉R 或 8314.5J/kg·mol·K；Rk 为气体 k 的气体常数，ft·lbf/lbm·℉R（J/kg·K）；TAz 为 z 点空气温度，℉ 或 ℃。

5-3.5 烟气产物

烟气量根据燃料分析结果和过量空气系数，由化学当量关系计算而得。如果烟气中存在不可忽略（与烟气质量比较）的未燃氢或其他碳氢化合物，则不能采用化学当量计算方法。

总烟气产物指"湿烟气"。固体产物如灰渣、未燃碳和脱硫灰渣，则需分别单独考虑而不包括在湿烟气质量中。在计算空气预热器漏风、高温烟气净化设备的能量损失和烟气阻力损失修正时，需要用到湿烟气量。总烟气产物扣除水分后称为"干烟气"，用于能量平衡法效率计算。本节的大体思路为湿烟气量为燃料（除去灰分、未燃碳和被脱硫外）产生的湿烟气、燃烧所需空气、燃烧空气携带的水分和额外水分（如雾化蒸汽及吸收剂带入的水和水蒸气）之和。干烟气量等于湿烟气量减去全部水分。

5-3.5.1 $MqFgF$——燃料产生的湿烟气量 [lbm/Btu（kg/J）]

$$MqFgF = \frac{100 - MqAsF - MpUbC - MFrSc \cdot MpSF}{100HHVF}$$

(5-3-64)

式中：$MFrSc$ 为脱硫率，lbm/lbm（kg/kg）；$MpAsF$ 为燃料中灰分的质量百分数，%；$MpSF$ 为燃料中硫的质量百分数，%；$MpUbC$ 为燃料中未燃尽碳的质量百分数，%。

5-3.5.2 $MqWF$、$MqWvF$——燃料中水分产生的水蒸气 [lbm/Btu（kg/J）]

$$MqWF = \frac{MpWF}{100HHVF} \qquad (5\text{-}3\text{-}65)$$

式中：$MpWF$ 为燃料中水分的质量百分数，%。

气体燃料中水处于汽态。能量平衡计算时，燃料的水蒸气（$MpWvF$）必须单独计及，以区分能量平衡计算的液态水。

5-3.5.3 $MqWH2F$——燃料中氢燃烧产生的水蒸气 [lbm/Btu（kg/J）]

$$MqWH2F = \frac{8.937MpH2F}{100HHVF} \qquad (5\text{-}3\text{-}66)$$

5-3.5.4 $MqCO2Sb$——吸收剂产生的 CO_2 气体 [lbm/Btu（kg/J）]

$$MqCO2Sb = \frac{MFrCO2Sb}{HHVF} \qquad (5\text{-}3\text{-}67)$$

5-3.5.5 $MqWSb$——吸收剂的水分 [lbm/Btu（kg/J）]

$$MqWSb = \frac{MFrWSb}{HHVF} \qquad (5\text{-}3\text{-}68)$$

5-3.5.6 $MqWDAz$——空气携带的水分 [lbm/Btu（kg/J）]。空气中水分与过量空气系数成比值，在确定过量空气系数的每一位置处都要计算

$$MqWDAz = MFrWDA \cdot MqDAz \qquad (5\text{-}3\text{-}69)$$

5-3.5.7 $MqWAdz$——烟气中的额外水分 [lbm/Btu（kg/J）]。

该项考虑了烟气中所有以上未计及的其他水分，典型来源为雾化蒸汽和吹灰蒸汽。化学当量计算前，基于质量流量测定的额外水分需要换算为单位质量燃料基准。初始计算时，燃料量取测量值或取估计值，如果与总水分量相比，额外水分量很小时，则该计算是足够精确的。如果为其他目的而进行效率的迭代计算，则与燃料量有关的额外水分的质量份额还应予以修正

$$MqWAdz = \frac{MFrWAdz}{HHVF} \qquad (5\text{-}3\text{-}70)$$

$$MFrWAdz = \frac{MrStz}{MrF} \qquad (5\text{-}3\text{-}71)$$

式中：$MrStz$ 为位置 z 处上游进入锅炉的额外水分测量值之和，lbm/hr。炉膛湿渣池蒸发的水分很少，在此式计算烟气质量流量时忽略不计。但是，如果能测定，则宜包括进来。

5-3.5.8 $MqWFgz$——烟气中的总水分 [lbm/Btu（kg/J）]。在任一位置 z 处的总水分为各项水分之和

$$MqWFgz = MqWF + MqWvF + MqWH2F + MqWSb$$
$$+ MqWAz + MqWAdz$$
$$(5\text{-}3\text{-}72)$$

5-3.5.9 $MqFgz$——湿烟气总质量 [lbm/Btu（kg/J）]。在任一位置 z 处的湿烟气总质量为干空气量、空气中水分、燃料产生的湿烟气、吸收剂产生的气体、吸收剂带入的水分以及其他额外水分之和

$$MqFgz = (MqDAz - MqO3ACr) + MqFgF + MqCO2Sb$$
$$+ MqWSb + MqWAz + MqWAdz$$
$$(5\text{-}3\text{-}73)$$

任一位置 z 处湿烟气的质量流量为

$$MrFgz = MqFgz \cdot QrF = MqFgz \cdot MrF \cdot HHVF$$
$$(5\text{-}3\text{-}74)$$

5-3.5.10 $MqDFgz$——干烟气质量 [lbm/Btu（kg/J）]。位置 z 处的干烟气质量为湿烟气质量与总水分之差

$$MqDFgz = MqFgz - MqWFgz \qquad (5\text{-}3\text{-}75)$$

5-3.5.11 $MpWFgz$——烟气中水分的质量百分数（%），可用于确定烟气焓

$$MpWFgz = 100 \frac{MqWFgz}{MqFgz} \qquad (5\text{-}3\text{-}76)$$

5-3.5.12 $MpRsFg$——烟气中固体灰渣（质量百分数）。烟气中的固体物质增加了烟气的焓。如果灰渣的质量超过 15 lbm/MBtu 燃料输入热量，或采用吸收剂时，烟气中的固体物质量宜计入固体灰渣

$$MpRsFgz = \frac{MpRsz \cdot MFrRs}{MqFgz \cdot HHVF} \qquad (5\text{-}3\text{-}77)$$

式中：$MpRsz$ 为位置 z 处烟气中全部灰渣（固体）的百分数，湿基。

5-3.5.13 $DnFg$——湿烟气密度 [lbm/ft³（kg/m³）]。湿烟气的密度由理想气体状态方程计算。烟气容积成分计算和烟气密度计算见 5-3.4

$$DnFgz = \frac{C1(C2Pb + PFgz)}{Rk(C3 + TFgz)} \qquad (5\text{-}3\text{-}78)$$

$$Rk = \frac{R}{MwFg} \qquad (5\text{-}3\text{-}79)$$

当烟气成分已经以湿基计算时，湿烟气摩尔质量的计算式为

$$MwFg = 0.3199VpO2 + 0.4401VpCO2 + 0.64063VpSO2$$
$$+ 0.28013VpN2F + 0.28158VpN2a$$
$$+ 0.18015VpH2O$$
$$(5\text{-}3\text{-}80)$$

当烟气成分已经以干燥基计算时，湿烟气摩尔质量的计算式为

$$MwFg = (MwDFg + 0.18015DVpH2O)\frac{MoDFg}{MoFg}$$
$$(5\text{-}3\text{-}81)$$

$$MwDFg = 0.31999DVpO2 + 0.4401DVpCO2 \\ + 0.64063DVpSO2 + 0.28013DVpN2F \\ + 0.28158DVpN2a$$

$$(5-3-82)$$

$$DVpH2O = 100\frac{MoFg - MoDFg}{MoDFg} \quad (5-3-83)$$

式中：$C1$ 取 5.2023lbf/ft 或 1.0J/m³（国际单位）；$C2$ 取 27.68inH₂O/psia 或 1.0Pa/Pa（国际单位）；$C3$ 取 459.7℉ 或 273.2℃；$MoDFg$ 取干烟气的摩尔数，由式（5-3-48）计算；$MoFg$ 取湿烟气的摩尔数，由式（5-3-58）计算；$MwDFg$ 取干烟气的摩尔质量，lbm/mol（kg/mol）；$MwFg$ 取湿烟气的摩尔质量，lbm/mol（kg/mol）；Pb 取大气压力，psia。由英寸汞柱（in.Hg）转化为 psia 时需除以 2.0359；$PFgz$ 取 z 点的烟气静压，英寸水柱或 Pa；R 取通用气体摩尔常数，1545ft·lbf/lbm–mol·°R 或 8314.5J/kgmol·K；Rk 取气体 k 的气体常数，ft·lbf/lbm·°R（J/kg·K）；$TFgz$ 取 z 点烟气温度，℉ 或 ℃。

5-3.6　QrF——燃料输入热量［Btu/hr（W）］

计算空气和烟气的质量流量要知道燃料的输入热量。燃料输入热量可根据测量的燃料流量和高位发热量来计算，或者根据测量输出和热量能量平衡法所确定的效率来计算。对于不产生蒸汽输出的锅炉设备，需要使用测得的燃料流量来确定输入热量。对于产生蒸汽的锅炉设备，且蒸汽输出可测量时，推荐采用锅炉效率和输出热量的方法来确定燃料输入，尤其是使用燃料流量通常测不准确的固体燃料。值得注意的是，采用由能量平衡法确定效率时，空气预热器处的测量参数通常是最难获得的数据。在空气预热器处准确且全面地测量本来就是空气预热器性能试验的固有要求，所以通过能量平衡法计算效率所需附加的测试仪表和输入项目是极少的。

本节介绍锅炉效率计算中的主要损失和外来热量，其他微小损失可指定数值。

根据测量和计算的方法，损失（和外来热量）可分为两类。第一类，损失是输入燃料量的函数，可以很容易地表示为基于单位燃料输入的损失，即表示为燃料输入热量的百分数。由燃烧产物（干烟气，燃料中水分等）造成的损失都属于第一类。第二类是与燃料输入热量无关的损失，这些损失更容易基于单位时间的能量来计算，例如由于表面辐射和对流造成的损失。每个类别的损失通常按重要性和普遍适用性进行分组，适用性优先。

下面描述与燃料输入热量有函数关系的损失或外来热量的计算思路

$$QpLk = 100Mqk(HLvk - HRek) = 100Mqk \cdot MnCpk \\ (TLvk - TRe)$$

$$(5-3-84)$$

$$QpLk = 100\frac{\text{组分质量（lbm）}}{\text{燃料发热量（Btu）}} \times \frac{\text{Btu}}{\text{lbm} \cdot ℉} \times ℉$$

$$(5-3-85)$$

$$= \frac{\text{损失热量(Btu)}}{100 \cdot \text{输入热量(Btu)}}$$

式中：$HLvk$ 为组分 k 在温度 $TLvk$ 的焓值，Btu/lbm（J/kg）；$HRek$ 为组分 k 在基准温度 TRe 的焓值，Btu/lbm（J/kg），对于以液体形态进入锅炉系统边界且以气体形态离开的水蒸气（water vapor），其焓值根据 ASME 水蒸气图表，以 32℉（0℃）液态水为基准确定，水在基准温度 TRe 的焓值为 45 Btu/lbm（105 kJ/kg），对于所有其他组分，焓值基准温度为 77℉（25℃），此基准温度条件下焓值为零，按式（5-3-84）计算损失/外来热量时，其焓值不会出现在计算式中；$MnCpk$ 为组分 k 从温度 TRe 到 $TLvk$ 的平均比热，Btu/lbm·℉（J/kg·K），只要可行，焓值可替代平均比热和温差；Mqk 为组分 k 基于每 Btu 燃料输入热量的质量，本规程中所有与燃料相关的项目均使用的该单位，如空气量和烟气量；$QpLk$ 为组分 k 引起的损失，以燃料输入热量的百分数表示，Btu/100Btu 燃料输入热量（J/100J）；Tvk 为组分 k 离开锅炉系统边界的温度，℉（℃）；TRe 为基准温度，℉（℃）。基准温度为 77℉（25℃）。

5-3.6.1　$QpLDFg$——干烟气热损失（%）

$$QpLDFg = 100MqDFg \cdot HDFgLvCr \quad (5-3-86)$$

式中：$HDFgLvCr$ 为离开空气预热器温度对应的干烟气焓，且经过漏风修正（扣除漏风的影响）；$MqDFg$ 为基于位置（14）处的过量空气系数得出的空气预热器进口干烟气质量流量。

5-3.6.2　$QpLH2F$、$QpLWF$、$QpLWvF$——燃料水分引起的损失（%）

$$QpLH2F = 100MqWH2F(HStLvCr - HWRe) \quad (5-3-87)$$

$$QpLWF = 100MqWF(HStLvCr - HWRe) \quad (5-3-88)$$

$$QpLWvF = 100MqWvF \cdot HWvLvCr \quad (5-3-89)$$

式中：$HStLvCr$ 为在温度 $TFgLvCr$ 或 $TMnFgLvCr$ 及压力 1psia 下的蒸汽（water vapor）焓，空气或烟气中水蒸气分压低时，蒸汽焓（water vapor）始终变化不大，所以，没有必要专门计算实际水蒸气分压力；$HWRe$ 为在基准温度 TRe 下的水焓，Btu/lbm（J/kg），等于 TRe-32=45Btu/lbm；$HWvLvCr$ 为在温度 $TFgLvCr$ 或 $TMnFgLvCr$ 下的水蒸气焓，Btu/lbm（J/kg），蒸汽焓（HSt）与水蒸气焓（HWv）的区别是：蒸汽焓（HSt）是根据 ASME 蒸汽图表以 32℉（0℃）液态水为基准，包括了水的汽化潜热；而 HWv 是以 77℉（25℃）为基准的水蒸气焓（为零）。

5-3.6.3　$QpLWA$——空气中水分引起的损失（%）

$$QpLWA = 100MFrWDA \cdot MqDA \cdot HWvLvCr \quad (5-3-90)$$

式中：$MqDA$ 为单位输入热量干空气质量，对应于计算干烟气损失所采用的过量空气系数，lbm/Btu（kg/J）。

5-3.6.4 *QpLUbC*——灰渣中未燃碳造成的损失（%）。灰渣中未燃碳造成的损失 *QpLUbC* 是锅炉主要的未燃可燃物损失。其他未燃可燃物造成损失还有 CO 引起的损失、未燃碳氢物质引起的损失、石子煤排放引起的损失和灰渣中未燃氢引起的损失。*QpLUbC* 之外其他未燃可燃物造成的损失一般很小，应该被归入其他热损失或未测热损失中

$$QpLUbC = MpUbC \frac{HHVCRs}{HHVF} \qquad (5\text{-}3\text{-}91)$$

式中：*HHVCRs* 为灰渣中碳的发热量，一般取 14500 Btu/lbm（33700 kJ/kg）。

确定或估算 *MpUbC* 的方法参考 5-3.3.1。

5-3.6.5 *QpLRs*——灰渣显热引起的损失（%）

$$QpLRs = \frac{MFrRs}{HHVF} \sum MpRsz \cdot HRsz \qquad (5\text{-}3\text{-}92)$$

式中：*HRsz* 为位置 *z* 处灰渣焓，Blu/lbm（J/kg），炉膛底渣以外的其他灰渣出口位置处灰渣的温度可假设等于该处的烟气温度，对炉膛干除渣系统而言，如果没有测量值，则取用 2000℉（1100℃），对于湿底渣，推荐采用典型焓 900 Btu/lbm（2095 kJ/kg）；*MFrRs* 为灰渣质量，lbm/lbm（kg/kg 燃料）；*MpRsz* 为位置 *z* 处灰渣的质量流量，典型位置有底渣、省煤器出口/空气预热器进口的灰斗和空气预热器出口飞灰的流量，各位置灰渣的分配份额和确定 *MpUbC* 时用的一样灰渣份额一样，见 5-3.3.1。

5-3.6.6 *QpLOth*——其他热损失基于燃料输入的百分数。其他热损失基于燃料输入的百分数通常很小，建议使用设计值，不确定度为±50%。最典型的其他损失和典型值是 CO（300ppm 时损失为 0.11%）、NO_x（250ppm 时损失为 0.03%）和石子煤排放（磨煤机出口温度 175℉时损失为 0.02%）。为了简单起见，建议将灰渣显热损失包括在其他损失包括在内，灰渣显热损失的典型值是 0.03%。

5-3.6.7 *QrLSrc*——表面辐射与对流引起的损失［%，Btu/hr（W）］。建议使用合同约定值。效率计算的合同根据 ASME PTC 4.1 签定时，要使用 ABMA 辐射损失曲线确定 *QrLSrc*。如果燃煤机组使用 ABMA 曲线确定辐射损失时要将图示的损失增加 2.3 倍。根据 ASME PTC 4 如果不计算表面积，建议使用±0.25% 的不确定度。

5-3.6.8 *QrLClh*——吸收剂煅烧和脱水引起的损失［Btu/h（W）］

$$QrLClh = \sum MrSbk \cdot MFrClhk \cdot Hrk \qquad (5\text{-}3\text{-}93)$$

式中：*Hrk* 为 CaCO₃ 或 MgCO₃ 煅烧反应热，或者 Ca（OH）₂、Mg（OH）₂ 脱水反应热，CaCO₃（Cc）取

766Btu/lbm（1782kJ/kg），MgCO₃（Mc）取 652Btu/lbm（1517kJ/kg），Ca（OH）₂（Ch）取 636Btu/lbm（1480kJ/kg），Mg（OH）₂（Mh）取 625Btu/lbm（1455kJ/kg）；*MFrClhk* 为成分 *k* 锻烧或脱水的质量份额。若未测量，可使用电厂的历史数据或 CaCO₃ 取 0.9，其余取 1，推荐不确定度为±10%；*MrSbk* 为反应成分 *k* 的质量流量，lbm/h（kg/s）。

5-3.6.9 *QrLWSb*——吸收剂水分引起的损失［Btu/hr（W）］

$$QrLWSb = MrWSb(HStLvCr - HWRe) \qquad (5\text{-}3\text{-}94)$$

5-3.6.10 *QrLOth*——其他损失基于输入能量的百分数。基于能量输入最重要的其他损失是底渣辐射损失。它可以按照百分数进行估算并纳入其他损失（见 5-3.6.6 节）或按照以下方法计算：

$$QrLAp = 10000ApAf \qquad (5\text{-}3\text{-}95)$$

式中：*ApAf* 为炉膛冷灰斗开口的平面投射而积，ft²（m²）；10000 为通过炉膛底部排渣口、被渣液水吸收的当量热流密度估计值，推荐不确定度为±50%。

5-3.6.11 *QpBDA*——干空气带入的外来热量（%）

$$QpBDA = 100MqDA \cdot HDAEn \qquad (5\text{-}3\text{-}96)$$

式中：*HDAEn* 为空气预热器进口平均空气温度对应的干空气焓；*MqDA* 为进入锅炉的全部干空气量，对应于空气预热器进口过量空气系数，lbm/Btu（kg/J）。

5-3.6.12 *QpBWA*——空气中水分携带的外来热量（%）

$$QpBWA = 100MFrWDA \cdot MqDA \cdot HWvEn \qquad (5\text{-}3\text{-}97)$$

式中：*HWvEn* 为空气预热器进口平均空气温度对应的水蒸气焓。

5-3.6.13 *QpBF*——燃料显热携带的外来热量（%）

$$QpBF = \frac{100}{HHVF} HFEn \qquad (5\text{-}3\text{-}98)$$

式中：*HFEn* 为燃料进入锅炉系统边界温度对应的燃料焓，Btu/lbm（J/kg）。

5-3.6.14 *QpBSlf*——脱硫反应带入的外来热量（%）。脱硫是 SO₂ 与 CaO 和 O₂ 作用生成 CaSO₄ 的反应。该反应为放热反应

$$QpBSlf = MFrSc \frac{MpSF}{HHVF} HrSlf \qquad (5\text{-}3\text{-}99)$$

式中：*HrSlf* 为脱去 1lb 硫时，SO₂ 与 CaO 和 O₂ 发生化学反应生成 CaSO₄ 放出的热量，6733Btu/lbm（15600kJ/kg）；*MFrSc* 为脱硫率，lbm/lbm（kg/kg）。未测量或计算时而使用历史数据时，推荐不确定度为±15%。

5-3.6.15 *QpBOth*——其他外来热量基于燃料输入的百分数。其他外来热量基于燃料输入的百分数没有典型值。

5-3.6.16 *QrBX*——辅机设备功率的外来热量［Btu/hr（W）］。典型的辅助设备有磨煤机、烟气再循环风机、

热一次风机和锅炉循环泵。如果没有测量，推荐使用历史值或预期的外来热量值，单位为 Btu/hr（W），不确定度为 ±0.25%。注意：以送风机、冷一次风机出口测量流体温度作为整个计算基础时，风机功耗带入的外来热量不考虑

$$QrBX = C1 \cdot QX \cdot \frac{EX}{100} \tag{5-3-100}$$

式中：$C1$ 取 3412 Btu/kWh；EX 为总驱动效率，包括以下几项：电机效率、液力耦合效率和传动效率，%；QX 为输入的驱动能量，kW。

5-3.6.17 $QrBSb$ ——吸收剂显热带入的外来热量 [Btu/hr（W）]

$$QrBSb = MrSb \cdot HSbEn \tag{5-3-101}$$

式中：$HSbEn$ 为吸收剂进入锅炉系统时具有的焓，Btu/lbm（J/kg）。

5-3.6.18 $QrBOth$ ——基于能量计算的其他外来热量。其他外来热量基于能量计算时包括从锅炉外部供应（如雾化蒸汽）的附加水分。由于进入锅炉系统边界的雾化蒸汽焓通常与离开锅炉系统边界的水蒸气的焓大致相同，如果计入的话，该外来热量通常是很小的（以百分数计小于 0.05%）。

5-3.6.19 EF ——锅炉效率：能量平衡法。锅炉效率由能量平衡表示的热损失百分数和外来热量百分数直接计算，公式如下

$$EF = (100 - SmQpL + SmQpB)\left(\frac{QrO}{QrO + SmQrL - SmQrB}\right) \tag{5-3-102}$$

式中：$SmQpL$、$SmQpB$ 为热损失与外来热量基于燃料输入计算所得百分数之和，%；$SmQrL$、$SmQrB$ 为基于能量输入计算所得热损失与外来热量之和，Btu/h（W）。

5-3.6.20 QrF 和 MrF ——燃料输入热量和燃料量。燃料输入热量和燃料量可由锅炉效率和测量的输出热量计算，公式如下

$$QrF = 100\left(\frac{QrO}{EF}\right) \tag{5-3-103}$$

$$MrF = 100\left(\frac{QrO}{EF \cdot HHVF}\right) \tag{5-3-104}$$

5-4 空气和烟气的质量流量

（a）使用化学当量法计算得到的、各空气预热器进口的总烟气质量流量 $MrFg14$，见 5-3.5-9。

（b）每台空气预热器进口的烟气速度（或流量）单独测量时，可根据所测烟气动压或由动压和温度计算出空气预热器进口烟气的质量流量，进而计算各空气预热器之间的烟气流量分配比例。此时，空气预热器 n 进口烟气基于动压计算的分配份额如下式所示

$$VpFr14n = \frac{Am \cdot VpFg14nm}{Aam \cdot VpFg14a + Abm \cdot VpFg14b + \cdots + Azm \cdot VpFg14zm} \tag{5-4-1}$$

式中：Am 为测量动压为 Vp 所覆盖（代表）的面积；$VpFg14nm$ 为在点 nm 处的烟气动压。

（c）按质量流量计算的份额按下式计算

$$MFrFg14n = \frac{MrFg14nm}{MrFg14Am + MrFg14Bm + \cdots + MrFg14zm} \tag{5-4-2}$$

式中：$MFrFg14n$ 为进入空气预热器 n 的测量烟气质量流量与所有空气预热器的总测量烟气质量流量之比。

5-4.1 多台同类型的空气预热器

（a）二分仓空气预热器。首先利用能量平衡计算每台空气预热器出口的空气流量 $MrA9n$，然后计算所有空气预热器出口的总空气流量 $MrA9$。

$$QFgAhn = MFrFg14n \cdot MrFg14 \cdot (HFg14n - HFg15NLn) \tag{5-4-3}$$

$$QAAhn = QFgAhn = MrA9n(HA9n - HA8n) \tag{5-4-4}$$

$$MrA9n = \frac{QFgAhn}{HA9n - HA8n} \tag{5-4-5}$$

$$MrA9 = MrA9A + MrA9B + \cdots + MrA9n \tag{5-4-6}$$

式中：$HA8n$ 为空气预热器 n 进口空气焓，Btu/lbm（J/kg）；$HA9n$ 为空气预热器 n 出口空气焓，Btu/lbm（J/kg）；$HFg14n$ 为空气预热器 n 进口烟气焓，Btu/lbm（J/kg）；$HFg15NLn$ 为空气预热器 n 无漏风后的出口烟气焓，Btu/lbm（J/kg），确定焓值时，应考虑空气预热器进口烟气中水分和灰渣含量的影响；$MrA9$ 为空气预热器出口的总空气质量流量，lbm/h（kg/s）；$MrA9n$ 为空气预热器 n 出口的空气质量流量，lbm/h（kg/s）；$QAAhn$ 为空气预热器 n 空气侧的吸热量，Btu/h（W）；$QFgAhn$ 为空气预热器 n 烟气侧的放热量，Btu/h（W）。

（b）对于多分仓空气预热器，需要测量其中一股空气气流（通常是较小的或一次风气流）。各多分仓空气预热器进口烟气总质量流量（$MrFg14$）按化学当量法计算得出。通过能量平衡，根据入口烟气流量 $MrFg14$、进出口的空气温度和烟气温度，可计算各个空气预热器进口的总空气流量。未测量的那股空气流量（通常是二次风气流）即可通过总空气流量与已测量空气流量的差值来计算。多分仓空气预热器能量平衡计算所用的进、出口平均空气温度按流过空气预热器一次风、二次风的质量流量加权平均计算得出（计算时要考虑一次风到二次风的漏风量）。因此，一次风、二次风气流的分配比例及空气预热器进、出口加权平均空气温度需要迭代程序来计算并最终收敛。以下是三分仓空气预热器基于实测一次风流量 $MrA9Pm$

的计算公式。注意：高压气流会泄漏到低压空气中，式中使用了制造商的预估漏风率。

$$QAPn = MrA9Pmn(HA9Pn - HA8Pn) \quad (5\text{-}4\text{-}7)$$

$$QASn = QFgAhn - QAPn \quad (5\text{-}4\text{-}8)$$

$$MFrPAlSA = \dfrac{MrPAlSAEs\left(\dfrac{PDiA8PA8S}{PDiA8PA8SDs}\right)^{1/2}}{MrPAlFgEs + MrSAlFgEs} \quad (5\text{-}4\text{-}9)$$

$$MrAln = \dfrac{MpAln}{100}MpFg14n \cdot MrFg14 \quad (5\text{-}4\text{-}10)$$

$$MrPAlSAn = MFrPAlSA \cdot MrAln \quad (5\text{-}4\text{-}11)$$

$$MrA9Sn = MrPAlSAn$$
$$+ \dfrac{QASn - MrPAlSAn(HA9Sn - HA8Pn)}{HA9Sn - HA8Sn}$$
$$(5\text{-}4\text{-}12)$$

式中：$HA8Pn$ 为空气预热器 n 进口一次风空气焓，Btu/lbm（J/kg）；$HA8Sn$ 为空气预热器 n 进口二次风空气焓，Btu/lbm（J/kg）；$HA9Pn$ 为空气预热器 n 出口一次风空气焓，Btu/lbm（J/kg）；$HA9Sn$ 为空气预热器 n 出口二次风空气焓，Btu/lbm（J/kg）；$MFrPAlSA$ 为一次风漏到二次风的风量与空气侧漏到烟气侧的总漏风量之间的比值，lbm/lbm（kg/kg）；$MrAln$ 为空气预热器 n 空气侧漏到烟气侧的总漏风量，lbm/h（kg/s）；$MrA9Pmn$ 为实测的空气预热器 n 出口一次风量，lbm/h（kg/s）；$MrPAlSAEs$ 为空气预热器一次风漏到二次风的预估漏风量，lbm/h（kg/s）；$PDiA8PA8S$ 为实测的进口一次风和二次风的压差，inH$_2$O（Pa）；$PDiA8PA8SDs$ 为设计的进口一次风和二次风的压差，用来预估 $MrPAlSAEs$，inH$_2$O（Pa）；$QAPn$ 为空气预热器 n 一次风侧的吸热量，Btu/h（W）；$QASn$ 为空气预热器 n 二次风侧的吸热量，Btu/h（W）。

5-4.2 多台异型的空气预热器（例如一次风空气预热器和二次风空气预热器等）

（a）如果每种类型只有一台空气预热器（或者多台空气预热器中每种类型都视为一台空气预热器），则可测量其中一种类型空气预热器的空气流量（通常是较小的或一次风的流量），并通过能量平衡计算出该类型的空气预热器的烟气流量。

$$QAPn = MrA9Pmn(HA9Pn - HA8Pn) \quad (5\text{-}4\text{-}13)$$

$$QFgPn = QAPn = MrFg14Pn(HFg14n - HFg15NLn) \quad (5\text{-}4\text{-}14)$$

$$MrFg14Pn = \dfrac{QAPn}{HFg14n - HFg15NLn} \quad (5\text{-}4\text{-}15)$$

式中：$MrFg14Pn$ 为一次风空气预热器进口烟气流量，lbm/h（kg/s）；$QFgPn$ 为一次风空气预热器烟气侧放热量，Btu/h（W）。

然后利用空气预热器进口总烟气量与一次风空

气预热器进口烟气量之差计算进入另一台空气预热器的烟气量。根据烟气侧能量平衡计算二次风空气预热器的二次风量。

$$MrFg14S = MrFg14 - (MrFg14PA + MrFg14PB$$
$$+ \cdots + MrFg14Pn)$$
$$(5\text{-}4\text{-}16)$$

$$MrFg14Sn = MFrFg14Sn \cdot MrFg14S \quad (5\text{-}4\text{-}17)$$

$$QFgSn = MrFg14Sn(HFg14n - HFg15NLn) \quad (5\text{-}4\text{-}18)$$

$$QASn = QFgSn = MrA9Sn(HA9Sn - HA8Sn) \quad (5\text{-}4\text{-}19)$$

$$MrA9Sn = \dfrac{QFgSn}{HA9Sn - HA8Sn} \quad (5\text{-}4\text{-}20)$$

式中：$MrFg14S$ 为二次风空气预热器进口烟气流量，lbm/h（kg/s）；$QFgSn$ 为二次风空气预热器烟气侧放热量，Btu/h（W）。

（b）如果有至少一台一种或两种类型的空气预热器，并且其性能要单独确定，则使用上述的一般程序。化学当量法计算的烟气流量（$MrFg14$）可通过以下几种方法分配给每台空气预热器。

（1）如果测量了通过空气预热器的空气流量，则通过能量平衡计算该空气预热器的烟气量；

（2）可基于各空气预热器实测烟气动压的比例，或基于各空气预热器由实测动压、温度计算出质量流量的比例，来为各空气预热器分配烟气流量；

（3）通过差值，即总烟气流量减去由（1）和（2）计算的烟气流量。

例如，如果有两台一次风空气预热器和两台二次风空气预热器，则可以测量通过两台一次风空气预热器的流量，然后通过能量平衡来计算一次风空气预热器的进口烟气流量，剩余的烟气流量则可以通过测量进入两台二次风空气预热器的烟气流速来分配。

5-5 空气预热器烟气计算

5-5.1 性能参数

影响空气预热器性能且应该给予特别考虑的条件如下：

（a）通过空气预热器的空气量；

（b）空气预热器进口空气温度；

（c）控制冷端温度的再循环风量或旁路空气量；

（d）未经过空气预热器进入炉膛的空气，如锅炉设备漏风（空气预热器空气出口与空气预热器烟气进口之间，由损坏或位置错误的门、孔、洞等漏入锅炉超出设计范围的空气、泄漏空气等）、密封风及燃煤机组的磨煤机调温风（冷一次风）；

（e）空气预热器热端漏风——密封条件；

（f）热烟气旁路——密封条件；

（g）通过空气预热器的烟气（加热流体）量；

（h）空气预热器进口烟气（加热流体）温度；

（i）元件或管道结垢，侵蚀或腐蚀；

（j）烟气（加热流体）的水分含量；

（k）烟气（加热流体）的温度控制，包括再循环、稀释和/或旁路。

5-5.2　TMnA8——进口空气综合温度

（a）多台同型二分仓空气预热器

$$TMnA8n = \frac{TA8Pn(MrA9Pn + MrPAlSAn) + TA8Sn(MrA9Sn - MrPAlSAn)}{MrA9Pn + MrA9Sn} \quad (5\text{-}5\text{-}2)$$

$$MFrA9n = \frac{MrA9Pmn + MrA9Sn}{SmMrA9} \quad (5\text{-}5\text{-}3)$$

$$TMnA8 = MFrA9A \cdot TMnA8A + MFrA9B \cdot TMnA8B + \cdots + MFrA9n \cdot TMnA8n \quad (5\text{-}5\text{-}4)$$

式中：$SmMrA9$ 为空气预热器出口的总空气量，包括测量一次风量和计算二次风量。

$$TMnA8 = \frac{\left(\begin{array}{l} MrA9PmA \cdot TA8PA + MrA9SA \cdot TA8SA + MrA9PmB \cdot TA8PB \\ + MrA9SB \cdot TA8SB + \cdots + MrA9Pmn \cdot TA8Pn + MrA9Sn \cdot TA8Sn \end{array}\right)}{SmMrA9} \quad (5\text{-}5\text{-}5)$$

5-5.3　TMnA9——出口空气综合温度

（a）多台同型二分仓空气预热器

$$TMnA9 = MFrA9A \cdot TA9A + MFrA9B \cdot TA9B + \cdots + MFrA9n \cdot TA9n \quad (5\text{-}5\text{-}6)$$

（b）多台同型多分仓空气预热器

$$TMnA9 = \frac{\left(\begin{array}{l} MrA9PmA \cdot TA9PA + MrA9SA \cdot TA9SA + MrA9PmB \cdot TA9PB \\ + MrA9SB \cdot TA9SB + \cdots + MrA9Pmn \cdot TA9Pn + MrA9Sn \cdot TA9Sn \end{array}\right)}{SmMrA9} \quad (5\text{-}5\text{-}9)$$

5-5.4　TMnFg14——混合进口烟气温度［℉（℃）］

$$TMnFg14 = MFrFg14A \cdot TFg14A + MFrFg14B \cdot TFg14B + \cdots + MFrFg14n \cdot TFg14n \quad (5\text{-}5\text{-}10)$$

5-5.5　EFFg——烟气侧效率

$$EFFg = \frac{TFg14 - TFg15NL}{TFg14 - TA8} \quad (5\text{-}5\text{-}11)$$

5-5.6　EFA——空气侧效率

$$EEA = \frac{TA9 - TA8}{TFg14 - TA8} \quad (5\text{-}5\text{-}12)$$

5-5.7　MpAl——空气预热器漏风率（%）

$$MpAln = 100\left(\frac{MqFg15n - MqFg14n}{MqFg14n}\right) \quad (5\text{-}5\text{-}13)$$

进入每台空气预热器的湿烟气量 $MqFg14n$ 和离开每台空气预热器的湿烟气量 $MqFg15n$ 由各台空气预热器进、出口烟气测量的 O_2 含量确定。总的空气预热器漏风率是各台空气预热器漏风率的加权平均之和。

5-5.8　TFg15NL——无漏风的烟气温度

空气预热器出口无漏风烟气温度 $TFg15NL$ 表达

$$TMnA8 = MFrA9A \cdot TA8A + MFrA9B \cdot TA8B + \cdots + MFrA9n \cdot TA8n \quad (5\text{-}5\text{-}1)$$

式中各台空气预热器出口的空气流量计算方法见 5-4。

（b）多台同型多分仓空气预热器。对于多分仓空气预热器，必须考虑从高压空气到低压空气的漏风。

（c）多台异型空气预热器（如一次风空气预热器、二次风空气预热器）

$$TMnA9n = \frac{MrA9SnTA9Sn + MrA9PmnTA9Pn}{MrA9Pn + MrA9Sn} \quad (5\text{-}5\text{-}7)$$

$$TMnA9 = MFrA9A \cdot TMnA9A + MFrA9B \cdot TMnA9B + \cdots + MFrA9n \cdot TMnA9n \quad (5\text{-}5\text{-}8)$$

（c）多台不同类型空气预热器（如一次风空气预热器、二次风空气预热器）

了空气从烟气中吸收的有效能量。具体请参阅附录 I 中的能量平衡方法

$$TFg15NLn = TFg15n + \frac{MpAln}{100} \frac{CpAn}{CpFgn}(TA15n - TAln) \quad (5\text{-}5\text{-}14)$$

式中：$CpAn$ 为进口空气温度和出口烟气实测温度之间的空气平均比热容，Btu/（lbm·℉）［J/（kg·K）］；

$CpFgn$ 为在出口烟气实测温度和无漏风的烟气温度之间的烟气平均比热容，Btu/（lbm·℉）［J/（kg·K）］；

$TAln$ 为空气预热器漏风的温度，℉（℃），空气预热器漏风由一次风和二次风漏入的两股气流组成，两者温度均取进入锅炉系统边界的平均空气温度（$TAEn$），且假定空气预热器设备的漏风（漏入空气）处于相同的温度（$TAEn$）；$TA15n$ 为空气预热器出口空气温度，式中数值上等于测量的空气预热器出口烟气温度；$TFg15n$ 为测量的空气预热器出口烟气温度，℉（℃）。

对于二分仓空气预热器，空气预热器漏风温度 $TAln$ 是空气预热器进口空气温度。对于多分仓空气预热器，空气各自从空气侧流到烟气侧。使用空气预热器制造商估算的每支空气流漏到烟气侧的漏风量来加权平均计算空气预热器漏风温度。对于三分仓空气

预热器，参考下式

$$TAln = MFrPAlFgEs \cdot TA8P + (1 - MFrPAlFgEs)TA8S \tag{5-5-15}$$

$$MFrPAlFgEs = \frac{MrPAlFgEs}{MFrPAlFgEs + MFrSAlFgEs} \tag{5-5-16}$$

式中：$MFrPAlFgEs$ 为一次风向烟气侧的漏风量所占的质量份额，用一次风向烟气侧的漏风量除以空气侧至烟气侧总漏风量计算；$MrPAlFgEs$ 为估算的一次风向烟气侧的漏风量，lbm/h（kg/s）；$MrSAlFgEs$ 为估算的二次风向烟气侧的漏风量，lbm/h（kg/s）。

使用实测温度和比热来确定空气预热器出口无漏风烟气温度的传统形式是式（5-5-14）。值得注意的是，因为最初出口无漏风烟气温度是未知的，烟气比热的确定是需要迭代的。无漏风烟气温度可根据无漏风烟气的焓按下式直接确定

$$HFg15NLn = HFg15n + \frac{MpAln}{100}(HA15n - HAln) \tag{5-5-17}$$

$HAln$ 和 $HA15n$ 是上述温度（$TAln$、$TA15n$）下的空气焓，$HFg15n$ 是烟气在空气预热器出口实测烟气温度条件下的焓，该烟气焓要基于水分和灰渣浓度有空气预热器进口烟气相同的条件计算（在上面的公式中，将漏风视为空气预热器进口烟气质量流量的附加支流）。

$$TFg15NL = MFrFg14A \cdot TFg15NLA + MFrFg14B \cdot$$
$$TFg15NLB + \cdots + MFrFg14n \cdot TFg15NLn \tag{5-5-18}$$

5-5.9 测试 X 比

X 比即通过空气预热器的空气热容量和烟气热容量之比，定义如下

$$Xr = \frac{MrA9}{MrFg14} \frac{CpA}{CpFg} = \frac{TFg14 - TFg15NL}{TA9 - TA8} \tag{5-5-19}$$

设计的 X 比可由式（5-5-19）和设计数据计算获得。

5-6 修正到标准条件或设计条件的空气预热器性能

测试条件可能和标准条件或设计条件不一致，必须使用某种方法确定将测试和设计条件关联起来，确定使用哪些热力性能标准进行比较。

5-6.1 $TFg15NLCr$——修正到设计条件的空气预热器出口无漏风烟气温度

根据下面的公式修正每台空气预热器的出口烟温。系统性能评估时可基于多台空气预热器修正后的烟温和基于设计空气/烟气流量的加权平均值进行比较。

$$TFg15NLCr = TFg15NL + TDiTA8 + TDiTFg14$$
$$+ TDiMrFg14 + TDiXr \tag{5-6-1}$$

5-6.1.1 $TDiTA8$——进口空气温度偏离设计对烟温的修正

$$TDiTA8 = \frac{TA8Ds(TFg14 - TFg15NL) + TFg14(TFg15NL - TA8)}{TFg14 - TA8}$$
$$- TFg15NL \tag{5-6-2}$$

式中：$TA8Ds$ 为设计的进口空气温度。

每台空气预热器必须修正，然后将修正后结果按质量流量加权后获得最终的结果。

5-6.1.2 $TDiTFg14$——进口烟气温度偏离设计对烟温的修正

$$TDiFg14 = \frac{TFg14Ds(TFg15NL - TA8) + TA8(TFg14 - TFg15NL)}{TFg14 - TA8}$$
$$- TFg15NL \tag{5-6-3}$$

式中：$TFg14Ds$ 为设计的进口烟气温度。

每台空气预热器必须修正，然后将修正后结果按质量流量加权后获得最终的结果。

5-6.1.3 $TDiMrFg14$——进口烟气流量偏离设计对烟温的修正

进口烟气流量偏离设计对实测空气预热器出口烟温的修正可以基于设计修正曲线来进行，修正曲线一般应由制造商提供。

该修正曲线是在设计条件下，保持进口空气量、空气中的水分、烟气中的水分和热容量比（X 比）恒定的情况下，通过改变进口烟气质量流量进行计算而形成的。曲线可以近似使用附录 C 中的程序。每台空气预热器必须进行修正，然后将修正后结果按各空气预热器质量流量加权后获得最终的结果。

修正曲线通常是进口烟气流量 $MrFg14$ 相对于出口烟气温度 $TDiMrFg14$ 修正的形式。

有时使用的另一种方式是通过关联系数 $FxFg$ 与进口烟气流量 $MrFg14$ 进行修正，出口烟气温度的修正值 $TDiMrFg14$ 由下列公式计算

$$TDiMrFg14 = TFg15Fg - TFg15NL \tag{5-6-4}$$

$$TFg15Fg = TFg14 - \frac{EFFg}{FxFg}(TFg14 - TA8) \tag{5-6-5}$$

$$FxFg = \frac{TFg14 - TFg15NL}{TFg14 - TFg15Fg} \tag{5-6-6}$$

式中：$TFg15Fg$ 为通过 $MrFg14$ 和关联系数 $FxFg$ 的修正曲线计算的出口烟温。

5-6.1.4 $TDiXr$——X 比（热容量比）偏离设计对烟温的修正。X 比（热容量比）偏离设计对实测空气预热器出口烟温的修正可通过使用设计修正曲线来修正。热容量比不仅与试验和设计条件下的空气/烟气流量比的差异有关，还与试验和设计条件下的空气和烟气比热的差异有关（见 5-5.9）。该曲线应由制造商提供，

是在设计条件下，保持进口空气量、空气中的水分、烟气中的水分和烟气流量恒定的情况下，通过改变 X 比进行性能计算而形成的。修正曲线可以近似地使用附录 C 中的程序。每台空气预热器必须进行修正，然后将修正后结果按质量流量加权以获得最终的修正结果。修正曲线通常是 X 比（Xr）相对于出口烟气温度修正 $TDiXr$ 的形式。

有时使用的另一种格式是关联系数 $FxXr$ 与 X 比（Xr）。出口烟气温度的修正值 $TDiXr$ 由下列公式计算

$$TDiXr = TFg15Xr - TFg15NL \qquad (5\text{-}6\text{-}7)$$

$$TFg15Xr = TFg14 - \frac{EFFg}{FxXr}(TFg14 - TA8) \qquad (5\text{-}6\text{-}8)$$

$$FxXr = \frac{TFg14 - TFg15NL}{TFg14 - TFg15Xr} \qquad (5\text{-}6\text{-}9)$$

式中：$TFg15Xr$ 为通过 Xr 和关联系数 $FxXr$ 的修正曲线计算的出口烟温。

5-6.2　$TA9Cr$——修正到设计条件下的空气预热器出口空气温度

修正到设计条件下的空气预热器出口空气温度由设计的输入参数和修正到设计条件下的空气预热器出口烟气温度按能量平衡的原理计算得出。多分仓空气预热器的此项修正应用于所有空气通道出口混合后的空气温度。针对于每一个空气通道的修正都可由修正后出口混合空气温度与实测出口混合空气温度之间的差值来估算。各台空气预热器混合空气温度

$$MrAlCr = MrAl\left\{\frac{MpPAlFg}{100}\left[\left(\frac{PDiA8Fg15PDs}{PDiA8Fg15P}\right)\left(\frac{TA8P}{TA8PDs}\right)\right]^{1/2} + \frac{100 - MpPAlFg}{100}\left[\left(\frac{PDiA8Fg15SDs}{PDiA8Fg15S}\right)\left(\frac{TA8S}{TA8SDs}\right)\right]^{1/2}\right\} \qquad (5\text{-}6\text{-}12)$$

式中：$MFrPAlFgEs$ 为一次风向烟气侧漏风估算份额，由一次风到烟气侧漏风量除以空气侧至烟气侧总风量计算得出；$MrPAlFgEs$ 为估算的一次风到烟气侧的漏风量，lbm/h（kg/s）；$MrSAlFgEs$ 为估算的二次风到烟气侧的漏风量，lbm/h（kg/s）。$MpPAlFg$ 为制造商估算的一次风到烟气侧的漏风率，表达为空气到烟气侧总漏风量的百分数；$PDiA8Fg15P$ 为一次风进口风道和烟气出口烟道之间的静压差，inH_2O（Pa）；$PDiA8Fg15PDs$ 为一次风进口风道和烟气出口烟道之间的设计静压差，inH_2O（Pa）；$PDiA8Fg15S$ 为二次风进口风道和烟气出口烟道之间的静压差，inH_2O（Pa）；$PDiA8Fg15SDs$ 为二次风进口风道和烟气出口烟道之间的设计静压差，inH_2O（Pa）；$TA8P$ 为实测的空气预热器进口一次风温（绝对温标），°R（K）；$TA8PDs$ 为设计的空气预热器进口一次风温（绝对温标），°R（K）；$TA8S$ 为实测的空气预热器进口二次风温（绝对温标），°R（K）；$TA8SDs$ 为设计的空气预热器进口二次风温（绝对

的修正计算公式如下。系统地性能评估时，可基于多台空气预热器修正后空气温度和基于设计空气/烟气流量的加权平均值进行比较

$$HA9Cr = HA8Ds + \frac{MrFg14Ds(HFg14Ds - HFg15NLCr)}{MrA9Ds} \qquad (5\text{-}6\text{-}10)$$

式中：HA、HFg 为水分按设计的进口空气水分值计算所得的湿空气焓，水分和飞灰浓度按设计的进口烟气水分和飞灰浓度值计算时所得的湿烟气焓；$HA8Ds$ 为设计进口空气温度 $TA8Ds$ 条件下的进口空气焓；$HA9Cr$ 为修正到设计条件下空气预热器出口空气焓，$TA9Cr$ 由 $HA9Cr$ 确定；$HFg14Ds$ 为设计进口烟气温度 $TFg14Ds$ 下的进口烟气焓；$HFg15NLCr$ 为修正到设计条件下空气预热器出口无漏风烟气焓；$MrA9Ds$ 为设计的空气预热器出口空气流量；$MrFg14Ds$ 为设计的空气预热器进口烟气流量。

5-6.3　$MpAlCr$——修正到设计差压和设计进口空气温度条件下的空气预热器漏风率

$$MpAlCr = 100MrAlCr / MrFg14Ds$$

对二分仓空气预热器

$$MrAlCr = MrAl\left[\left(\frac{PDiSA8Fg15Ds}{PDiSA8Fg15}\right)\left(\frac{TA8S}{TA8SDs}\right)\right]^{1/2} \qquad (5\text{-}6\text{-}11)$$

对三分仓空气预热器

温标），°R（K）。

5-6.4　$PDiFg14Fg15Cr$——修正到设计烟气流量和设计烟气温度条件下的烟气侧进出口差压 [inH_2O（Pa）]

$$PDiFg14Fg15Cr = PDiFg14Fg15\left(\frac{MrFg14Ds}{MrFg14}\right)^x\left(\frac{TFg14Ds + TFg15Ds}{TFg14 + TFg15}\right) \qquad (5\text{-}6\text{-}13)$$

式中：$MrFg14$ 为实测或计算的空气预热器进口烟流量，lbm/h（kg/s）；$MrFg14Ds$ 为设计的空气预热器进口烟气流量，lbm/h（kg/s）；$PDiFg14Fg15$ 为实测的烟气侧进、出口静差压，inH_2O（Pa）；$TFg14$ 为实测的进口烟气温度（绝对温标），°R（K）；$TFg14Ds$ 为设计的进口烟气温度（绝对温标），°R（K）；$TFg15$ 为实测的出口烟气温度（绝对温标），°R（K）；$TFg15Ds$ 为设计有漏风条件下的出口烟气温度（绝对温标），°R（K）；x 为以质量流量比修正为底的幂指数项，应从

空气预热器制造商处获得，通常为 1.7～1.8。它不是 2.0 的原因是空气预热器进出口压差中，很大一部分是由摩擦损失引起的，而空气预热器的烟气质量流量（雷诺数）通常正处于摩擦系数会随质量流量变化的范围内。

5-6.5 *PDiA8A9Cr*——修正到设计空气流量和设计空气温度条件下的空气侧差压［**inH₂O（Pa）**］

$$PDiA8A9Cr = PDiA8A9 \left(\frac{MrA9Ds}{MrA9}\right)^x \left(\frac{TA8Ds + TA9Ds}{TA8 + TA9}\right)$$

（5-6-14）

式中：*MrA9* 为实测或计算的空气预热器出口空气流量，lbm/h（kg/s）；*MrA9Ds* 为设计的空气预热器出口空气流量，lbm/h（kg/s）；*PDiA8A9* 为实测的空气侧进、出口静差压，inH₂O（Pa）；*TA8* 为实测的空气预热器进口空气温度（绝对温标），°R（K）；*TA8Ds* 为设计的空气预热器进口空气温度（绝对温标），°R（K）；*TA9* 为实测的空气预热器出口空气温度（绝对温标），°R（K）；*TA9Ds* 为设计的空气预热器出口空气温度（绝对温标），°R（K）。

5-7 不确定度

5-2 讨论了单个参数平均值的标准差和自由度的计算。本节将要介绍实验中平均值的总体标准差和自由度的计算。本节也介绍了灵敏度系数、系统不确定度和随机不确定度的计算方法。本节中试验后不确定度计算计算之前应完成所有的锅炉性能计算。试验前、后的不确定度分析均可使用本节提出的不确定度计算方法以及 5-2.3 中相关计算方法。

试验前不确定度的分析可以提供重要的信息，并减少在性能试验后计算不确定度时所需的工作量。关于试验前不确定度分析更多的指导可以参考第 7 章内容。系统不确定度的估算大多数可以在性能试验开始之前进行。平均值的标准偏差可以通过初步观察设备的运行状况来估算。试验前估算的标准偏差和自由度可用于估计试验期间某个给定变量所需的测试频率和次数。

本节提供了与空气预热器性能试验相关的不确定度计算的一般准则。不确定度分析计算及其更详细推导的内容参见第 7 章。进行不确定度计算之前对应对第 7 章所含内容回顾一下。

5-7.1 灵敏度系数

灵敏度系数表示某个被测参数对计算空气预热器性能的绝对影响或相对影响。灵敏度系数也可用于确定某个参数对中间计算的影响，如空气预热器出口的烟气温度。灵敏度系数对于试验前的不确定度分析非常重要，可以确定哪些参数对于期望的结果具有最大的影响（如出口烟气温度、空气预热器漏风以及压差）。

灵敏度系数通过对某个参数的数值任意扰动来计算。被测参数数值的变化可以用下面的公式进行计算

$$CHGPAR = \frac{PCHGPAR \cdot X_{AVG}}{100} \text{ 或 } \frac{PCHGPAR \cdot U}{100}$$

（5-7-1）

式中：*CHGPAR* 为被测参数值的递增量；*PCHGPAR* 为被测参数值的变化，%；*PCHGPAR* 的推荐值是 1.0%。如果被测参数的平均值为零，则可以选择一个任意的小递增量；*U* 为被测参数的整体平均值，注意要使用不会导致数值为零的单位，以便于进一步计算灵敏度系数；*X_{AVG}* 为被测参数的算术平均值；注意要使用不会导致数值为零的单位，以便于进一步计算灵敏度系数。

或者当 *X_{AVG}* 非常小甚至为 0 时，*CHGPAR* 可以被看做是 *X_{AVG}* 任意小的增量。

每个被测参数的绝对灵敏度系数都可以根据下列公式进行计算

$$ASENSCO = \frac{RECALTGE - TGE}{CHGPAR}$$

（5-7-2）

式中：*ASENSCO* 为被测参数单位变化量的绝对灵敏度系数，出口烟气温度要修正到无漏风条件下；*RECALTGE* 为在其他被测参数都固定的情况下；用（X+CHGPAR）或（U+CHGPAR）代替 X（或 U），重新计算得到的目标值，如无漏风出口烟气温度；*TGE* 为根据实际测量的参数计算得到的无漏风出口烟气温度（*TFg15NLCr*）。

上述公式基于修正后出口烟气温度给出灵敏度系数的方法。然而，这种形式的公式可以通过替换掉 *TGE* 和 *RECALTGE*，而被用于计算与其他参数有关的灵敏度系数，比如空气预热器漏风和压差相关的灵敏度系数。

每个被测参数的相对灵敏度系数都可以用下列公式计算

$$RSENSCO = \frac{ASENSCO \cdot X_{AVG}}{TGE} \text{ 或 } \frac{ASENSCO \cdot U}{TGE}$$

（5-7-3）

式中：*RSENSCO* 为被测参数的相对灵敏度系数，即被测参数每个单位变化量引起相应计算结果的相对变化量，用百分数表示；*TGE* 为根据实际被测参数计算得到的出口烟气温度（或其他所需的不确定参数，如空气预热器漏风）。

上述公式不仅适用于修正后出口烟气温度，还可用于其他相关结果的计算。

5-7.2 随机不确定度和自由度

根据平方和求根法，将所有被测参数均值标准偏差组合在一起可以得到计算锅炉效率均值标准差（随机不确定度）

$$STDDEVMN_R = \sum_{i=1}^{n} [ASENSCO_i \cdot STDDEVMN_i)^2]^{1/2}$$

（5-7-4）

式中：*ASENSCO_i* 为被测参数 i 的绝对灵敏度系数。n

为被测参数的个数；$STDDEVMN_i$ 为被测参数 i 的平均值的标准差；$STDDEVMN_R$ 为结果的总体随机不确定度（均值标准差）。

整个试验结果的总体自由度可以用下列公式进行计算

$$DEGFREE_R = \frac{STDDEV_R^4}{\sum_{i=1}^{n} \frac{(ASENSCO_i \cdot STDDEVMN_i)^4}{DEGFREE_i}}$$

(5-7-5)

式中：$DEGFREE_i$ 为被测参数 i 的自由度；$DEGFREE_R$ 为整个试验结果的总体自由度。

5-7.3 不确定度的随机部分

不确定度的随机部分 URC 可以根据均值标准差和结果的自由度，用下列公式计算得到

$$URC = STDTVAL \cdot STDDEVMN_R \qquad (5-7-6)$$

5-7.4 系统不确定度

系统的不确定度可以根据确定测量参数数值的方法来估算。第 4 章和第 7 章给出了估算系统不确定度的推荐方法。根据平方和求根法把被测参数每个环节的引起系统不确定度合并后得到该被测参数的系统不确定度

$$SYS_i = (\sum_{j=1}^{m} SYS_j^2)^{1/2} \qquad (5-7-7)$$

式中：m 为参数 i 的测量系统中组成环节的数量；SYS_i 为被测参数 i 的系统不确定度的限值，系统不确定度的单位与被测参数的单位相同；SYS_j 为用于确定参数 i 数值的单个环节 j 的系统不确定度，系统不确定度的单位与被测参数的单位相同；

注："测量"和"测量系统"是广义的测量，也包括对参数的估算。

与系统不确定度估算的 10% 的可能范围相一致，系统不确定度的自由度应该设置为 50（详见 7-5.5）。

5-7.4.1 随空间变化非均匀参数相关的系统不确定度。 第 4 章和第 7 章详细讨论了随空间变化非均匀参数，与时间变化和空间变化相关的系统不确定度的确定方法。第 7 章介绍了估算与这类参数相关的系统不确定度的模型。该模型使用了一个被称为空间分布指数（SDI）的变量。空间分布指数可以用下列公式计算

$$SDI = \left[\frac{1}{n} \sum_{i=1}^{n} (z_i - Z)^2 \right]^{1/2} \qquad (5-7-8)$$

数值积分时建议使用下列公式进行计算

$$SYSNI = \left[\frac{CS}{(n-1)^{1/2}} \right] SDI \qquad (5-7-9)$$

式中：CS 为规程编委会基于数学模拟法，在置信水平达到 95% 条件下估算得到系数；其数值见表 7-5.3.2-1；n 为测量网格中的测点数；SDI 为空间分布指数；$SYSNI$

为数值积分的系统不确定度；z_i 为 z 的积分平均值；Z 为被测参数的时间平均值。

值得注意的是，虽然 SDI 与标准偏差的计算公式是相同的，但是这两个变量之间存在显著的统计学差异。

5-7.4.2 结果的系统不确定度。 结果的系统不确定度也可以根据平方和求根法来计算

$$SYS_R = \left[\sum_{i=1}^{n} (ABSENCO_i \cdot SYS_i)^2 \right]^{1/2} \qquad (5-7-10)$$

式中：SYS_R 为测试结果的整体系统不确定度。

结果的系统不确定度可以是正值，也可以是负值。如果系统不确定度的正、负值是不对称的，那么正、负值必须要分别计算。乘积 $ABSENCO_i SYS_i$ 的符号决定了系统不确定度是进行正值相加还是负值相加。

5-7.5 整个试验的不确定度

整个试验的不确定度由整体随机不确定度和系统不确定度两部分计算：

$$UNC = STDTVAL \left[URC^2 + \left(\frac{SYS_R}{2} \right)^2 \right]^{1/2} \qquad (5-7-11)$$

式中：$STDTVAL$ 为根据结果自由度（$DEGFREF_{UNC}$），按双尾学生 t 分布估计的值；UNC 为试验的不确定度。

双尾学生 t 分布的估算值是基于试验结果自由度和 95% 置信水平得到的。表 5-7.5-1 表示了双尾学生 t 分布和自由度的对应关系。表中插值可以根据相邻自由度得到。

对 t 数值进行拟合得到

$$t = 1.959 + \frac{2.372}{DEGFREE} + \frac{3.121}{DEGFREE^2} + \frac{0.799}{DEGFREE^3} + \frac{4.446}{DEGFREE^4}$$

(5-7-12)

整个试验结果的自由度可以根据下面公式进行计算

$$DEGFREE_{UNC} = \frac{\left[\left(\frac{SYS_R}{2} \right)^2 + URC^2 \right]^2}{\frac{URC^4}{DEGFREE_R} + \frac{\left(\frac{SYS_R}{2} \right)^4}{50}} \qquad (5-7-13)$$

如果系统不确定度是不对称的，则整体不确定度的正值范围和负值范围要分别计算。

5–8 暖风器

本规程仅限于使用非冷凝（单相）蒸汽、水或者其他热流体作热源的暖风器。如果热源采用可凝结热流体，则热流体在出口处要有一定过热度时，本节所得到的结果才有意义，即在本节所适用的能量平衡式中不能有凝结。试验前达成的协议中应对过热度作出

规定。本规程推荐的过热度为 10℉（5℃）。

5-8.1 待测项目

待测项目如下：

（a）$MrA8$（出口气流），如无空气旁路、漏风或空气进入，则 $MrA8=MrA7$。如果暖风器与主烟气-空气预热器一起测试，$MrA8$ 可用主烟气-空气预热器进口的流量代替。

（b）$TA7$（进口空气温度），℉（℃）。

（c）$TA8$（出口空气温度），℉（℃）。

（d）$PA7$（进口空气压力），in.wg（Pa）。

（e）$PA8$（出口空气压力），in.wg（Pa）。

（f）$THFEn$（热流体进口温度），℉（℃）。

（g）$THFLv$（热流体出口温度），℉（℃）。

（h）$PHFEn$（热流体进口压力），psig（Pa）。

（i）$PHFLv$（热流体出口压力），psig（Pa）。

（j）$MrHF$（热流体的质量流量），lbm/h（kg/s）。通常可以通过能量平衡计算得到，所以这项是可选的。

5-8.2 TA8Cr —修正到标准条件或设计条件下的暖风器出口气体温度

通过对暖风器修正计算而获得修正后空气温度，与为对主空气预热器进行修正计算而得到修正后出口无漏风烟气温度，本质上是相同的

$$TA8Cr=TA8+TDiTA7+TDiTHFEn+TDiMrA8+TDiXr \tag{5-8-1}$$

试验时的气温相比，通常暖风器的设计工作温度要低很多。修正后暖风器出口空气温度的主要目的是确定暖风器工作在设计进口冷空气温度条件下的性能。最主要的修正是 X 比修正。从制造商处获得 X 比（和进口空气质量流速）修正曲线是很有必要的，具体见 5-8.2.4 和 5-8.2.5。

5-8.2.1 EFA-暖风器空气侧效率。在质量流速恒定的情况下，假设温度的变化（即物理性质的变化）会对换热器效率有显著影响是合理的。空气侧效率是进口空气温度和进口热流体温度降低时修正暖风器出口空气温度的计算基准

$$EFA = \frac{TA8 - TA7}{THFEn - TA7} \tag{5-8-2}$$

5-8.2.2 $TDiTA7$-进口空气温度偏离设计值时的修正。基于空气侧效率不随进口空气温度的偏差而显著变化的假设得到下面关系式

$$EFA = \frac{TA8 - TA7}{THFEn - TA7} = \frac{TA8Cr - TA7}{THFEn - TA7DS} \tag{5-8-3}$$

进口空气温度修正化简为

$$TDiTA7 = (TA7Ds - TA7)(1 - EFA) \tag{5-8-4}$$

5-8.2.3 $TDiHFEn$-进口热流体温度偏离设计值时的修正。基于空气侧效率不随进口热流体温度的偏差而显著变化的假设得到下面关系式

$$EFA = \frac{TA8 - TA7}{THFEn - TA7} = \frac{TA8Cr - TA7}{THFEnDS - TA7} \tag{5-8-5}$$

进口热流体温度修正可化简为：

$$TDiTHFEn = (THFEnDs - THFEn)(1 - EFA) \tag{5-8-6}$$

5-8.2.4 $TDiMrA8$-空气流量偏离设计导致出口空气温度修正。由于空气质量流量偏离设计导致暖风器出口测量空气温度出现偏差，该偏差可以通过设计修正曲线进行修正。修正曲线应该由制造商进行提供。该修正是通过保持热容率（X 比）恒定的前提下，改变空气质量流量来实现的。

5-8.2.5 $TDiXr$- X 比（热容率）偏离设计导致出口空气温度修正。当热流体是液体、不凝结气体或者在暖风器中保持过热蒸汽状态时，可以使用制造商提供的 X 比修正曲线来修正出口空气温度。热容率不仅表征了试验工况下和设计工况下的气流/热流体介质流量比的差异，还会由试验工况下和设计工况下两种流体比热的差异引起。修正曲线是在保持空气质量流量恒定的情况下，通过改变 X 比而得到的。

X 比的定义是

$$Xr = \frac{Mr48CpA}{MrHFCpHF} = \frac{THFEn - THFLv}{TA8 - TA7} \tag{5-8-7}$$

如果热流体是可压缩的，热流体出口温度（$THFLv$）一定要维持在饱和温度以上。如果试验方未约定，则可设置过热度为 10℉（5℃）。

5-8.3 PDiA7A8Cr-空气质量流量和温度偏离设计时，空气侧进出口压差的修正。

$$PDiA7A8Cr = PDiA7A8\left(\frac{MrA8Ds}{Mr48}\right)^x \left(\frac{TA7Ds + TA8Ds}{TA7 + TA8}\right) \tag{5-8-8}$$

式中：$PDiA7A8Cr$ 为在空气侧进气管道和排气管道的连接法兰之间的静压损失，in. wg（Pa）；x 为质量流量比的幂指数，通常为 2，但是应该由空气预热器制造商进行验证。如果空气预热器压差很大一部分是由于摩擦损失造成，并且质量流（雷诺数）处在摩擦系数随流量的变化而变化的范围内时，x 可能会更小一些。

5-9 空气、烟气、水蒸气和灰渣的焓值/比热

在空气预热器试验完整的计算过程中，需要用到许多不同流体的比能（单位质量的能量），最主要的是空气比焓和烟气的比焓。关于该问题详细计算可以参考 ASME PTC 4 中的 5-19 部分，该部分包括了化石燃料燃烧过程中所产生的所有气态产物和适用于每个产物的五阶曲线的拟合系数。

为了方便手工计算，我们提供了基于二阶拟合曲线的空气、干烟气以及有关物质的焓值。这部分焓值

拟合的基础与 ASME PTC 4.U.S 中用于拟合二阶曲线的基础是完全相同的。在曲线拟合过程中，一般习惯使用单位 Btu/lbm。与 ASME PTC 4 的高阶关联式相比较，用这些二阶曲线拟合确定的焓的不确定度要小于 0.1%。ASME PTC4 中的高阶关联式可以用来代替本规程中给出的拟合曲线。

每种物质的焓的基本式是

$$Hn = A + BT + CT^2$$

式中：温度 T 的单位是华氏度（℉），公式中的焓曲线拟合系数见表 5-9-1。

通常，比能的变化是根据比热 C_P 和温差来进行计算的。该手册建议使用焓差除以温差来确定平均比热容

$$MnCp = \frac{HLv - HEn}{TLv - TEn}$$

5-9.1 空气的焓

空气的焓是空气中的干燥空气和水蒸气混合物的焓的函数。如果想确定干燥空气的焓，可以使公式中水蒸气质量分数为 0

$$HA = (1 - MFrWA)HDA + MFrWA \cdot HWv \quad (5\text{-}9\text{-}1)$$

$$MFrWA = \frac{MFrWDA}{1 + MFrWDA} \quad (5\text{-}9\text{-}2)$$

式中：HA 为湿空气的焓，Btu/lbm（J/kg）；HDA 为干燥空气的焓，Btu/lbm（J/kg）；HWv 为水蒸气的焓，Btu/lbm（J/kg）；$MFrWA$ 为湿空气中水蒸气的质量分数，lbm Wv/lbm wet air（kg Wv/kgwetair）；$MFrWDA$ 为干空气携带水蒸气的质量分数，lbm Wv/lbm DA（kg Wv/kg DA），是表示空气中水分的标准方法。

5-9.2 烟气的焓

干烟气是基于烟气由体积分数为 15.3% 的 CO_2、3.5% 的 O_2、0.1% 的 SO_2 和 81.1% 的大气氮组成而确定的。大气氮是化石燃料干烟气中主要部分，所以燃料成分变化时干烟气的焓值不会发生明显变化。燃料成分的变化范围从煤占 80% 到天然气占 88%。变化主要产生于 CO_2 和 O_2 的区别，但他们两者的热容量特征与大气氮的热容量特征没有显著的差异。燃烧时过量空气系数不超过 300% 的典型碳氢化合物燃料，基于以下系数计算的焓值对于大多数传热计算是足够精确的。

在试验期间，干烟气焓可根据试验期间的实际烟气成分来确定。对于非常规燃料，比如人造煤气、氢气和（或者）燃烧时利用空气以外的氧化剂，干烟气的焓值应根据实际烟气的平均组成来确定，具体可参考 ASME PTC 4 中 5-19.11。

本规程规定湿烟气由燃烧产生的干态产物和水蒸气组成。燃烧产生的飞灰也可能夹带在气流中，并且如果使用了吸收剂或者飞灰浓度大于 15lbm/MBtu，

那么湿烟气焓要考虑飞灰的显热。湿烟气焓值应该考虑到其所有组成成分的焓值。使公式中水和飞灰组分质量分数为零时计算所得为干烟气的焓。

$$HFg = (1 - MFrWFg)HDFg + MFrWFg \cdot HWv + MFrRsFg \cdot HRs \quad (5\text{-}9\text{-}3)$$

式中：$HDFg$ 为干烟气的焓值，Btu/lbm（J/kg）；HFg 为湿烟气的焓值，Btu/lbm（J/kg）；HRs 为飞灰的焓值，Btu/lbm（J/kg）；HWv 为水蒸气的焓值，Btu/lbm（J/kg）；$MFrRsFg$ 为湿烟气中飞灰的质量分数，lbm 飞灰/ lbm 湿烟气（kg/kg），可以参考 5-3.5.12 按百分数进行计算，结果除以 100 得到其质量分数；$MFrWFg$ 为湿烟气中水的质量分数，lbm H_2O/lbm 湿烟气（kg/kg），可以参考 5-3.5.11 按百分数进行计算，结果除以 100 得到其质量分数。

5—10 首字母缩略词和符号

5-10.1 空气预热器/空气预热器边界

7：空气进入暖风器；

8：空气进入空气预热器；

9：空气离开空气预热器；

14：烟气进入空气预热器；

15：烟气离开空气预热器；

HF：热流体进入或离开暖风器。

注意，本节中的首字母缩略语按以下顺序排列：属性参数＞流体种类＞位置。

如，在多分仓空气预热器中，$MrSAlFg$ 表示漏到烟气中二次风。类似的，$TA9$ 表示位置 9 处（空气预热器空气侧出口）的空气流温度。

5-10.2 第 5 节中使用的计算缩略语

见表 5-10.2-1。

5-10.3 第 5 节中使用的不确定度缩略语

见表 5-10.3-1。

表 5-7.5-1 95% 置信水平下双尾学生 t 分布和自由度的对应关系

自由度	t	自由度	t
1	12.706	11	2.201
2	4.303	12	2.179
3	3.182	13	2.160
4	2.776	14	2.145
5	2.571	15	2.131
6	2.447	16	2.120
7	2.365	17	2.110
8	2.306	18	2.101
9	2.262	19	2.093
10	2.228	20	2.086

续表

自由度	t	自由度	t
21	2.080	26	2.056
22	2.074	27	2.052
23	2.069	28	2.048
24	2.064	29	2.045
25	2.060	≥30	1.960

表 5-9-1　　熵值曲线的拟合系数　　Btu/lbm

物质种类	A	B	C	温度范围，℉
干燥空气	−18.4743	0.239517	4.49169 E-06	0～250
干燥空气	−17.6198	0.233660	1.44305 E-05	250～1000
水蒸气	−34.1850	0.442076	2.29150 E-05	0～250
水蒸气	−32.5905	0.431066	4.15202 E-05	250～1000
水蒸气	−28.7144	0.421885	4.68505 E-05	1000～1500
干烟气	−17.9132	0.231809	1.83275 E-05	100～800
干烟气	−19.6351	0.235349	1.66272 E-05	800～1500
灰渣	−13.7115	0.170656	8.16198 E-05	100～350
灰渣	−16.3568	0.187639	5.44056 E-05	350～900
灰渣	−33.2975	0.219433	3.98828 E-05	900～1340
灰渣	−17.5314	0.204644	2.24942 E-05	1340～1500

表 5-10.2-1　　计 算 缩 略 语

缩略语	说　明	单位
ApAf	灰斗喉部开口的平面投影面积	ft²（m²）
Ca（OH）2	氢氧化钙	mass/mol
CaCO3	碳酸钙	mass/mol
CpA	空气的比热容	Btu（lbm·℉）[J/（kg·℃）]
CpFg	烟气的比热容	Btu/（lbm·℉）[J/（kg·K）]
CpHf	进入暖风器的热流体的比热容	Btu（lbm·℉）[J/（kg·℃）]
DnA	空气的密度	lbm/ft³（kg/m³）
DnFg	湿烟气的密度	lbm/ft³（kg/m³）
DnGF	气体燃料的密度	lbm/scf（kg/m³，标况）
DVpCO2	干烟气中的 CO₂ 所占体积百分数	% 干态体积
DVpN2a	干烟气中的大气氮所占体积百分数	% 干态体积
DVpN2F	干烟气中的燃料氮所占体积百分数	% 干态体积
DVpO2	干烟气中的 O₂ 所占体积百分数	% 干态体积
DVpSO2	干烟气中的 SO₂ 所占体积百分数	% 干态体积
EF	根据能量平衡法得到的效率	% 燃料输入量
EFA	空气侧效率	无量纲
EFFg	烟气侧效率	无量纲
EX	总传动效率；包括电机效率、电液耦合效率和齿轮效率	%

续表

缩略语	说　明	单位
FxFg	烟气流量偏离设计条件的修正系数，从曲线查取	无量纲
FxXr	X 比偏离设计条件的修正系数，从曲线查取	无量纲
HA	湿空气的熵值	Btu/lbm（J/kg）
HA15	空气预热器出口烟气温度对应的空气熵值	Btu/lbm（J/kg）
HA8Cr	修正到设计条件的空气预热器进口湿空气熵值	Btu/lbm（J/kg）
HA8Ds	在设计温度条件下空气预热器进口空气的熵值	Btu/lbm（J/kg）
HA9Cr	修正到设计条件的，空气预热器出口空气熵值	Btu/lbm（J/kg）
HAz	在位置 z 处空气的熵值（比如在位置 7、8 或者 9 处）	Btu/lbm（J/kg）
HAzP	在位置 z 处一次风熵值（比如在位置 7、8 或者 9 处）	Btu/lbm（J/kg）
HAzS	在位置 z 处二次风熵值（比如在位置 7、8 或者 9 处）	Btu/lbm（J/kg）
HDAEn	平均进口空气温度下对应的干空气熵值	Btu/lbm（J/kg）
HDFgLvCr	无漏风空气预热器出口烟气温度下对应的干烟气熵值	Btu/lbm（J/kg）
HFEn	燃料进口温度下对应的燃料熵值	Btu/lbm（J/kg）
HFg	湿烟气的熵值	Btu/lbm（J/kg）
HFg14Ds	在设计进口烟气温度下的烟气熵值	Btu/lbm（J/kg）
HFg15NL	无漏风空气预热器出口烟气熵值	Btu/lbm（J/kg）
HFg15NLCr	修正到设计条件下、无漏风空气预热器出口烟气熵值	Btu/lbm（J/kg）
HFgz	在位置 z 处的烟气的熵值（比如在位置 14 或者 15 处）	Btu/lbm（J/kg）
HHVCRs	灰渣中碳的高位发热量	Btu/lbm（kJ/kg）
HHVFcv	燃料的恒体容高位发热量	Btu/lbm（J/kg）
HLvk	组分 k 离开时的熵值	Btu/lbm（J/kg）
HRek	在参考温度 TRe 时组分 k 的熵值	Btu/lbm（J/kg）
Hrk	组分 k 的反应热	Btu/lbm（J/kg）
HrSlf	硫化反应产生的热量	Btu/lbm（kJ/kg）
HSbEn	进入系统的吸收剂的熵值	Btu/lbm（J/kg）
HStLvCr	在修正排烟温度（TFgLvCr 或 TMnFgLvCr）下，水蒸气的熵值（查 ASME 水蒸气性质表，包含汽化潜热）	Btu/lbm（J/kg）
HWRe	参考温度 TRe 下的水熵值（查 ASME 水蒸气性质表）	Btu/lbm（J/kg）
HWvLvCr	修正排烟温度（TFgLvCr 或 TMnFgLvCr）下水蒸气的熵值（查 JANAF/NASA，不含汽化潜热）	Btu/lbm（J/kg）
MFrClhk	成分 k 的煅烧质量分数	CO₂ 质量/组分质量
MFrCO2Sb	吸收剂煅烧产生的气体（CO₂）的质量分数	lbm/lbm 燃料（kg/kg）

续表

缩略语	说　　明	单位
MFrFg14n	进入空气预热器 n 的烟气的实测质量流量与进入所有空气预热器的实测总质量流率的比例	lbm/lbm（kg/kg）
MFrH2OSb	吸收剂中水的质量分数	lbm/lbm 燃料（kg/kg）
MFrO3ACr	硫化反应过程中形成 SO_3 所需的空气中氧的质量分数	lbm/lbm（kg/kg）
MFrPAlFgEs	一次风漏到烟气中的估算质量分数	lbm（kg）
MFrPAlSAEs	一、二次风漏风量份额（除以空气向烟气侧总漏风量）	lbm/lbm（kg/kg）
MFrRs	灰渣的质量分数	lbm/lbm 燃料（kg/kg）
MFrRsFg	湿烟气中灰渣的质量分数	lbm Rs/lbm 湿烟气（kg/kg）
MFrSb	吸收剂的质量分数	lbm/lbm 燃料（kg/kg）
MFrSbk	吸收剂中组分 k 的质量分数	lbm/lbm 燃料（kg/kg）
MFrSc	硫捕集份额，即脱硫率	lbm/lbm 燃料（kg/kg）
MFrSO3	硫化反应过程中形成的 SO_3 的质量分数	lbm/lbm 燃料（kg/kg）
MFrSsb	脱硫灰渣的质量分数	lbm/lbm 燃料（kg/kg）
MFrThA	理想情况下的理论空气量	mass/mass 燃料
MFrThACr	理论空气质量（修正了未燃烧的碳以及使用吸收剂时、脱硫过程中形成 SO_3 所需的 O_3）	mass/mass 燃料
MFrWA	湿空气湿度	lbm H_2O/lbm 湿空气（kg/kg）
MFrWAdz	在位置 z 处增加的水分蒸气，燃料基质量分数	mass/mass 燃料
MFrWDA	干空气中水分的质量分数；这是空气中水分的标准表示方法（在第 4 章中，空气或烟气中的水分也称为湿度比，用符号 W 表示）	mass H_2O/mass 干空气
MFrWFg	湿烟气中水的质量分数	lbm H_2O/lbm 湿烟气（kg/kg）
MFrWSb	分摊到单位质量燃料的吸收剂中水分的质量分数	mass/mass 燃料
Mg（OH）2	氢氧化镁	mass/mol
MgCO3	碳酸镁	mass/mol
MnCpk	组分 k 的平均比热容	Btu/（lbm·℉）［J/kg·K］
MoCO2Sb	吸收剂煅烧时产生的气体（CO_2）的摩尔数	mol/mass 燃料
MoDFg	单位质量燃料产生的干烟气的摩尔数	mol/mass 燃料
MoDPc	燃料燃烧产生的干态烟气产物的摩尔数	mol/mass 燃料
MoFg	单位质量燃料燃烧产生的湿烟气产物的摩尔数	mol/mass 燃料

续表

缩略语	说　　明	单位
MoFrCaS	钙硫摩尔比	mol/mol
MoFrClhk	组分 k 所含钙的摩尔份额	mol CO_2/mol 组分
Mokj	单位燃料 j 中组分 k 的摩尔数	mol/mass 燃料
MoO3ACr	生成 SO_3 所需空气中氧气的干燥烟气流量修正	mol/mass 燃料
MoThACr	理论空气摩尔数（修正了使用吸收剂时，在硫捕集过程中生成 SO_3 所需的未燃烧的碳和 O_3）	mol/mass 燃料
MoWA	空气中水分的摩尔数	mol H_2O/mol 干空气
MoWPc	湿烟气产物摩尔数，即燃料燃烧产生的干态烟气产物的摩尔数（$MoDPc$）加上燃料、吸收剂产生的 H_2O 和其他额外 H_2O 的总摩尔数	mol/mass 燃料
MoWSb	吸收剂中水分的总摩尔数	mol/mass 燃料
MpAl	漏风率，基于空气预热器进口烟气流量	%（质量）
MpAlCr	修正到设计条件下的漏风率	%（质量）
MpAsF	燃料中灰分的百分数	%（质量）
MpCak	吸收剂中以成分 k 形式存在的钙的百分数	%（质量）
MpCb	已燃烧碳的百分数	%（质量）
MpCF	燃料中碳的百分数	%（质量）
MpCO2Rs	灰渣中二氧化碳的百分数含量	%（质量）
MpCRs	灰渣中未燃烧的碳所占的百分数	%（质量）
MpFk	燃料中组分 k 所占的质量百分数	%（质量）
MpH2F	燃料中氢所占百分数	%（质量）
MpO2F	燃料中氧所占百分数	%（质量）
MpPAlFgEs	制造商设计的一次风向烟气漏风量，可根据进口一次风和出口烟气间压差进行调整	% 总漏风量
MpRsFg	烟气中固体灰渣所占的百分数	%（质量）
MpSF	燃料中硫的百分数含量	%（质量）
MpToCRs	灰渣中总碳（包括 CO_2）所占百分数	%（质量）
MpUbC	燃料中未燃烧的碳所占百分数	%（质量）
MpWF	燃料中水所占百分数	%（质量）
MpWFgz	在位置 z 处烟气中水分所占百分数	%（质量）
MqCO2Sb	基于燃料输入热的吸收剂煅烧产生的气体（CO_2）质量	lbm/Btu（kg/J）
MqDA	基于燃料输入热的干空气质量	lbm/Btu（kg/J）
MqDAz	基于燃料输入热的位置 z 处的干空气质量	lbm/Btu（kg/J）
MqDFgz	基于燃料输入热的位置 z 处的干烟气质量	lbm/Btu（kg/J）
MqFgF	基于燃料输入热的燃料燃烧产生的湿烟气量	lbm/Btu（kg/J）
MqFgz	基于燃料输入热的位置 z 处的湿烟气的总质量	lbm/Btu（kg/J）

续表

缩略语	说　明	单位
Mqk	单位燃料输入量中组分 k 的质量	lbm/Btu（kg/J）
MqO3ACr	基于燃料输入热，为生成 SO₃ 所需空气中氧气进行的干燥烟气流量修正	lbm/Btu（kg/J）
MqThA	基于燃料输入热的，燃料所需理论空气量（理想情况下）的典型值	lbm/Btu（kg/J）
MqThAAd	基于燃料输入热的，由于硫捕集/固硫需要的额外理论空气	lbm/Btu（kg/J）
MqThACr	基于燃料输入热的理论空气量（修正了使用吸收剂时，未燃烧的碳和在硫捕集过程中生成 SO₃ 所需的 O₃）	lbm/Btu（kg/J）
MqWAdz	基于燃料输入热的位置 z 处的额外的水分	lbm/Btu（kg/J）
MqWAz	基于燃料输入热的空气中的水分	lbm/Btu（kg/J）
MqWF	基于燃料输入热的，来自燃料水分的水分量	lbm/Btu（kg/J）
MqWFgz	基于燃料输入热的，烟气中的总水分	lbm/Btu（kg/J）
MqWH2F	基于燃料输入热的，燃料中氢燃烧产生的水分	lbm/Btu（kg/J）
MqWSb	基于燃料输入热的，吸收剂中的总水分	lbm/Btu（kg/J）
MqWvF	基于燃料输入热的，来自燃料中水汽的水分	lbm/Btu（kg/J）
MrA	湿空气的质量流量	lbm/h（kg/s）
MrA9Ds	设计的空气预热器出口空气质量流量	lbm/h（kg/s）
MrA9Pm	空气预热器出口一次风的实测流量	lbm/h（kg/s）
MrAl	空气预热器中空气向烟气侧泄漏总量	lbm/h（kg/s）
MrAz	位置 z 处湿空气的质量流量	lbm/h（kg/s）
MrAzDs	位置 z 处湿空气的设计质量流量	lbm/h（kg/s）
MrF	燃料的质量流量	lbm/h（kg/s）
MrFg14Ds	空气预热器进口烟气的设计流量	lbm/h（kg/s）
MrFg14S	二次风预热器进口烟气总流量	lbm/h（kg/s）
MrFgz	位置 z 处湿烟气的质量流量	lbm/h（kg/s）
MrFgzDs	位置 z 处湿烟气的设计质量流量	lbm/h（kg/s）
MrHF	进入暖风器的热流体的质量流量	lbm/h（kg/s）
MrPAlFgEs	设计时估计的一次漏风到烟气侧的质量流量	lbm/h（kg/s）
MrPAlSAEs	设计时估计的一次漏风到二次风侧的质量流量	lbm/h（kg/s）
MrSAlFgEs	设计时估计的二次风漏到烟气侧的质量流量	lbm/h（kg/s）
MrSb	吸收剂的实测质量流量	lbm/h（kg/s）
MrSbk	活性吸收剂组分 k 的质量流量	lbm/h（kg/s）
MrStz	各实测额外水分的质量流量总和	lbm/h（kg/s）
MrWSb	吸收剂中水的质量流量	lbm/h（kg/s）
MvFk	单位体积燃料中，组分 k 的质量	lbm/mol 燃料或 lbm/ft³ 燃料（kg/mol 或 kg/m³）

续表

缩略语	说　明	单位
MwA	湿空气的摩尔质量	mass/mol
MwCak	钙化合物 k 的摩尔质量	mass/mol
MwDFg	干烟气的摩尔质量	mass/mol
MwFg	湿烟气的摩尔质量	mass/mol
MwGF	气体燃料的摩尔质量	mass/mol
Mwk	组分 k 的摩尔质量	mass/mol
MwO3	O₃ 的摩尔质量（空气中氧）	mass/mol
MwS	硫的摩尔质量	mass/mol
PAz	位置 z 处（比如位置 7、8 或 9 处）空气的静压	in. wg（Pa）
Pb	大气压	psia（Pa）
PDiA	空气压差	in. wg（Pa）
PDiA8A9	空气进口管道连接法兰与出口管道连接法兰之间的空气侧静压损失	in. wg（Pa）
PDiA8A9Cr	经偏离设计的空气质量流量和温度校正后的空气侧压差	in. wg（Pa）
PDiA8Fg15P	管道连接法兰处一次风进口和烟气出口之间的静压差	in. wg（Pa）
PDiA8Fg15PDs	管道连接法兰处一次风进口和烟气出口之间的设计静压差	in. wg（Pa）
PDiA8Fg15S	管道连接法兰处二次风进口和烟气出口之间的静压差	in. wg（Pa）
PDiA8Fg15SDs	管道连接法兰处二次风进口和烟气出口之间的设计静压差	in. wg（Pa）
PDiA8PA8S	进口一次风和进口二次风之间的静压差	in. wg（Pa）
PDiA8PA8SDs	进口一次风和进口二次风之间的设计静压差	in. wg（Pa）
PDiA8PA9P	进口一次风和出口一次风之间的静压差	in. wg（Pa）
PDiA8SA9S	进口二次风和出口二次风之间的静压差	in. wg（Pa）
PDiFg14Fg15	烟气进口管道连接法兰和烟气出口管道连接法兰之间的实测烟气侧静压	in. wg（Pa）
PDiFg14Fg15Cr	经偏离设计烟气质量流量和温度修正后的烟气侧压差	in. wg（Pa）
PFgz	在位置 z 处烟气的静压	in. wg（Pa）
PHFEn	暖风器进口的热流体的压力	psig（Pa）
PHFLv	暖风器出口的热流体的压力	psig（Pa）
PpWvA	空气中水蒸气的分压力	psig（Pa）
PsWvTdb	干球温度	℉（℃）
PsWvTwb	湿球温度	℉（℃）
PsWvTz	湿球温度下水蒸气的饱和压力	psia（Pa）
QAAh	空气预热器出口空气吸收的能量	Btu/h（W）
QAP	空气预热器出口一次风吸收的能量	Btu/h（W）
QAS	空气预热器出口二次风吸收的能量	Btu/h（W）
QFgAh	空气预热器进口烟气释放的能量	Btu/h（W）

续表

缩略语	说　　明	单位
QFgP	一次风预热器进口烟气释放的能量	Btu/h（W）
QFgS	二次风预热器进口烟气释放的能量	Btu/h（W）
QpBDA	进入系统的干空气所携带的外来热量	% 燃料输入
QpBF	燃料显热所携带的外来热量	% 燃料输入
QpBOth	其他外来热量	% 燃料输入
QpBSlf	脱硫反应带入的外来热量	% 燃料输入
QpBWA	进口空气中水分携带的外来热量	% 燃料输入
QpLDFg	干烟气的能量损失	% 燃料输入
QpLH2F	燃料中 H_2 燃烧生成水而造成的能量损失	% 燃料输入
QpLk	组分 k 造成的能量损失	% 燃料输入
QpLOth	其他损失	% 燃料输入
QpLRs	灰渣损失中的显热	% 燃料输入
QpLUbC	灰渣中未燃烧碳造成的损失	% 燃料输入
QpLWA	因空气中水分引起的热损失	% 燃料输入
QpLWF	燃料中的水分引起的损失	% 燃料输入
QpLWvF	由于气体燃料中的水蒸气引起的损失	% 燃料输入
QrBSb	吸收剂带入的外来热量的显热	Btu/h（W）
QrBX	辅助设备电源带入的外来热量	Btu/h（W）
QrF	给燃料量	Btu/h（W）
QrLClh	单位时间由于吸收剂的煅烧和脱水造成的热量损失	Btu/h（W）
QrLOth	单位时间其他能量损失（译注，原文单位能量，有误）	Btu/h（W）
QrLSrc	单位时间由于表面辐射和对流造成的能量损失	Btu/h（W）
QrLWSb	单位时间由于吸收剂中的水造成的能量损失	Btu/h（W）
QrO	单位时间电站锅炉的总热量输出	Btu/h（J/h）
QX	对驱动装置的能量输入	kWh（J）
R	通用摩尔气体常数	ft·lbf/（mol·°R）[J/（kg·mol·K）]
Rhmz	位置 z 处的相对湿度	%
Rk	气体 k 的比气体常数	ft/°R（J·kg/K）
SmQpB	单位燃料输入基础上带入热量总和百分数	%燃料输入或 Btu/h（W）
SmQpL	单位燃料输入基础上热量损失总和百分数	%燃料输入或 Btu/h（W）
SmQrB	单位时间外来热量的总和（译注，原文单位能量，有误）	Btu/h（J/h）
SmQrL	单位时间损失热量的总和（译注，原文单位能量，有误）	Btu/h（J/h）
TA8Cr	修正到设计条件暖风器出口空气温度［注（1）］	°F（℃）
TA8Ds	空气预热器进口设计空气温度［注（1）］	°F（℃）

续表

缩略语	说　　明	单位
TA8P	一次风预热器进口实测空气温度［注（1）］	°F（℃）
TA8PDs	一次风预热器进口设计空气温度［注（1）］	°F（℃）
TA8S	二次风预热器进口实测空气温度［注（1）］	°F（℃）
TA8SDs	二次风预热器进口设计空气温度［注（1）］	°F（℃）
TA9Cr	修正到设计条件的，空气预热器出口空气温度［注（1）］	°F（℃）
TA9Ds	空气预热器出口设计空气温度［注（1）］	°F（℃）
TACr	修正到设计条件的湿空气温度	°F（℃）
TAl	空气预热器漏风温度	°F（℃）
TAz	位置 z 处空气的温度（比如 7、8 或 9 处）	°F（℃）
TAzDs	位置 z 处（比如 7、8 或者 9 处）湿空气的设计温度	°F（℃）
Tdbz	位置 z 处空气（干球）温度	°F（℃）
Twbz	位置 z 处空气（湿球）温度	°F（℃）
TDiMr8A	设计空气流量的温度修正	°F（℃）
TDiMrFg14	进口烟气质量流量偏离设计对温度的修正	°F（℃）
TDiTA8	进口空气温度偏离设计对温度的修正	°F（℃）
TDiTFg14	进口烟气温度偏离设计对温度的修正	°F（℃）
TDiTHFEn	暖风器进热流体对温度的修正	°F（℃）
TDiXr	X 比偏离设计对温度的修正	°F（℃）
TFg14Ds	设计进口烟气温度［注（1）］	°F（℃）
TFg15Ds	有漏风的设计出口烟气温度（绝对）	°F（℃）
TFg15NL	无漏风空气预热器出口烟气温度	°F（℃）
TFg15NLCr	修正到设计条件的无漏风空气预热器出口烟气温度	°F（℃）
TFgz	位置 z 处（比如 14 或 15）的湿烟气温度	°F（℃）
TFgzDs	位置 z 处（比如 14 或 15）的湿烟气设计温度	°F（℃）
THFEn	进入暖风器的热流体温度	°F（℃）
THFEnDs	进入暖风器的热流体设计温度	°F（℃）
THFLv	离开暖风器的热流体温度	°F（℃）
TLvk	空气预热器出口组分 k 的温度	°F（℃）
TMnA8	空气预热器进口平均空气温度	°F（℃）
TMnA9	空气预热器出口平均空气温度	°F（℃）
TMnFg14	空气预热器进口平均烟气温度	°F（℃）
TRe	参考温度	°F（℃）
VpCO2	烟气中 CO_2 的体积百分数	% 体积
VpGj	入炉气体燃料组分（比如 CH_4 和 C_2H_6）的体积百分数	% 体积

续表

缩略语	说 明	单位
VpN2a	烟气中大气氮的体积百分数	% 体积
VpN2F	烟气中燃料氮的体积百分数	% 体积
VpO2	烟气中 O_2 的体积百分数	% 体积
VpSO2	烟气中 SO_2 的体积百分数	% 体积
XpA	过量空气系数	%（质量）
Xr	试验空气预热器的 X 比	无量纲

注：
（1）正如文中所述，在某些公式中，首字母缩略词可能会用绝对单位 [°R（K）] 来表示。

表 5-10.3-1　　不确定度缩略词

首字母缩略词	说 明
ASENSCO	绝对灵敏度系数
CHGPAR	被测参数的增量
CS	由本规程编委会基于达 95%置信水平的数学模拟结果而选定的系数，具体值见表 7-5.3.2-1
DEGFREE	自由度个数
DEGFREEUNC	整个试验结果的自由度个数
m	数据集或网格点的数量
n	参数测量次数
PARAVG	参数平均值
PCHGPAR	测量参数值的变化百分数
PSTDDEV	总体标准偏差
RECALTGE	排除漏风后，重新计算出的修正出口烟气温度
RSENSCO	相对灵敏度系数
SDI	空间分布指数

续表

首字母缩略词	说 明
AVG	平均值
STDDEV	样本的标准差
STDDEVMN	平均值的标准差
STDTVAL	双尾学生 t 分布值
SYS	系统不确定度
SYSR	整体系统不确定度
SYSNI	数值积分的系统不确定度
TGE	修正后无漏风出口烟气温度
U	被测参数的积分平均值
UNC	试验的不确定度
URC	不确定度的随机分量
V	速度
Xi	在时间 i 时某个被测参数的数值
Z	求和，由 z 的时均值积分得到
z	被测参数的时间平均值
下标	
FW	加权（平均）
i	求和指数，在特定点的
R	如文中所述的，随机不确定度或者和结果 R 相关的
UW	未加权（平均）
V	关于速度的
上划线	
—	平均值

第**6**章

试 验 结 果 报 告

6-1 一般要求

性能试验的试验报告应包括以下一般内容：

（a）试验工作情况汇总（见 6-2）；

（b）引言（见 6-3）；

（c）计算和结果（见 6-4）；

（d）试验测试仪表（见 6-5）；

（e）结论（见 6-6）；

（f）附录（见 6-7）。

推荐使用上述提纲作为试验报告编写的格式。当然，试验报告也可按试验各方达成一致的报告格式进行编写。

6-2 试验工作情况汇总

试验工作情况汇总是比较简短的，应该包含以下内容：

（a）关于空气预热器和试验的一般性信息，如空气预热器类型、运行配置以及试验目标。

（b）试验的日期和时间。

（c）试验结果的总结，包括不确定度和得到的结论。

（d）与合同协议内容的对比（如果有）。

（e）试验各方达成一致的试验允许偏差。

6-3 引言

试验报告中引言部分包括以下内容：

（a）试验各工况审批情况、试验各部分要达到的目标、合同规定的责任和保证值、约定的协议、试验由谁主导、试验各方代表。

（b）试验工作情况汇总没有包含、与试验相关的其他一般信息。

（1）回顾和展望。

（2）显示试验边界的设备图。

（3）试验测试仪表、其他辅助设备的说明书以及可能会影响试验结果的操作。

（c）试验各方代表的名单。

（d）在试验工作情况汇总中未列出的其他试验前

协议。

（e）参加试验人员的组织。

（f）本规程中第 3 章和第 5 章中的试验目标。

6-4 计算和结果

计算和结果部分应详细包含以下内容：

（a）试验方法和试验工况。

（b）测量和观测结果的数据汇总清单，包括一些计算时所需的数据整理和这些整理数据未包含的一些额外运行工况的数据。

（c）包括概率不确定度在内、从数据整理到计算结果的逐步计算过程。

（d）剔除异常数据或因为其他原因剔除数据的计算过程。

（e）试验工况的可重复性对比。

（f）由试验工况与标准条件或设计条件的偏差（如果存在的话）而造成的修正系数。

（g）包括应用方法在内的试验主要不确定度。

（h）试验性能包括以下标题所要求的内容：

（1）试验结果，根据试验工况和测试仪表校准结果得到的试验结果；

（2）试验修正结果，如果试验工况偏离了指定的试验工况，则将试验结果修正到标准或设计条件下的结果。

（i）试验结果的清单和图形表示。

（j）试验结果不确定度的讨论与详细内容。

（k）试验、结果和结论的讨论部分。

（l）试验前不确定度分析的汇总表。

（m）速度分布预测量结果的汇总表。

6-5 试验测试仪表

（a）试验中使用的测试仪表清单，应包含设备制造商、型号参数等内容。

（b）测试仪表设备安装位置的描述。

（c）每个数据点的数据采集方法，如是临时数据采集系统的打印输出、电厂控制计算机打印输出或是人工记录数据清单，每个数据点的标签、标识号和/

或地址。

（d）备份测试仪表的标识。

（e）所使用的数据采集系统的描述和说明。

（f）试验前和试验后的校准汇总。

6-6 结论

6-7 附录

试验报告附录应该包括以下内容：

（a）原始数据表和/或数据采集系统打印输出数据的复印件。

（b）每个试验期间的操作员日志或者其他操作记录的复印件。

（c）来自实验室或者经制造商认证的测试仪表校准结果。

第7章

不 确 定 度 分 析

7-1 引言

所有的测量结果都包含了由于测量值与真实值不同而产生的误差。测量值与真实值之间的差值是总的测量误差。由于真实值未知，测量总误差也不能确定而只能估计其极限。总的测量误差由系统误差和随机误差两部分构成，如图 7-1-1 所示。精确测量要求系统误差和随机误差最小化。误差和不确定度在很多方面是一致的。误差的类型和来源有很多种，但当将一个数值赋值给误差，它就变成了不确定度。精确度与不确定度间可通用，但二者不是同义词，高精确度意味着低的不确定度。

7-1.1 随机误差

随机误差在本文被定义为总测量误差的一部分，它产生于对同一参数进行多次测量而得到的不同结果。通常，随机不确定度与时间的变化有关，而系统不确定度则被认为与时间变化无关，如图 7-1.1-1 所示。测量中总的随机误差通常是几个主要随机误差源之和。本规程中把在一定空间内变化的参数（如烟道中的温度分层或者不均匀烟气流速）认为是随机不确定度。随机误差也可能来自不可控的测量条件、测量系统的不可重复性、环境条件、数据提炼技术和测量方法等。

7-1.2 系统误差

系统误差是总测量误差的一部分，其在对真值的反复测量中维持不变。测量中总的系统误差通常是多个个体的系统误差之和。系统误差包括已知可被校准的误差、细微而被忽略的误差、未知须估计其极限的误差。校准修改不专业、数据采集系统、数据提炼技术等均可使系统误差上升。校正后依旧不可忽略的系统误差会导致整个试验的系统不确定度有所上升。

7-2 不确定度

由于每个观测或测量都是由参数的真实值加上总测量误差组成，因此用测量值来表示真实值时存在固有的不确定度。测量中的总不确定度由系统误差引起的不确定度和随机误差引起的不确定度构成。

7-2.1 随机误差引起的不确定度

由于随机误差是对同一参数的重复测量出现的轻微变化或分散的结果，因此可以通过多次测量和检验测量结果的分散程度来估算由随机误差引起的不确定度。总体标准差是对真实总体均值因随机误差引起的分散程度的度量。均值总体标准差的估计值就是样本数据的标准差，由下式计算

$$S_x = \left(\frac{S_x^2}{n}\right)^{1/2} = \frac{\left[\frac{1}{n-1}\sum_1^n\left(x_i - \bar{x}\right)^2\right]^{1/2}}{n^{1/2}} \quad (7\text{-}2\text{-}1)$$

其中

$$\bar{x} = \frac{\sum_1^n x_i}{n} \quad (7\text{-}2\text{-}2)$$

式中：n 为测量次数；s_x 为样本标准差；$\bar{x}$ 为独立测量参数的均值。

多次测量求平均值后，用此平均值代替所有单独测量值，可减少随机不确定度。这表明几个样本的均值比任意一个样本更能够代表真实总体均值。

7-2.2 系统误差引起的不确定度

系统误差被定义为：采用相同技术对同一参数进行重复测量所得的、与真值间的恒定的差值。系数误差不能被绝对量化，因此要对其引起的不确定度做出评估。对于系统不确定度的评估应基于对每一个测量单元引起误差的工程判断和分析进行，对每个测量单元引起的误差都要努力辨识和量化。

7-3 基本概念

7-3.1 不确定度分析的益处

不确定度分析是量化测试结果准确度的过程。因为要求试验各方同意试验的质量（通过试验不确定度来衡量），试验前和试验后不确定度分析是有意义的性能试验不可缺少的一部分。

有关不确定度的问题将在 ASME PTC 19.1 和 ASME PTC 4 部分做进一步讨论。

实施不确定度分析的益处详见以下陈述：

a）试验结果的不确定度是对测试值质量的衡量。真值将所声明的概率下落在试验结果加减去不确定度构成的区间内。

b）不确定度分析是在一组测量或测试结果中估计误差极限的最佳方法。

c）试验计划阶段进行的不确定度分析（使用名义值或估计值作为基本测量不确定度），能够识别潜在的测量问题，并有助于设计更具性价比的试验。

d）试验后进行的不确定度分析能够帮助试验工程师确定哪些是对检验误差最有用的参数和测量。

e）一个基于明确的不确定度水准的性能试验规程，比仅限于规定使用某些特定类型测试仪表的规程更容易适应新的测量技术。

本规程允许空气预热器试验各方选择多种测试仪表和性能评估方法。不确定度分析有助于各方做出这些选择。

7-3.2 不确定度分析原理

本节回顾不确定度分析的基本概念。

所有测量都有误差是公认的原则。因此，测量数据计算的任何结果，如空气预热器性能参数，包括交叉漏风、偏离设计条件的修正计算等，也都包含误差，其产生原因不仅仅是因为数据中的误差，也来自计算过程中的近似误差。不确定度分析的方法要求工程师首先确定基本测量和数据处理过程中的误差（不确定度）估值，然后将这些不确定度传递到结果的不确定度。

注意以下定义：

（a）误差是参数真值与该参数测量值或者计算值之间的偏差。因为真值未知误差也是未知的。显然，假如误差已知，试验结果就可基于真值而不是测量值或者计算值。

（b）不确定度是测量或结果的估计误差极限。

（c）置信度是指观测值（测量值）与真值的差值不大于某一不确定度的百分数（译者注：概率）。换句话说，比如一个95%的典型置信度，意思是说真值肯定会落在测量值±不确定度构成的区间范围内的概率为95%，其推论是：真值落在该区间之外的风险为5%（1/20）。在不确定度分析中，置信度的概念是非常必要的，因为不确定度仅仅是估算误差的极限。在某些情况下，不确定度可以通过统计分析来计算，有时却必须通过工程判断的办法来评估系统不确定度。工程判断必须在置信区间的概念内进行。

参数的计算平均值加减不确定度定义了一个该参数的真值会以某一置信度位于其中的区间。

如果已知系统误差的大小和符号，则必须将它们作为对测量值的校正，用校正值来计算试验结果。在

不确定度分析中考虑系统不确定度时，要评估并努力覆盖那些大小未知的系统误差。不确定度分析中常见的系统误差例子有使用了未校准的测量装置、校准测量装置发生了漂移、先前校准过的测量装置情况恶化、计算过程近似取值以及估算未测量参数值产生的潜在误差等。

将具体的不确定度分类为系统性或随机性并不总是容易的。通常随机不确定度与时间变化有关，而系统不确定度则被认为在时间上是固定的。不同的工作中，随空间变化特性（如：温度或烟气组分的分层，或烟气管道中的不均匀烟气速度）会被当作随机不确定度或系统不确定度。

本规程将参数随空间的变化视为系统不确定度的潜在来源。

完整的不确定度分析需要确定底层测量中的随机不确定度和系统不确定度、它们向计算结果中的传播过程以及它们在最终结果不确定度中的作用。不确定度分析可以在试验工况之前（试验前分析）或试验工况之后（试验后分析）进行。

7-3.3 求取平均值

性能试验中，仪表用于测量诸如温度或烟气组分浓度等参数。大多数测试仪表仅能在一点或一个有限空间内、且在某一瞬间或某一限定的时间窗口内感知某一参数的值。众所周知，烟气温度和成分是随空间（分层）和时间（非稳态）变化的。应该认识到，这些变化主要归因于空气预热器附近的物理过程（包括混合），而不是实验误差。

在性能试验中，工程师是在空间和时间上采样几个点，然后使用平均数据计算试验结果。平均值是最好用的估计值，并且测量中的不确定计算和试验结果的评估均要用到该参数的平均值与其瞬时值（或局部值）之差。

平均值即算术平均值

$$\bar{x} = \frac{1}{n} \sum_{1}^{n} x_i \qquad (7\text{-}3\text{-}1)$$

7-4 随机不确定度的确定步骤

本节包含用于计算标准偏差的计算式和步骤。本规程要求的试验后不确定度分析使用性能试验采集的实际数据。本规程要求的试验前不确定度分析使用参数平均值的预期值和标准偏差的估计值。本节的计算式和步骤目的是说明当具有真实试验数据时，如何进行试验后的不确定度分析。

过程参数，如出口气体温度和氧气，自然地表现出关于它们的真实（或平均）值的扰动。这些扰动是该测量参数的真实变化。对过程参数的一组测量结果而言，仪表系统会在参数的平均值上再叠加一部分扰动。这部分基于测试仪表的扰动假定为是具有正态分

布的独立随机变量。

测试仪表的随机不确定度有时称为测试仪表的重现性。

重现性包括迟滞、死区和可重复性，具体可参考 ISA 标准 ANSI / ISA-S51.1。测试仪表方差通常根据公布的数据估算，因为试验具体测试仪表的随机不确定度难以确定。

对于试验后的不确定度分析，仪表间的差异无需特别考虑，因为它们已经嵌入在数据中。在试验前不确定度分析中比较不同使用测试仪表的方案时，可能需要知道测试仪表的差异。在大多数情况下，相对于参数的变化，不同测试仪表引起的不同非常小，因此测试仪表间的差异可忽略。如果测试仪表间的离散性小于测量参数离散性的 1/5，则测试仪表随机误差可以忽略。

7-4.1 单个参数的标准偏差

单个参数的标准偏差取决于该参数的类型（积分平均值或常数值）以及用于测量该参数的方法。一些方法如下：

（a）在同一位置不同时间的多次测量，如差压。

（b）在给定平面的多个位置进行多次测量，如空气预热器进口处烟气温度、烟气成分和空气温度。

（c）平均测量值的总和，如当使用多称重给煤机时的总给煤量。

（d）对多次增量取样进行测量，如燃料和吸收剂的特性。

（e）用称重箱或称重罐在多地测量以确定平均流量，如灰渣量。

（f）单一测量。

（g）单次测量总和。

7-4.1.1 单点多次测量

对于在单个位置不同时间的恒定参数的多次测量，不能测量平均值的总体标准偏差。因此，平均值的样本标准差［见式（7-4-1）］被用作该参数离散性的指标，也是计算随机不确定度离散性的基础

$$S_{\bar{x}} = \left(\frac{S_x^2}{n}\right)^{1/2} = \frac{\left[\frac{1}{n-1}\sum_{i=1}^{n}(x_i - \bar{x})^2\right]^{1/2}}{n^{1/2}} \quad (7\text{-}4\text{-}1)$$

$$S_x = \left[\frac{1}{n-1}\sum_{i=1}^{n}(x_i - \bar{x})^2\right]^{1/2} \quad (7\text{-}4\text{-}2)$$

式中：S_x 为样本标准差。

自由度的数量是

$$v_x = n - 1 \quad (7\text{-}4\text{-}3)$$

7-4.1.2 积分平均参数（未加权平均值）

积分平均参数以烟气温度和氧气含量为例。先在多点网格中的每个点上、在不同时间内，进行多次测量，然后根据式（7-3-1）对每个点、不同时间的测量值进行平均，作为该参数在该点的值。

进一步用式（7-4-1）和式（7-4-2）在每个网格点计算样本规程偏差、平均值的样本规程偏差和自由度，就好像该参数是一个常数一样。

积分平均参数的标准偏差为

$$S_{\bar{x}} = \frac{1}{m}\left[\sum_{i=1}^{m}(S_{\bar{x}_i})^2\right]^{1/2} \quad (7\text{-}4\text{-}4)$$

相关的自由度是

$$v = \frac{S_{\bar{x}}^4}{\sum_{i=1}^{m}\left[\frac{S_{\bar{x}}^4}{m^4 v_i}\right]} \quad (7\text{-}4\text{-}5)$$

式中：m 为网格点数；$S_{\bar{x}_i}$ 为 i 点［来自式（7-4-1）］参数平均值的标准偏差；v_i 为 $S_{\bar{x}_i}$ 的自由度，即 i 点读数减 1 所得的数字。

如果在试验工况中每个网格点采集测量值少于 6 个，如当使用手动逐点移动进行氧气和/或温度的各个网格点测量时，积分平均参数的标准偏差应由测试平面单个代表点进行的多次测量结果确定。如果现场测试仪表的位置具有代表性，也可使用它们来确定积分平均参数的标准偏差。现场数据采集/存档系统可能出现的任何死区或"异常报告"都应予以删除和/或裁剪，直至所有试验方都满意。用于确定随机不确定度的点没有必要使用流量加权。

7-4.1.3 积分平均参数（加权平均值）

诸如烟气温度或氧气之类的参数有时要计算加权平均值。加权因子是在与该参数测量同点流体估算值的速度分数。计算（或估算）流量加权积分平均值的标准偏差取决于速度分布数据有多少可以用到。

（a）使用与该参数同时测量的速度，有若干次完整测量的数据。网格中每个点的读数数量必须足够多以确保统计的显著性，通常需要 6 个以上的读数。在这种情况下，标准偏差和自由度可采用参数 $x_{j, i}$ 的加权平均值，根据实际情况选用式（7-4-1）～式（7-4-5）中的方法来计算。如对于温度，有

$$x_{j,i} = \left(\frac{V_{j,i}}{V}\right)T_{j,i} \quad (7\text{-}4\text{-}6)$$

式中：i 为空间点；j 为时间；V 为空间和时间平均速度。

（b）使用与该参数同时测量的速度，仅少量完整测量的数据。在这种情况下，标准偏差是通过单点测量得到的大量读数估算的。必须有仪表在单个固定点处同时测量速度和该参数。应选速度和被平均参数值近似为平均值的点作为固定监测点。如果符合第 4 章所述的标准，该点也可以使用现场固定测试仪表。数

据的记录频率应与其他数据具有可比性。

自该点的瞬时值乘以速度权重得到变量 x_j

$$x_j = \left(\frac{V_j}{V}\right)T_j \qquad (7\text{-}4\text{-}7)$$

x 的样本规程偏差根据式（7-4-2）计算。

（c）与该参数分别测量的速度。用加权平均参数的平均值计算标准偏差的公式为

$$S_{\bar{P},FW} = \left(S_{\bar{P},UW}^2 + (P_{UW} - P_W)^2\frac{S_{\bar{v}}^2}{\bar{V}}\right)^{\frac{1}{2}} \qquad (7\text{-}4\text{-}8)$$

式中：FW 为加权平均值；P 为参数（温度或氧气）；SP 为按照第 3 段 7-4.1.2 所述进行计算；UW 为未加权平均值。

理想情况下，速度的标准偏差根据速度测量网格中每个点不同时间的多个读数进行评估。如果没有这种读数，则速度的标准偏差根据历史数据估算。

7-4.1.4 增量采样的测量

确定某一物质流的化学组成时需要获得该物质样品并分析样品。该物质流可能是气体（如烟气）也可能是固体（如煤、吸收剂和灰渣），通常以增量采样获得的样本，即以周期性间隔获取有限样本。采样位置可以在空间上分开，也可以在时间上分开，如在多个给煤机采样或烟道横截面中的多个点采样。应该指出的是，在本规程中，固体成分组成被视为常数值参数，烟气成分被视为随空间变化的非均匀参数。固体流和气体流之间的第二个主要区别是气体样品通常在试验过程中即可"在线"分析，而固体样品通常试验后在实验室进行分析。

增量采样的平均属性有两种方法来加以确定，对应地，标准偏差的确定也相应有两种方法。第一种确定平均属性的方法是对每个样本进行单独分析，然后将每个单独品结果的平均值作为所有样品的平均值（性能计算中要使用的值）。第二种方法是先将各个样品混合在一起形成混样，然后对混样进行分析，此方法虽然可能会对混样进行多次分析，但仍然只是对一个样品的分析。

通常，两种方法综合使用才是最具性价比的选择。某些成分可以通过总混样的一次分析加以确定，而另外一些成分则需对每个单一样品加以分析方能确定。如当电站锅炉入炉煤源于单一煤层时，水分和灰分变化幅度很大，而其他用干燥无灰基表达的成分则相对恒定。在这种情况下，入炉煤水分、灰分及其标准偏差应由几个单独样品的分析加以确定，而其他成分（干燥无灰基）的平均值则可由总混样的一次分析加以确定。在这两种情况下随机不确定度的确定方法如下：

（a）各份子样单独分析。如果每个子样样本都得到了规范混合、缩分和分割，则成分的平均值就是分析测量值的平均值。标准差和自由度的计算参见式（7-4-2）和式（7-4-4）。

（b）分析混样。如果各子样先混合后分析，则所获结果为各份子样机械混合的平均取值（如几个烟气采样管线在分析前进入混合室或起泡器，并进行"拼接"）。如果总混样在混合、缩分中程序恰当，则其分析结果可认定是有效平均值。由于只有一组结果，所以标准偏差不能从统计数据中计算出来，因此必须进行估算❶。随机不确定度通常要用历史数据，有时用有限测量数据获得，进行估算。

（c）基于历史数据估计。可使用这种方法的情况：有旧试验数据可用、试验所采样品来源于特性已确定的燃料或吸收剂。历史数据和测试数据估值是否合理的标准是采样来自于相同的种群。如果是这种情况，则这些数据具有相同的总体均值 μ 和相同的总体标准差 σ。同一煤层开采的煤中，干燥无灰基成分应该满足该条件，所以来自同一煤层的历史数据，可以用来估计试验数据的随机不确定度。

假设关于特定参数（如碳含量）的历史数据可用。历史数据基于 n_H 观测值并具有样本规程偏差。

标准差可以保守估计

$$S_{\bar{x}} = \frac{S_{X,H}}{\sqrt{N}} \qquad (7\text{-}4\text{-}9)$$

式中：N 为混样中子样品的数量。

该估计值的自由度为 $n_{H\text{-}1}$。

（d）基于有限测量数据估算。为了说明这种方法，以烟气氧量的随机不确定度为例。虽然烟气样本通常取自管道截面上的多个网格点，但很少分析每点烟气的氧量，相反各点样品常先混合然后再传递到一个分析仪进行分析。由于烟气氧量是一个随空间不均匀分布的参数，该混合模拟了积分平均过程。如果从各网格点抽气采样速率相同，则该过程最接近多中间点平均的结果值。逐点拉网格分析中体现出来的各点间氧量的变化就不会被混样揭示出来，因此本规程中数值积分被认为是一个系统的不确定度。

即使各点间随位置而发生的变化不被视作随机误差，每个点随时间的变化也会导致随机误差。该变化的信息只在混样中才能发现。假定混样的采集和分析是基于一段时间进行的，则标准差和自由度应由式

---

❶ 该指出的是，对同一总混样进行多次分析可给出测试分析仪表和程序的标准差，但给不出关于物性特性或采样偏差实际变化的信息。在大多数情况下，后两种变化主导着物性特性的标准差。

（7-4-2）和式（7-4-4）计算❶，混样的最终分析结果（如空间平均氧量）则是一个常数值。

7-4.1.5 单次测量或多次测量求和

如果某参数可以由单次测量就能确定或是需要多次测量求和才能确定，标准差是测试仪表方差估计值的平方根。标准差的幅度可能很小，以至于可以忽略。这些参数随空间和时间的变化应该被认为是系统的不确定度，其波动幅度应估计恰当。Kline 和 McClintock 对单一测量不确定度的问题进行了广泛深入的探讨。

7-4.2 中间结果的标准偏差和自由度

很多情况下，某参数虽然看起来是测量数据，但实际上是从别的测量值计算出来的。如：流体的质量流量通常由差压的测量值确定，而工质的焓值由温度（有时是压力）测量值确定。这些中间计算结果的标准差有两种可能方式：一种是使用"误差传递"式（7-6-1），并通过相关公式把结合中间结果和一次测量结果联系起来。因为将中间结果联结到数据的公式通常很简单，该方法并不像看起来那么困难。第二种方法是在求平均值之前，将数据转换为中间结果，然后计算结果的标准差。具体情况如下所述。

7-4.2.1 形如 $z = C\sqrt{x}$ 的参数

测量值 x_i 应首先转换为 z_i。然后可以从 z_i 计算 z 的平均值和样本方差。差压-流量就表现出这种类型的参数关系。

7-4.2.2 形如 $z = a_0 + a_1\bar{x} + a_2\bar{x}^2 + \cdots + a_n\bar{x}^n$ 的参数

式（7-6-1）适用于一个变量的函数，此时变量为 $\bar{x}$，其灵敏度系数是

$$z\Theta_x = \frac{\partial z}{\partial x} = a_1 + 2a_2\bar{x} + \cdots + na_n\bar{x}^{n-1} \quad (7\text{-}4\text{-}10)$$

平均值的标准差是

$$S_{\bar{z}} = (z\Theta_x)\left(S\frac{2}{x}\right) \quad (7\text{-}4\text{-}11)$$

z 的自由度与 x 相同。

电站锅炉性能试验中这种形式的式最常见的是焓-温度关系。

7-4.3 试验结果的标准差和自由度

如果试验结果是直接测量的参数，如锅炉烟道出口的烟气温度，那么试验结果的标准偏差和自由度就是参数本身的标准偏差和自由度。如果试验结果必须由其他据测量数据计算得出，如修正后的出口烟气温度，则结果的标准偏差和自由度要根据参与计算各个参数的标准偏差和自由度值计算出来。

7-4.3.1 标准差合成

最终计算结果的标准偏差可以通过平方和开方

的法则，将影响结果所有参数的标准偏差合并而得到

$$S_{\bar{R}} = \left[\sum_{i=1}^{k}(R\Theta_{x_i}S_{\bar{x}_i})^2\right]^{1/2} \quad (7\text{-}4\text{-}12)$$

其中

$$R\Theta_{x_i} = \partial R / \partial x_i$$

式中：$R\Theta_{x_i}$ 为参数 x_i 对结果 R 的灵敏度系数；k 为用于计算 R 的参数总数。

7-4.3.2 自由度合成

标准偏差 R 的自由度由下式计算

$$\upsilon_{S_R} = \frac{S_{\bar{R}}^4}{\sum_{i=1}^{k}\dfrac{(R\Theta_{x_i}S_{\bar{x}_i})^4}{\upsilon_{x_i}}} \quad (7\text{-}4\text{-}13)$$

7–5 确定系统不确定度的指导原则

系统不确定度是误差的"内置"组成部分。尽管大家会想尽一切办法去消除它（如校准测试仪表），但系统性的误差仍然存在。系统不确定度的基本特征是它不能直接从测试数据中确定，只能对其值进行估计。有时也有基于测试数据的估算模型或基于试验过程中条件结果进行估算，但仍然是估算值。系统不确定度的第二个特征一旦某一特定试验所使用的测量系统、具体的试验过程和外部环境条件确定后，系统不确定度的值就是不变的唯一量了。

本节给出一些强制性规则用于估计系统误差并对其进行数学处理。这些估计即系统不确定度。本节还提供了估算系统不确定度值的指导原则和一些模型，本规程的用户可自由采用、修改或拒绝本节的系统不确定度的任何模型，只要试验各方就其选择达成一致即可。

7-5.1 总则

本规程中使用的系统性不确定度具有以下特征：

（a）系统的不确定度应由试验双方商定。

（b）系统不确定度应基于95%的置信水平进行估计，不能基于可能想到的最大可能性进行系统不确定度估计。

（c）系统不确定度估计可以单侧和不对称的方式进行，前提是物理过程允许且试验都同认可该估计方法为最佳。如果使用了非对称或单侧系统不确定度，则应按 ASME PTC 19.1 中给出的要求，将参数的不确定度传递到试验结果中。

尽管在每一次测量或试验结果中，真实的系统不确定度都是一个固定值，但我们不知道该值。真实的系统误差最终落在由系统不确定度估计值与其正负

---

❶ 因为是多点采样，有人认为真实的标准差和自由度比由式（7-4-2）和式（7-4-4）的计算结果要好，但样品混合后确定这些"更好"的值是不可能的。

误差构成的范围可能性是 95%。本规程规定系统不确定度估值使用平方和求根的方法合并而成。

通常试验前、后的不确定度分析可使用相同的系统不确定度。试验各方均同意，试验过程中通过观察后适当增减系统不确定度分析次数都是允许的。

7-5.2 测试仪表造成的系统不确定度

测量中仪表系统不确定度的来源有多项，如一次元件、一次传感器、传送过程、放大器、模拟/数字转换器、记录设备和环境影响。关于仪表系统的不确定度的一般信息，请参阅 ISA 标准 ANSI / ISA-S51.1。

第 4 章指导如何估算特定仪表系统造成的系统不确定度。本章内容合并这些基本系统不确定度时的一般准则和规则。

7-5.2.1 合并若干组件的系统不确定度

如果仪表系统有几个组件，并且每个组件都有单独的系统不确定度，则测量的系统不确定度合并为

$$B = (B_1^2 + B_2^2 + \cdots + B_m^2)^{1/2} \qquad (7-5-1)$$

其中下标 1，2，$\cdots$，m 表示系统的各种组成部分。由于使用平方和求根方法，如某参数的系统不确定度估计值小于特定回路中最大不确定度估值的 1/5，则该参数的系统不确定度在计算系统不确定度时可以忽略。

7-5.2.2 使用单一测试仪表进行多次测量

对于单个测试仪表的单个位置处的多个测量（例如，利用相同的热电偶系统测量烟道横截面中的若干点处的温度），参数的仪表系统不确定度等于单次测量的仪表系统不确定度

$$B_x = B_x \qquad (7-5-2)$$

7-5.2.3 多个测试仪表在多个位置进行多次测量

最常见的例子是使用固定的热电偶网格来测量（平均）烟气温度。可能存在两种不同的情况。

第一种情况是所有测试回路（如每个热电偶加补偿导线，数据记录器等构成一个回路）被判断为具有相同的系统不确定度。所有的测试回路都按照相同的标准进行校准时，就会发生这种情况。在这种情况下，平均参数（例中为温度）中的由仪表系统产生的系统不确定度等于任何一个回路的仪表系统不确定度

$$B_x = B_{x_i} \qquad (7-5-3A)$$

第二种情况是不同回路有不同的系统不确定度。这种情况通常是使用了不同的独立校准系统或各种其他原因产生，此时，平均参数由仪表系统产生的系统不确定度是每个回路系统不确定度的平均值

$$B_x = \frac{1}{N} \sum_{i=1}^{N} B_{x_i} \qquad (7-5-3B)$$

7-5.3 随空间变化非均匀参数的系统不确定度

电站锅炉性能试验中的某些参数，如空气预热器系统边界处的烟气温度、空气温度及烟气成分，评估时应用流量加权积分平均（参见 4-4 和 7-5.3.3）。实践中积分平均值通过在有限数量的点处采样数据并使用数值近似求得必需的积分。除了这种近似之外，试验各方可提前就是否放弃测量速度和可否省略流量权重达到同意。在某些情况下，如烟气组分，样品可以先混合、机械平均，然后再进行分析。每一项近似都可能会引入一个误差，本规程将其视为系统不确定度。这些系统性的不确定度要加到 7-5.2 讨论的仪表不确定度上。

如果仅在几个点进行测量（少至 1～2 个测点），则不能采用下面建议的系统不确定度估计方法。同样，这些方法也不能用于分析前混合的多点采样。在这两种情况下，试验各方要就积分平均的系统不确定度的估计和分配方案进行协商并达成一致。以往类似试验的经验和数据可以作为基础模型。考虑到小样本群体会存在中间误差，此时对系统不确定度的估计应大一些，可以包含这些中间误差。

7-5.3.1 空间分布指数

本规程遵照 ASME PTC 4 的建议，采用空间分布指数（SDI）作为空间变化程度的度量结果。

空间分布指数由以下式计算得出

$$SDI = \left[\frac{1}{m} \sum_{j=1}^{m} (z_j - \bar{z})^2 \right]^{1/2} \qquad (7-5-4)$$

式中：m 为测量网格中的点数。在单一物流（如烟气）分成两个或两个以上支管道的情况下，每个分支管的 SDI 都单独计算；$\bar{z}$ 为样本网格点数的时间平均算术平均值；z_j 为样本网格中每个点的时间平均值。

SDI 与算术标准偏差非常相似，但具有不同的统计学意义。

7-5.3.2 数值积分引起的系统不确定度

推荐的系统不确定度为

$$B_n = \left[\frac{C_s}{(m-1)^{1/2}} \right] SDI \qquad (7-5-5)$$

式中：C_s 为根据对 95%置信水平条件下估值计算进行的数值模拟，由本规程委员会选定的系数；系数列于表 7-5.3.2-1，C_s 应按所列网格数进行插值。m 为测量网格中的点数。

7-5.3.3 流量加权的系统不确定度。

理论上尽管某些参数，如烟气的温度和含氧量，最恰当的平均值是流量加权平均值，但通常不建议在性能试验中使用流量加权，因为与速度测试引起的误差可能比不使用流量加权时误差还大。因此，与流量权重相关的系统误差有两种不同类型。

如果在性能计算中使用了流量加权，则用于加权的速度数据存在系统不确定度而产生新的系统误差。

如果在性能计算中不使用流量权重，那么方法上存在一个误差（系统不确定度）。该误差等于加权平均值（真值）与计算中没有使用加权平均而得结果之间的差值。

很明显，在任何一组数据中，这两种类型的误差只能有一种形式存在（加权平均值或未加权的平均值）。在本规程中，两种类型都视为流量加权的系统不确定度。

是否需要流量权重主要取决于测量参数 x（通常为温度或烟气结构）与速度 v 在横向平面内的空间关联关系。如果趋势是 x 的高值与速度的高值相一致、x 的低值与速度的低值相一致，那么流量加权显然是需要的。类似的，如果趋势是 x 的低值与速度的高值相一致，x 的高值与速度的低值相一致，那么流量加权显然也是需要的。相反，如果测量参数 x 和测量速度 v 之间没有很强的关系，那么考虑到速度测量的附加不确定度，就不需要流量加权。

网格中每一点的测量参数 x 和速度 v 之间的关系可以通过相关系数（也称为 Pearson 相关系数），用 R 来表示

$$R = \frac{\sum_i^n (x_i - \bar{x})(v_i - \bar{v})}{(n-1)S_x S_v} \quad (7\text{-}5\text{-}6)$$

式中：n 为测量横截面内全部等面积测量点的数量；R 为空间上同一个平面上的参数 x 和速度 v 之间的相关系数，相关系数是许多程序的内置函数，在 Microsoft Excel® 和 Lotus1-2-3® 中，可用函数 CORREL 计算相关系数，Excel® 也可用 Pearson 函数；S_v 为速度的标准偏差；S_x 为参数 x 的标准偏差；$\bar{v}$ 为速度的平均值；v_i 为第 i 处与点 x_i 重合的速度；$\bar{x}$ 为测量参数的平均值；x_i 为横截面内点 i 处测量参数的值（温度或气体成分）。

数量 x 的算术平均值由下式计算。

$$\bar{x} = \frac{\sum_1^n x_i}{n} \quad (7\text{-}5\text{-}7)$$

速度加权平均值通常由下式计算

$$\bar{z} = \frac{\sum_i^n x_i v_i}{\sum_i^n v_i} \quad (7\text{-}5\text{-}8)$$

式中：n 为网格数量；v_i 为重合点速度；$\bar{x}$ 为参数 x 的算术平均数；x_i 为横截面内参数 x 的值（温度或气体浓度）；$\bar{z}$ 为横截面内 x 的速度加权平均值。

加权平均和算术平均由相关系数 R 联系起来，如下所示（推导过程参见非强制性附录 B）

$$\bar{z} = \bar{x}\left(1 + \frac{n-1}{n}RV_x V_v\right) \quad (7\text{-}5\text{-}9)$$

其中
$$V_v = \frac{S_v}{\bar{v}}$$

$$V_v = \frac{S_x}{\bar{x}}$$

式中：V_v 为标准偏差/速度算术平均值的比值，称为变异系数；V_x 为参数 x 的标准差/算术平均数的比，称为变异系数。

R 界于 +1 和 –1 之间，可由电子表格函数 CORREL 轻松计算出来。如果 R 为单位 1 或较大（接近 +1 或 –1），则所测参数和速度之间存在强烈的相关性，算术平均值和速度加权平均值之间将有很大差异，流量加权是必须的。如果 R 为零或很小，则所测参数与速度之间没有很强的相关性，算术平均值与速度加权平均值将相同或其间只有较小差异，不需要流量加权。

试验各方应就每个测量位置是否需要流量加权达成一致。本规程建议，如果 R 不超过 ±0.3，则不需要流量权重，但需要考虑以下因素：

（a）对于空气预热器烟气进口和空气出口，算术平均温度和流量加权温度的差值不应超过 3℉（1.7℃）。

（b）对于空气预热器烟出口和空气进口，算术平均温度和流量加权温度的差值不得超过 2℉（1.1℃）。

（c）算术平均 O_2 和流量加权 O_2 之间的差值不应超过 0.05%。

典型试验数据应用上述原则进行计算的算例参见非强制性附录 B。

7-5.3.3.1 使用流量加权时流量加权的系统不确定度

本规程中仅在流量加权速度与加权参数（温度或氧量）同时测量时才涉及流量加权，且假定速度数据足够有效（关于使用速度数据进行流量加权的规则，请参见 4-4）。

当被平均参数和速度同时测量时，流量加权系统不确定度可估值为

$$B_{FW} = (\bar{P}_{UW} - \bar{P}_{FW})\frac{B_v}{\bar{V}} \quad (7\text{-}5\text{-}10)$$

式中：B_v 为速度测量的系统不确定度；FW 为加权平均值；$\bar{P}$ 为（积分）平均参数（温度或氧气浓度）；UW 为未加权平均值；$\bar{V}$ 为平均速度。

7-5.3.3.2 未使用流量加权时的流量加权系统不确定度

基于当上述准则，如某一组测量数据显示不需要流量加权或所测的速度数据质量可疑时，本选项适用。

如果速度数据不存在可疑成分，请使用式（7-5-10）来确定不进行流量加权而导致的系统不确定度。如果试验过程中没有与被测参数同时采集速度数据，请使用速度分布预测量的数据。如果速度数据是可疑的，

试验各方应该就不采用流量加权引起的系统不确定度达成一致。

7-5.3.4 积分平均值的系统不确定度合并

积分平均值的系统不确定度合并为

$$BIA = (B_I^2 + B_n^2 + B_{FW}^2)^{1/2} \qquad (7-5-11)$$

式中：FW 为流量加权；I 为测试仪表；n 为空间分布。

7-5.4 由未测量参数的假定值而导致的系统不确定度

空气预热器性能试验相关的未测量参数的例子如灰渣份额、未燃碳损失估计值和硫捕集率等。

性能计算为某参数估值时宜选用该参数的合理"上下限"假设值之间的中间数据。该"上下限"值之间的一半通常作为不确定度分析中的系统不确定度。如将底部渣量作为粉煤锅炉中产生的总灰分的百分数，则该百分数就是假定的参数。当然，根据试验各方的判断和协议，取"上下限"的中点值也是可以的。

在某些情况下，物理因素表明它可以使用不对称的系统不确定度。如灰分份额不能为10%±15%，因为灰分份额不可能达到 5%的负值。同样，由于空气渗入烟气采样系统（译者注：原文为氧气采样系统，但应为烟气采样系统，要分析烟气中的氧量）而导致的系统不确定度不能为正值（真实值可能低于测量值，但不会高于此测量值）。

7-5.5 系统不确定的自由度估值

如前所述，系统不确定度是测试仪器校准后仍然存在的未知固定误差极限可能值的估计。在给定的实验中，这些误差保持不变，但我们不知道它们的值。我们所知道的是我们认为估计的误差值范围会涵盖95%的误差可能。估计的范围总会有一些不确定度。ISO 指南和 ASME PTC 19.1 为处理这种不确定度提供了一种方法。

如果系统不确定度 B 评估值的不确定度表示为 ΔB，则 ISO 指南推荐 B 的自由度为下列近似值

$$V_B = \frac{1}{2}\left(\frac{\Delta B}{B}\right)^{-2} \qquad (7-5-12)$$

例如，如果我们认为在我们的 B 估计值中存在多达±10%的不确定度 ΔB，那么 B 的自由度将是 50。我们在系统不确定度估计中的确定性越大，自由度会是越大。相反，对 B 的更多不确定度估计会产生更小的自由度。

系统不确定度的自由度式（7-5-8）适用于 7-5 讨论的所有系统不确定度的估计。最常见的不确定度分析要估计每个系统不确定度的自由度。

7-5.6 试验结果的系统不确定度

从测量值和假定参数计算出的结果的总系统不确定度为

$$B_R = \left[\sum_{i=1}^{k}(R\Theta_{x_i}B_{x_i})^2\right]^{1/2} \qquad (7-5-13)$$

该表达式假设所有参数都没有来自公共源的系统不确定性。如果单独测量的压力、温度等参数具有相同的系统误差（如由校准标准产生的系统误差），那么在评估 B_R 中必须考虑这些相关的系统误差。式（7-5-13）的更一般形式参见 ASME PTC 19.1。另外，如果存在不对称系统不确定度，则应使用 ASME PTC 19.1 中的技术。

B_R 的自由度计算式为

$$V_{B_R} = \frac{(B_R)^4}{\displaystyle\sum_{i=1}^{k}\frac{(R\Theta_{x_i}B_{x_i})^4}{v_{B_{x_i}}}} \qquad (7-5-14)$$

7-6 试验结果的不确定度

7-6.1 不确定度的传递

在确定了随机不确定度和系统不确定度的值之后，有必要确定从数据计算的任何结果的不确定度。该过程称为不确定度传递。由于随机不确定度和系统不确定度是不同类型的量，因此习惯上将它们分开传递并将它们组合作为不确定度计算的最后一步。计算过程很简单，有些单调。假设一个结，R 由下式计算

$$R = f(m_1, m_2, m_3, \cdots)$$

式中：m_1，m_2，m_3 … 为独立测量的量。术语独立意味着每个测量量的值不受另一个量的变化的影响。

每个量 m 都具有随机性和系统性不确定度。对于任何一种类型的不确定度，基本的传递式是

$$e_R = \left[\left(\frac{\partial f}{\partial m_1}\partial m_1\right)^2 + \left(\frac{\partial f}{\partial m_2}\partial m_2\right)^2 + \left(\frac{\partial f}{\partial m_3}\partial m_3\right)^2 + \cdots\right]^{1/2}$$
$$(7-6-1)$$

式中：e 为随机不确定度或系统不确定度。

对于随机不确定度，误差先平方求和然后再求平方根的误差传播方法理论上是正确的，该假定也适用于系统不确定度。

误差传播式可以写成下面的无量纲形式

$$\frac{e_R}{R} = \left\{\sum_{1}^{N_m}\left[\left(\frac{m_i}{R}\frac{\partial f}{\partial m_i}\right)\left(\frac{e_{m_i}}{m_i}\right)\right]^2\right\}^{1/2} \qquad (7-6-2)$$

式中：$\dfrac{e_R}{R}$ 为结果 R 中的不确定度比例（随机或系统不确定度），可以用百分数表示；N_m 为用于计算结果 R 的测量次数系数 $\left(\dfrac{m_i}{R}\dfrac{\partial f}{\partial m_i}\right)$ 被称为相对灵敏度系数。

由于计算过程通常很复杂，因此不可能总是以代数方式评估所需的偏导数。这些导数可以通过数值差

分技术方便地估算

$$\frac{\partial f}{\partial m_i} \approx \frac{\left[f(m_1, \cdots, m_i + \delta m_i, \cdots m_{N_v}) - f(m_1, \cdots m_i, \cdots, m_M) \right]}{\delta m_i}$$

(7-6-3)

先让每个参数（m_i）一次只改变一小点（δm_i，通常为 0.1%～1%；如果函数关系是非线性的，则可以使用每个参数的不确定度来代替变化量），然后用扰动参数代替标称值重新计算就可以得到扰动量。重新计算时其他所有参数都保持不变。扰动的结果和标称结果之差除以扰动量，可以当作该参数偏导数的估计值。由于该程序需要多次重复计算（每个独立每次测量都要重新计算一次），因此设计一个自动计算程序至关重要。

7-6.2　计算结果的不确定度合并

通过下式将试验结果的标准偏差和系统不确定度合并到试验不确定度中

$$U_R = t_{v,0.025} \left[\left(\frac{B_R}{2} \right)^2 + S_{\overline{R}}^2 \right]^{1/2}$$

(7-6-4)

式中：$t_{v,0.025}$ 为自由度 $v = v_R$ 和 95%置信度条件下的双尾学生 t 分布百分数，取自表 5-7.5-1 或由式 (5-7-12) 计算。

试验结果的自由度 v_R 由下式中计算：

$$v_R = \frac{\left[\left(\frac{B_R}{2} \right)^2 + S_{\overline{R}}^2 \right]^2}{\dfrac{S_{\overline{R}}^4}{v_{S_R}} + \dfrac{\left(\dfrac{B_R}{2} \right)^4}{v_{B_R}}}$$

(7-6-5)

考虑到所有对误差有影响来源，大多数工程应用的自由度 v_R 有相对较大的值（≥9）。基于这一现实，大多数应用基于 95%置信度对试验结果进行不确定度估计，此时自由度可以取为 2，并且试验结果中的不确定度被确定为

$$U_R = 2 \left[\left(\frac{B_R}{2} \right)^2 + S_{\overline{R}}^2 \right]^{1/2}$$

(7-6-6)

或者

$$U_R = \left[\left(\frac{B_R}{2} \right)^2 + \left(2S_{\overline{R}}^2 \right)^2 \right]^{1/2}$$

(7-6-7)

在试验报告中，不确定度 U_R 应与 S_R 和 B_R 一起说明。如果使用了大样本近似法，报告应该说明 v_R 取大值，所以 t 分布约为 2。

7-7　本章符号汇总表

以下符号通用于第 7 章整章。部分仅用于特定段落的符号在就地定义或重新定义。

B ——系统不确定度。

C_s ——根据对 95%置信水平条件下估值计算进行的数值模拟，由本规程委员会选定的系数。

e ——随机不确定度或系统不确定度。

$f(\ )$ ——（数学）函数。

m ——网格点的数量或不同测量位置的数量。

n ——计算标准偏差时使用的数据点数。

$\overline{P}$ ——积分平均参数。

R ——根据上下文可以是 Pearson 相关系数或试验结果（如效率、机组出力等）。

$S_{\overline{R}}$ ——计算结果的标准偏差。

S_x ——样本规程偏差（S_x^2 是样本方差）。

$S_{\overline{x}}$ ——均值的标准差。

SDI ——空间分布指数。

t ——双尾学生 t 分布统计。

U ——不确定度。

V ——根据上下文可以是速度或变化幅度系数。

v ——任意参数。

x ——任意参数。

y ——任意参数。

Z ——时间平均测量参数的算术平均值。

z ——根据上下文可以是测量参数的时间平均值或任意参数。

$\delta(\ )$ ——括号（ ）中的小变化。

$R\Theta_x$ ——结果 R 相对于参数 x 的灵敏度系数（$R\Theta_x = \partial R / \partial x$）。

ν ——自由度。

$\sum\limits_{b}^{a}(\ )_i$ ——从 $i=b$ 至 $i=a$ 括号（ ）$_i$ 中的总和。

7-7.1　下标

B ——系统不确定度。

FW ——加权平均值。

I ——测试仪表，仪表。

i ——总和的索引，特定点。

j ——总和的索引，特定点。

k ——总和的索引，特定点。

n ——数值积分的。

R ——结果 R 的。

UW ——未加权平均值。

V ——速度的。

x ——参数 x 的。

7-7.2　上标

‾ ——平均值。

图 7-1-1 所示为测量中的误差类型。

图 7-1.1-1 所示为误差与时间的关系。

表 7-5.3.2-1　数值积分引起的系统不确定度系数

数量	网格数量		
	<9	10～23	≥24
测量位置	C_s	C_s	C_s
空气预热器进口空气温度	1.0	1.0	1.0
暖风器未投用	1.7	1.6	1.0
暖风器投用	1.7	1.6	1.0
空气预热器出口空气温度	1.7	1.6	1.0
空气预热器进口烟气温度	1.7	1.6	1.0
空气预热器出口烟气温度	1.7	1.6	1.0
空气预热器进口烟气氧量	1.7	1.6	1.0
空气预热器出口烟气氧量	1.7	1.6	1.0

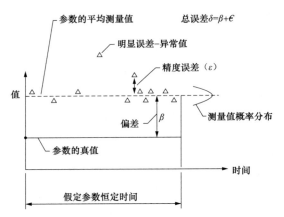

图 7-1.1-1　误差与时间的依赖关系

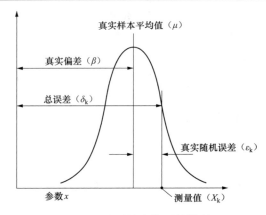

图 7-1-1　测量中的误差类型

强制性附录 Ⅰ
空气预热器出口无漏风烟气温度 *Tfg*15*NL* 的测量

Ⅰ-1　总则

人们对空气预热器出口无漏风烟气温度 *TFg*15*NL* 的计算普遍存在一个认识误区，即认为该温度是基于空气预热器进口空气直接漏入空气预热器出口烟气而计算的。本附录编制的目的就是通过能量守恒方式计算空气预热器出口无漏风烟气温度。该计算过程表明漏风的路径不会影响空气预热器出口无漏风烟气温度的计算结果。

图Ⅰ-1-1 是一台空气预热器的示意图，图中注明了空气预热器的边界。空气预热器的作用在于通过冷却空气预热器进口烟气（*TFg*14）来加热空气预热器进口冷风（*TA*8）。通过该换热过程电站锅炉空气预热器能够降低出口烟温、提高机组效率。空气温度的提升也有利于燃烧过程。另外一些情况，如就磨煤机而言，空气温度的提升还有利于增加煤粉的干燥出力。传递给空气的热量 *QA* 可以用如下能量式描述（缩略语符号在强制性附录 5 中定义）

$$QA = MrA9(HA9 - HA8) = MrFg14(HFg14 - HFg15NL) \quad (Ⅰ\text{-}1)$$

把空气预热器有效的传递热量定义为空气预热器出口热风带走的热量。能认识到这一点非常重要，这也可能是为什么空气预热器会被如此命名的原因。

图Ⅰ-1-1 名为理想空气预热器，部分型号的空气预热器能够认为是理想空气预热器的原因是它们的漏风非常小。

Ⅰ-2　二分仓空气预热器

图Ⅰ-2-1 表示的是与图Ⅰ-1-1 所示空气预热器的相同边界，但增加了空气与烟气之间漏风的描述，这些漏风是由空气预热器进口空气产生的。由于空气预热器进、出口烟气中的过量空气都可以测量，只有空气预热器烟道与测点之间存在额外漏风或空气预热器本身壳体存在漏点时无法直接测量。为了实现能量守恒的计算，如果存在额外的漏风，这些位置额外漏风的温度可假定为空气预热器进口的风温。

空气预热器的漏风在边界内与烟气进行混合，并以与烟气出口温度相同的温度离开空气预热器。

图Ⅰ-2-1 同时注明了空气预热器边界内部的热段和冷段的漏风。

空气预热器边界内冷段的漏风对于空气预热器的热力性能没有影响。

空气预热器热段漏风会影响（降低）空气预热器的热力性能，但它在空气预热器的边界内。微量的热段漏风是可以接受的，这是设备的设计特性所决定的，因此根据空气预热器相关导则，其影响可不进行调整。

需要注意的是，这种情况下有效的换热量仍然是传递给出口热风、由其带走的热量，表述为图Ⅰ-1-1 中相同的能量式

$$QA = MrA9(HA9 - HA8) \quad (Ⅰ\text{-}2)$$

为了简化计算和方便说明，漏风按图Ⅰ-2-2 所示的两股空气分别漏入烟气中。

考虑以下几部分热量交换：

传递给离开空气预热器空气的热量（有效利用热）

$$QA = MrA9(HA9 - HA8) \quad (Ⅰ\text{-}3)$$

传递给漏风的热量 *QAl*

$$QAl = MrAl(HA15 - HA8) \quad (Ⅰ\text{-}4)$$

烟气释放的热量

$$QFg = MrFg14(HFg14 - HFg15) \quad (Ⅰ\text{-}5)$$

有效的利用热量也可以表述为

$$QA = QFg - QAl = QFgNL \quad (Ⅰ\text{-}6)$$

式中：*QFgNL* 是从烟气中吸取的有效利用热，从式（Ⅰ-1）可知

$$QFgNL = MrFg14(HFg14 - HFg15NL) \quad (Ⅰ\text{-}7)$$

结合式（Ⅰ-4）、式（Ⅰ-5）和式（Ⅰ-7），得到

$$MrFg14(HFg14 - HFg15NL)$$
$$= MrFg14(HFg14 - HFg15) - MrAl(HA15 - HA8) \quad (Ⅰ\text{-}8)$$

将漏风率表述为空气预热器进口烟气量的百分数为

$$MpAl = 100 \frac{MrAl}{MrFg14}$$

可以得到

$$MrAl = \frac{MpAl}{100} MrFg14 \quad (Ⅰ\text{-}9)$$

式（Ⅰ-8）可以简化为

$$HFg15NL = HFg15 + \frac{MpAl}{100}(HA15 - HA8) \quad (\text{I-10})$$

空气预热器出口无漏风烟气温度（漏风修正后出口烟气温度）$TFg15NL$ 可以通过 $HFg15NL$ 计算出来。式（I-10）也可以用温度和比热容来表述

$$CpFg(TFg15NL - TFg15) = \frac{MpAl}{100}CpA(TA15 - TA8)$$

这样可以将 $TFg15NL$ 表述为更熟悉的形式

$$TFg15NL = TFg15 + \frac{MpAl}{100}\frac{CpA}{CpFg}(TA15 - TA8)$$

I-3 三分仓空气预热器

图 I-3-1 所示的是三分仓空气预热器中的漏风情况。与二分仓空气预热器相同的是，所有的漏风都是在空气预热器边界内发生的。可以看出计算 $TFg15NL$ 的式（I-10）、式（I-12）在三分仓空气预热器中也是适用的，但是有一个例外：由于一次风和二次风都会漏入空气预热器出口烟气中，因此空气预热器出口

无漏风烟气温度计算时要使用二者的流量加权平均温度作为漏风温度

$$TAl = \frac{MrAlP}{MrAl}TA8P + \frac{MrAlS}{MrAl}TA8S$$

式中：TAl 是一、二次风流量加权平均后的漏风温度，用于替换式（I-12）中的 $TA8$［和式（I-10）中的焓值 HAl］。

但是直接测量一、二次风漏风量的比例实际上是不现实的，因为对通过该测量的不确定度评估后发现，对其实测造成的不确定度比制造厂家计算的还要大。因此，在本导则中，计算平均漏风温度 TAl 时使用空气预热器厂家提供的一次风、二次风漏入比例。

多分仓空气预热器另一个特点是高压的空气会漏入低压的空气。当计算空气/烟气侧的能量平衡时，需将该点考虑在内。该点在处理上与一、二次风漏入烟气的处理相同，首先用制造厂提供的一次风漏入二次风的计算风量作为基数，然后再用计算总漏风量除以实际总漏风量的比值进行修正。

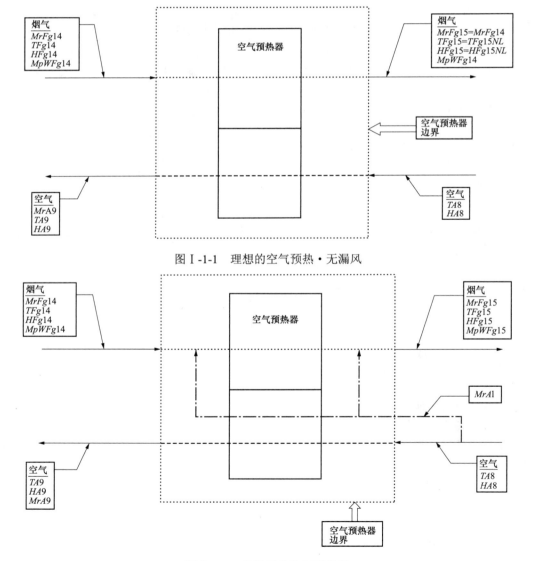

图 I-1-1 理想的空气预热·无漏风

图 I-2-1 带漏风的空气预热器

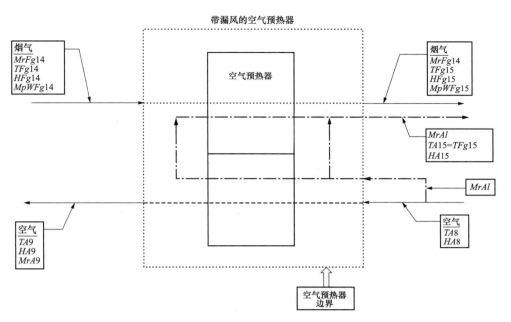

图 I-2-2　空气/烟气漏风示意图

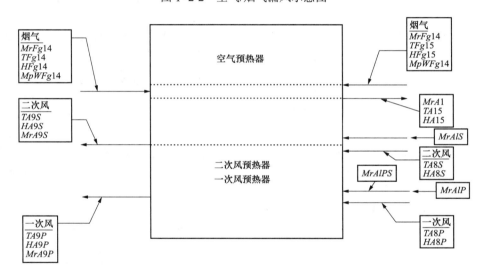

图 I-3-1　三分仓空气预热器

强制性附录II
采 样 系 统

II-1 便携式探针逐点顺序采样方法

烟气采样探针（空气预热器进口、出各用一个或多个）通常从每一个测孔插入并逐点深入、直到最深一个点。换位置后，需用测新点处烟气置换完上一个测点位置抽到系统中的烟气，组分（O$_2$）要进行充分的测量和记录（结合实际情况，要尽可能多的测量，如用电子分析仪时，可每 5s 或 10s 手动测量一次），测量时间间隔需要两个或以上的空气预热器转动周期（或在使用奥式气体测量仪时，至少进行两次测量读数）。然后将探针移至下一个测孔并重复上述步骤。

试验开始时就应通过实验确定完全置换上一个采样位置抽入采样表管中的烟气所需的最小时间。如果测试面静压高于大气压，先将探针插入烟气中，当测得的烟气组分读数稳定后，将探针抽出，然后记录读数从先前稳定的读数变化至接近环境空气组分参数（对于氧气来说，体积分数为 20.9%）所需的时间；如果测试面静压低于大气压，将采样管连接至探针尾部，将探针插入烟气中。记录采样烟气的读数从环境参数变化至的预估读数的±0.2%以内所需的时间。将该时间乘以 1.5 的系数作为上述的最小时间，随后开始采样分析。

每一个网格点需要对烟气组分、烟气温度和速度压头（可选）同时进行测量。如果速度压头可以进行测量，则该采样面的加权平均烟气组分就可以计算出来。这是唯一可以实现同时进行气体采样和速度测量的采样技术。

在每个试验工况开始之前，都应该对整个系统进行严密性检查。先把探针置于烟道外，启动真空泵并封住探针尾部。真空泵吸进口的压力稳定后，将真空泵与系统隔绝。如果系统压力在 2min 内升高的压力超过了 1ftHg（40.59kPa，重力加速度取 9.8m/s^2，汞密度取 13590kg/m^3）的压力，则需要查找漏点的位置并修复漏点，然后再进行严密性检查。

由于本规程方法需要在空气预热器的烟气进口和出口同时采样，因此对于平衡通风的机组，必须确保烟气进口处的漏风不会影响烟气出口处的测量读数。第一，一次只打开一个测孔来插入探针，并在更换测孔端盖时保证密封；第二，测量时保持探针与测孔之间的持续密封；第三，进出、口处宜错孔测量以避免测量烟气侧时进口对出口测量的影响（举个例子，烟气进口和出口的网格一般都是从左到右依次测量的，当测量至右侧尽头时，再回到左侧重新测量。然而，我们可以在进口从左侧开始测量，而在烟气出口的网格从中间开始测量向右测量）。

在便携式探针逐点顺应采样时，探针是人为地移动至每一个位置，加之存在额外漏风的可能，因此必须保证探针从一个位置移到下一个位置的读数具有可重复性。

II-2 固定网格采样技术

固定网格采样技术能够减少人工成本和最大程度上减少平衡通风机组中漏风的优点而得以广泛应用。这种固定网格可以被设置一个混合器来将烟气混合后再进行分析，也可以单独对每个采样探针的独立烟气样分别进行分析，以实现便携式探针逐点顺序方式测量的复现，或者上述两者都并列使用。另一个优点是固定网格采样技术在各测点上的采样速度比便携式探针逐点顺序采样方式快得多。

固定网格的缺点是无法同时测量烟气组分和速度。另一个缺点则是在试验过程中，固定网格中探针的热电偶测点可能会失效。试验工况中这些热电偶一般是不可以替换的，如果在某一试验工况无法满足热电偶最少投入数量的要求，本次试验工况就应该停止（见4-5.5）。

II-2.1 固定网格 - 混合烟气采样

在烟气成分和/或烟气流速分层不明显的位置，固定采样网格一般会和样本混合装置结合使用来获得烟气混合样本，从而实现试验全程中的持续监测，如图II-2.1-1 和图II-2.1-2 所示。这些混合采样技术非常方便，尤其是当空气预热器性能试验和锅炉考核试验一起进行时。还有，连续混合烟气采样的快速性使得多次、重复的测量变得快捷，从而为测量结果的统计分析提供了便利。

为确保系统的严密性，将探针插入烟道之前需要进行全方面的漏点检查。在每个试验工况开始前，也需要对整个系统进行严密性检验。每个采样表管都要将连接探针处拆开，并用塞子堵住，确保夹管阀处于打开位置，启动真空泵。当泵进口的抽吸压力稳定后，隔绝真空泵。如果 2min 内系统压力升高了超过了 0.1 ftHg 的压力（40.59kPa，重力加速度取 9.8m/s²，汞密度取 13590kg/m³），则需要检查、找到漏点并修复，再重复严密性检验。见非强制性附录 D。

Ⅱ-2.2 固定网格-逐点顺序（单泵）采样

固定网格－逐点顺序（单泵）采样与便携式探针逐点顺序采样方式非常相似。然而，该系统使用的不是便携式探针，而是在烟道中预先布置的固定探针，采样系统一次至接入一个探针，见图Ⅱ-2.2-1。

该方法的优点是，与便携式探针的拉网格逐点采样方式相比，在平衡通风的机组中可以减少潜在的空气漏风。另一个优点就是网格换点前后测量值更具有重复性。

为确保系统的严密性，将探针插入烟道之前需要进行全方面的漏点检查。在每个试验工况开始前，也需要对整个系统进行严密性检验。每个采样表管都要将与探针处拆开，并用塞子堵住表管尾部，启动真空泵。当泵进口的抽吸压力稳定后，隔绝真空泵。如果 2min 内系统压力升高了超过了 0.1ftHg 的压力（40.59kPa，重力加速度取 9.8m/s²，汞密度取 13590kg/m³），则需要检查、找到漏点并修复，再重复严密性检验。

试验开始时就应通过实验确定完全置换上一个采样位置抽入采样表管中的烟气所需的最小时间。如果测试面静压高于大气压，先将探针插入烟气中，当测得的烟气组分读数稳定后，将探针抽出，然后记录读数从先前稳定的读数变化至接近环境空气组分参数（对于氧气来说，体积分数为 20.9%）所需的时间；如果测试面静压低于大气压，将采样管连接至探针尾部，将探针插入烟气中。记录采样烟气的读数从环境参数变化至预估读数的±0.2%以内所需的时间。将该时间乘以 1.5 的系数作为上述的最小时间，随后开始采样分析。

Ⅱ-2.3 固定网格－逐点顺序（双泵）采样

更理想的采样系统是将固定网格混合采样技术的方便性、快捷性与逐点顺序采样的精准性、分析能力结合在一起构成新采样系统。

图Ⅱ-2.3-1 所示的是该类固定网格采样系统的简化示意，该系统能够实现快速提取和分析烟气样本。该系统由多个采样表管组成，每支表管有一对阀门（通常使用的是球阀，而且可以实现自动操作）来实现各采样表管间的切换。在开始采样前，所有的真空泵 2 上游采样阀门都是关闭的，而所有的支线阀门都是打开的，真空泵 1 将烟气抽入所有的平行表管中，确保采样平面上的每根长距离采样表管不断地抽出被测烟气，这样，无论使用哪一根表管采样，都会减少测量的响应时间。然而，与之前的采样系统相比，

该系统需要多加一台泵和两倍采样点个数的阀门，还需有人控制或一套自动控制系统来完成阀门的顺控操作。

为完成一个单点的采样，需要对相应的阀组进行成对操作（采样阀门打开，支线阀门关闭）。对该对阀门组进行反向操作（译者注：开变关、关变开）并切换到下一点采样分析前，需先等待在测量时段冲洗表管后，再采集数据。这种测点布置方式具备逐点顺序采样的详细分析能力，采样速度也比之前提及的方法更快。

为确保系统的严密性，在探针插入烟道之前，应该进行全方面的漏点检查。每个试验工况开始前，应该进行严密性检查。将所有的支线阀门全关，所有采样表管与探针解开，启动真空泵并将表管的尾部封住。当真空泵吸进口压力稳定后，隔绝真空泵。如果系统压力在 2min 内升高了超过 0.1ftHg 的压力（40.59kPa，重力加速度取 9.8m/s²，汞密度取 13590kg/m³），则需要查找并修复漏点，再进行严密性检查。

试验开始时应通过实验确定完全置换上一个采样位置抽入采样表管烟气所需的最小时间。第一步，确认采样阀和烟气预处理装置之间表管最长的采样点。第二步，启动真空泵，并按采样方式操作该采样点的阀组。第三步，当测得的烟气组分稳定后，记录此时读数。第四步，关闭采样阀，打开支线阀，在采样阀的下游处解开采样表管，经过在测量时段之前稳定烟气组分测量的读数变化到接近环境参数（对于氧气，体积分数 20.9%）。第五步，重新将采样表管与采样阀下游连接，打开采样阀，关闭支线阀。记录仪表示数从环境参数变到之前记录的烟气参数±0.2%所需的时间。将该测量时间乘以系数（1.5）作为上述的最小时间，再开始烟气采样分析。

Ⅱ-2.4 固定网格-组合采样方式

最终，图Ⅱ-2.4-1 所示的是一个完善的系统，能够进行混合烟气采样的同时，也可以通过使用另一台烟气分析仪逐点、顺序地对每一个单独的烟气样本进行分析。然而该系统与之前提及的系统相比，还需要一台额外的烟气分析仪和一套烟气预处理装置。

为确保系统的严密性，在将探针插入烟道之前，应该进行全方面漏点检查。在每次试验开始之前，需要对逐点顺序采样子系统和烟气混合子系统进行严密性检查。逐点顺序采样子系统的检查：首先关闭所有支线阀，将所有采样表管在探针处解开，启动真空泵 2，然后将所有采样表管尾部封住。当真空泵 2 吸进口压力稳定后，隔绝真空泵。如果系统压力在 2min 内升高超过了 0.1ftHg 的压力（40.59kPa，重力加速度取 9.8m/s²，汞密度取 13590kg/m³），则需要查找并修复漏点，再重新进行严密性检查。混合采样子系统的检查：继续保持所有支线阀关闭，打开烟气混合器的

进出口阀门（如果混合装置除了支线阀门外还有这些阀门），然后启动真空泵 1。当真空泵吸进口压力稳定后，隔绝真空泵。如果系统压力在 2min 内升高超过了 0.1ftHg 的压力（40.59kPa，重力加速度取 9.8m/s²，汞密度取 13590kg/m³），则需要查找并修复漏点，再重复严密性检查。

试验开始时应通过实验确定逐点顺序采样子系统完全置换上一个采样位置抽入采样表管烟气所需的最小时间。第一步，确定采样阀与烟气预处理装置之间采样表管最长的采样点。第二步，启动真空泵并

按采样方式将操作该采样点的阀组。第三步，当测量的烟气组分稳定后，记录此时读数。第四步，关闭采样阀，打开支线阀，在采样阀下游解开采样表管，经过在测量时段后测量读数从稳定的烟气组分示数变化到接近环境参数（对于氧气，体积分数 20.9%）。第五步，重新将采样表管与采样阀下游连接，打开采样阀，再关闭支线阀。记录仪表示数从环境参数变到之前测量的烟气组分参数±0.2%所需的时间。将记录的时间乘以系数 1.5 作为上述的最小时间，再开始烟气采样分析。

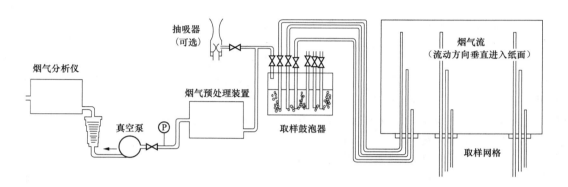

图Ⅱ-2.1-1　固定网格–混合采样装置

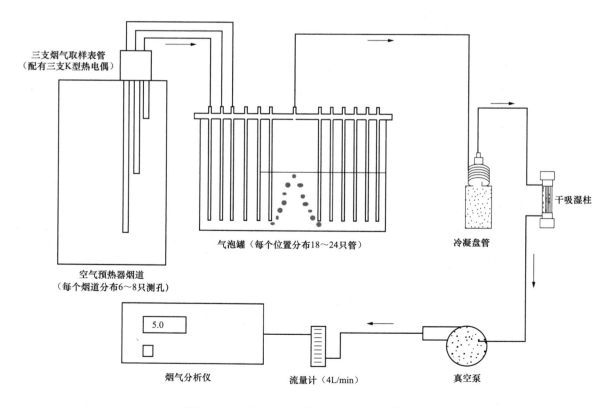

图Ⅱ-2.1-2　锅炉考核试验中混合烟气采样流程

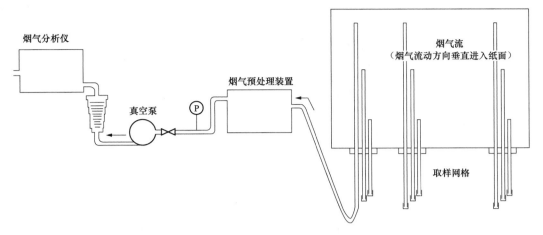

图Ⅱ-2.2-1 固定网格–逐点顺序（单泵）采样装置

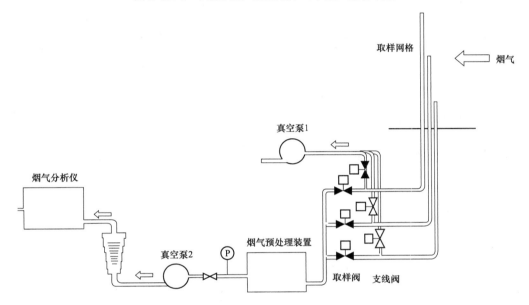

Ⅱ-2.3-1 固定网格–逐点顺序采样（双泵）装置

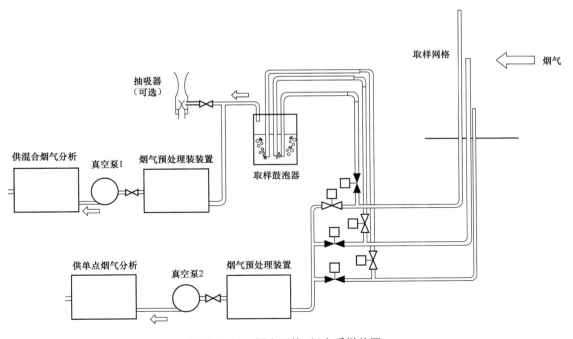

图Ⅱ-2.4-1 固定网格–组合采样装置

强制性附录Ⅲ
样本温度的测量与计算

Ⅲ-1 温度计（华氏温度）

举个例子，已知某温度计的最小分度为 0.2℉，读数是 100℉，校准数据如下：

标准温度（℉）	热电偶读数（℉）	误差（℉）
32	32.5	+0.5
90	89.9	−0.1
140	139.5	−0.5

该温度计最小可读到的数是 0.2℉的一半，即 0.1℉。

Ⅲ-1.1 不修正读数的计算过程

如果读数不进行修正，那么在计算过程中使用 100℉。计算正、负系统不确定度参见如下方法和表Ⅲ-1.1-1。

第一步：计算在读数值下校准点处的误差。在 89.9℉，误差为测得温度减去标准温度，89.9℉−90.0℉，即−0.1℉。表明测得温度偏低 0.1℉。

第二步：计算在读数值上校准点处的误差。在 139.5℉，误差为测得温度减去标准温度，139.5℉−140.0℉，即−0.5℉。表明测得温度偏低 0.5℉。

（a）正系统不确定度。

（1）如果两个误差都是正的，取大值；

（2）如果只有一个误差是正的，取该正值；

（3）如果两个误差都是负的，取零。

在本例中，由于两个误差都是负值，正系统不确定度为+0.0℉。

（b）负系统不确定度。

（1）如果两个误差都是负的，取绝对值大者；

（2）如果只有一个误差是负的，取该负值；

（3）如果两个误差都是正的，取零。

在本例中，由于−0.5℉是两个误差中绝对值较大的，因此负系统不确定度是−0.5℉。

Ⅲ-1.2 修正读数的计算过程

如果对读数进行修正，则要计算修正后读数和正、负系统不确定度，见下列步骤和表Ⅲ-1.2-1。

第一步：计算在读数值下的校准点处的误差。在 89.9℉，误差为测得温度减去标准温度，89.9℉−90.0℉，即−0.1℉。这表明测得的温度偏低 0.1℉。

第二步：计算在读数值上的校准点处的误差。在

139.5℉，误差为测得温度减去标准温度，139.5℉−140.0℉，即−0.5℉。这表明测得温度偏低 0.5℉。

第三步：用线性插值法计算在读数值处的误差

$$\frac{-0.1}{89.9},\frac{x}{100},\frac{-0.5}{139.5}$$

$$x=\frac{[-(-0.5)-(-0.1)]\times(100-89.9)}{139.5-89.9}+(-0.1)$$

$$=-0.18℉$$

表明测得温度偏低 0.18℉。

第四步：用测得温度减去测得温度处误差得到修正后温度

$$100℉-(-0.8℉)=100.18℉$$

第五步：用在测得温度处校准点的误差减去测得温度的误差得到第一个误差范围

$$-0.1℉-(-0.8℉)=+0.08℉$$

第六步：用高过测得温度的校准点的误差减去测得温度的误差得到第二个误差范围

$$-0.5℉-(-0.8℉)=-0.32℉$$

第七步：正系统不确定度是正误差范围的一半

$$\frac{1}{2}(+0.08)=+0.04$$

第八步：负系统不确定度是负误差范围的一半

$$\frac{1}{2}(-0.32)=-0.16$$

Ⅲ-2 热电偶和热电阻（华氏度）

温度测量使用热电偶或热电阻时，其精度检查可针对整个测量回路进行，或针对测量回路中两个或多个环节进行。回路中的每个环节都可以包含很多部件（如传感器、补偿导线和电子器件）。多环节回路精度检查的例子是热电偶有热电偶独立的精度检查，补偿导线有补偿导线独立的精度检查，电子器件有电子器件独立的精度检查（因此也有多次精度检查）。此外，也有热电偶和补偿导线独立进行精度检查，电子器件单独进行精度检查的例子。

Ⅲ-2.1 多环节精度检查的合并

对于含有一个以上的环节，且每个环节都有自己精度检查的测量系统，对读数值的修正计算和系统不确定度的计算如下：

（a）总的校准量是各环节校准量之和，各环节的校准量通过其读数值上、下两个校准点的校准量插值而来。

（b）读数总的系统不确定度如下定义。

（1）对于只有一个环节的回路，按如下计算：

（-a）计算测得温度值上、下两个精度检查点的校准量。

（-b）用读数处的校准量减去小于该读数值的那个精度检查点的校准量。如果结果为负数，为负系统不确定度；如果结果是正值，为正系统不确定度。

（-c）用读数处的校准量减去大于该读数值的那个精度检查点的校准量。如果结果为负数，为负系统不确定度；如果结果是正值，为正系统不确定度。

（-d）如果两个计算出来的系统不确定度都为零（如读数值上、下两个精度检查点的校准量是相同的），则将 0.1℉（0.05℃）作为热电阻的正/负系统不确定度，将 0.2℉（0.1℃）作为热电偶的正/负系统不确定度。

注：如果该环节精度检查不是独立的（如精度检查是在一组选好的部件上进行的，得到的数据能够代表所有相似部件），参见下一段中关于该情况下校准量及系统不确定度计算的讨论。

（2）对于含有多个环节的回路，重复上述四个步骤。

（c）将各环节的正、负系统不确定度与测量系统中其他部件的不确定度合并，得到总的正、负系统不确定度。合并方法是：先合并正系统不确定度，求各个正系统不确定度的平方和，除以正系统不确定度的个数减 1 的值，然后再开平方根；再合并负不确定度，计算顺序相同。

III-2.2　多环节代表性精度检查的合并

测量中的每个环节（整个测量回路或其两个或以上的测量环节）都可有自己特定的精度检查（如网格中每支热电偶都单独进行精度检查），也可以有两个或以上环节使用代表性进行精度检查，这些代表性精度检查点的数据用来代表测量系统中其他相同测量单元。当一个环节使用两个或以上代表性精度检查时，对读数值的修正及系统不确定度的计算的如下：

（a）总的校准量通过先计算各个精度检查代表点处的校准量，然后再进行平均后得到。

（b）有代表性精度检查的环节的总系统不确定度按如下计算。

（1）对于环节中的每个代表精度检查，做如下计算：

（-a）计算测得温度上、下两个精度检查点的校准量。

（-b）用该读数处的校准量减去小于该读数值的精度检查点的校准量。如果值为负，则取为负系统不

确定度；如果值为正，则取为正系统不确定度。

（-c）用该读数处的校准量减去大于该读数值的精度检查点的校准量。如果值为负，则取为负系统不确定度；如果值为正，则取为正系统不确定度。

（-d）如果两个计算出来的系统不确定度都为零（如读数值上、下两个精度检查点的校准量是相同的），则将 0.1℉（0.05℃）作为热电阻的正/负系统不确定度，将 0.2℉（0.1℃）作为热电偶的正/负系统不确定度。

（2）合并系统不确定度。先合并正系统不确定度：求各个正系统不确定度的平方和，除以正系统不确定度的个数减 1 的值，然后再开平方根；再合并负不确定度，计算顺序相同。

III-2.3　精度检查数据的使用

根据精度检查点间的插值和对测得数据选择性修正的不同，利用精度检查数据来确定传感器和数据采集系统的系统不确定度，共有三种方法。

III-2.3.1　方法 1–修正每点的每个读数

III-2.3.1.1 方法 1 的步骤。在第一种方法（同时也是推荐的方法）中，使用精度检查数据来修正一点的各个读数。通过将每点修正后读数进行算术平均（随时间）的方式确定每点的平均修正温度。每点修正后温度再进行算术平均或质量流量加权平均，即可确定该位置的平均温度。

III-2.3.1.1.1　在每个具体点温度的计算步骤

（a）对该点的每个读数或该点每一个测量环节，按如下步骤进行计算。

（1）对环节（独立部件或代表性部件）进行的各个精度检查，需按下列步骤获得该环节的正、负系统不确定度。

步骤 1：确定小于该读数值的那个精度检查点的校准量。

步骤 2：确定大于该读数值的那个精度检查点的校准量。

步骤 3：通过对读数值上、下两个精度检查点的校准量进行插值，来确定该读数值处的校准量。

步骤 4：用读数处的校准量减去读数之下精度检查点的校准量。

步骤 5：用该读数处的校准量减去大于该读数值的精度检查点的校准量。

步骤 6：正系统不确定度取值为步骤 4 和步骤 5 结果的正值。当读数上、下两个精度检查点有相同的校准量（在这种情况下，差值为零），则将 0.1℉（0.05℃）作为热电阻的正系统不确定度和 0.2℉（0.1℃）作为热电偶的正系统不确定度。

步骤 7：负系统不确定度取值为步骤 4、5 结果的负值。当读数上、下两个精度检查点有相同的校准量（在这种情况下，差值为零），则将 0.1℉（0.05℃）作为热电阻的负系统不确定度，将 0.2℉（0.1℃）作为

热电偶的负系统不确定度。

（2）将所有精度检查点的校准量进行平均。

（3）将各个精度检查的系统不确定度合并：先求所有正系统不确定度平方和，除以 z，再开平方根得到正系统不确定度，然后再按同样方法得到负系统不确定度，其中：

（-a）如果正系统不确定度的个数大于 1，则 z 取值为正系统不确定度的个数减 1；负不确定度要求相同。

（-b）如果正系统不确定度的个数等于 1，则 z 取值为正系统不确定度的个数；负不确定度要求相同。

（b）对于该点的每个读数，将该点每个测量环节的校准量求和。

（c）对于该点的每个读数，将读数与校准量之和相加得到该点修正后读数。

（d）将该点上的所有修正后读数进行平均，得到该点的修正后平均读数。

III-2.3.1.1.2　平均

将该测量位置上所有点的修正后平均读数再平均一次。

III-2.3.1.1.3　合并

对于每个环节，先合并每个读数的正系统不确定度：将所有点的正系统不确定度求平方和，除以所有点读数减一的值，然后再开平方根；再合并每个读数的负不确定度，计算顺序相同。

III-2.3.1.1.4　总不确定度

将每个环节的正（或负）系统不确定度（不确定度求平方和除以个数减 1，再开平方根）和试验中其他部件的系统不确定度合并，就可以得到试验总正（或负）系统不确定度。

III-2.3.1.2　方法 1 实例。某位置有 9 个测量点，前 6 个点的传感器共用一个接线汇集池，另 3 个共用另一个接线汇集池。这两个接线汇集池都随机选择 3 个传感器（带补偿导线）进行精度检查。读取所有传感器数据的公用数据采集系统也进行了精度检查。

表III-2.3.1.2-1 显示各个（共 3 个）代表性传感器精度检查的结果。表III-2.3.1.2-2 显示电子器件试验前精度检查的结果。

该位置 9 个测量点的第一组读数（经过冰点温度修正后的）是 652、649、654、646、648、661、645、659、643℉。该位置前 8 个测量点的第二组读数（经过冰点温度修正）为 648、657、654、652、646、659、647、655℉。第二次测量没有第 9 点读数是因为测量时第 9 点传感器失效了。

III-2.3.1.2.1　具体位置每点的计算步骤

点 1 的计算：点 1 的读数如下所示（表III-2.3.1.2.1-1～表III-2.3.1.2.1-3 所示的是所有的点和其读数）。

（a）热电偶环节。该点在测量系统中的热电偶环

节的计算如下：

（1）对于该环节的每一个精度检查的结果（无论是独立元件还是代表性元件），按如下步骤实施：

（-a）步骤 1：确定小于该读数值的那个精度检查点的校准量。

（-1）代表热电偶 1 号。计算小于测量值的那个校准点的校准量。在 602.0℉ 处，校准量为标准温度减去测得温度，即 599.0℉-602.0℉=-3.0℉。表明测得温度偏高 3.0℉。

（-2）代表热电偶 2 号。计算小于测量值的那个校准点的校准量。在 601.5℉ 处，校准量为标准温度减去测得温度，即 599.0℉-601.5℉=-2.5℉。表明测得温度偏高 2.5℉。

（-3）代表热电偶 3 号。计算小于测量值的那个校准点的校准量。在 602.2℉ 处，校准量为标准温度减去测得温度，即 599.0℉-602.2℉=-3.2℉。表明测得温度偏高 3.2℉。

（-b）步骤 2：确定大于该读数值的那个精度检查点的校准量。

（-1）代表热电偶 1 号。计算大于该读数的那个校准点的校准量。在 805.5℉ 处，校准量为标准温度减去测得温度，即 801.0℉-805.5℉=-4.5℉。表明测得温度偏高 4.5℉。

（-2）代表热电偶 2 号。计算大于该读数的那个校准点的校准量。在 805.0℉ 处，校准量为标准温度减去测得温度，即 801.0℉-805.0℉=-4.0℉。表明测得温度偏高 4.0℉。

（-3）代表热电偶 3 号。计算大于该读数的那个校准点的校准量。在 805.7℉ 处，校准量为标准温度减去测得温度，即 801.0℉-805.7℉=-4.7℉。表明测得温度偏高 4.7℉。

（-c）步骤 3：通过测量值上、下校准点校准量的插值来确定读数处的校准量。

根据传感器精度检查结果和 1 号接线汇集池、1 号代表性传感器、在 1 号点的第一个读数（652℉），插值计算该读数的传感器校准量为

$$\frac{-3.0}{602}, \frac{x}{652}, \frac{-4.5}{805.5}$$

$$x = \frac{[-(-4.5)-(-3.0)] \times (652-602)}{805.5-602} + (-3.0)$$
$$= -3.37℉$$

根据传感器精度检查结果和 1 号接线汇集池、2 号代表性传感器、在 1 号点的第一个读数（652℉），插值计算该读数的传感器校准量为

$$\frac{-2.5}{602}, \frac{x}{652}, \frac{-4.0}{805.5}$$

$$x = \frac{[-(-4.0)-(-2.5)] \times (652-601.5)}{805.5-602} + (-2.5)$$
$$= -2.87℉$$

根据传感器精度检查结果和 1 号接线汇集池、3 号代表性传感器、在 1 号点的第一个读数（652℉），插值计算该读数的传感器校准量为

$$\frac{-3.2}{602.2}, \frac{x}{652}, \frac{-4.7}{805.7}$$

$$x = \frac{[-(-4.7)-(-3.2)]\times(652-602.2)}{805.7-602.2}+(-3.2)$$
$$= -3.57℉$$

（-d）步骤 4。用该读数处的校准量减去小于该读数值的精度检查点的校准量。

（-1）对于代表热电偶 1 号，$-3.37℉-(-3.0℉)=-0.37℉$。

（-2）对于代表热电偶 2 号，$-2.87℉-(-2.5℉)=-0.37℉$。

（-3）对于代表热电偶 3 号，$-3.57℉-(-3.2℉)=-0.37℉$。

（-e）步骤 5。用该读数处的校准量减去大于该读数值的精度检查点的校准量。

（-1）对于代表热电偶 1 号，$-3.37℉-(-4.5℉)=+1.13℉$。

（-2）对于代表热电偶 2 号，$-2.87℉-(-4.0℉)=+1.13℉$。

（-3）对于代表热电偶 3 号，$-3.57℉-(-4.7℉)=+1.13℉$。

（-f）步骤 6。正系统不确定度取步骤 4 和 5 结果的正值。若读数上、下两个精度检查点数据有着相同的校准量（这种情况下差值是零），则将 0.1℉（0.05℃）作为热电阻的正系统不确定度，将 0.2℉（0.1℃）作为热电偶的正系统不确定度。

（-1）对于代表热电偶 1 号，值为+1.13℉。

（-2）对于代表热电偶 2 号，值为+1.13℉。

（-3）对于代表热电偶 3 号，值为+1.13℉。

（-g）步骤 7：负系统不确定度取步骤 4 和步骤 5 结果的负值。若读数上、下两个精度检查点数据有着相同的校准量（这种情况下差值是零），则将 0.1℉（0.05℃）作为热电阻的负系统不确定度，将 0.2℉（0.1℃）作为热电偶的负系统不确定度。

（-1）对于代表热电偶 1 号，值为-0.37℉。

（-2）对于代表热电偶 2 号，值为-0.37℉。

（-3）对于代表热电偶 3 号，值为-0.37℉。

（2）将所有的精度检查点的校准量进行平均

$$[(-3.37)+(-2.87)+(-3.57)]/3 = -3.27$$

（3）将每一个精度检查的结果的正系统不确定度合并（负系统不确定度算法相同），将正系统不确定度求平方和后除以 z，再开平方根，其中：

（-a）如果正系统不确定度的个数大于 1，z 取值为正系统不确定度的个数减 1（负系统不确定度要求

相同）。

（-b）如果正系统不确定度的个数等于 1，则 z 取值为正系统不确定度的个数减 1（负系统不确定度算法相同）。

该传感器的正系统不确定度为

$$\sqrt{[(1.13)^2+(1.13)^2+(1.13)^2]/(3-1)} = +1.38℉$$

该传感器的负系统不确定度为

$$\sqrt{[(-0.37)^2+(-0.37)^2+(-0.37)^2]/(3-1)} = -0.45℉$$

（b）电子器件环节。测量系统在该点的电子器件相关计算如下：

（1）对于该环节（独立部件或每个代表性部件）的每个精度检查结果，按如下方法求取正、负系统不确定度：

（-a）步骤 1，利用数据检查数据确定小于该读数的精度检查点的校准量。计算小于该读数值校准点的校准量方法为：在 602℉ 处，校准量为标准温度减去测得温度，即 600.0℉-600.3℉=-0.3℉。表明测得温度偏高 0.3℉。

（-b）步骤 2，利用数据检查数据确定大于该读数的精度检查点的校准量。计算大于读数值上校准点的校准量，方法为：在 805.5℉ 处，校准量为标准温度减去测得温度，即 800.0℉-799.8℉=+0.2℉。表明测得温度偏低 0.2℉。

（-c）步骤 3。通过该读数上、下两个精度检查点的校准量插值得到读数处的校准量。

根据传感精度检查结果和 1 号点的第一个读数（652℉），插值求得该电子器件的传感器校准量为

$$\frac{-0.3}{600.3}, \frac{x}{652}, \frac{-0.2}{799.8}$$

$$x = \frac{[(0.2)-(-0.3)]\times(652-600.3)}{799.8-600.3}+(-0.3)$$
$$= -0.17℉$$

（-d）步骤 4。用该读数处的校准量减去小于该读数值精度检查点的校准量得

$$-0.17℉-(-0.30℉)=+0.13℉$$

（-e）步骤 5。用该读数处的校准量减去大于该读数值的精度检查点的校准量。

对于代表热电偶 1 号

$$-0.17℉-(+0.20℉)=-0.37℉$$

（-f）步骤 6。正系统不确定度是步骤 4 和步骤 5 中结果的正值。若读数上、下两个精度检查点有相同的校准量（这种情况下，差值为零），则将 0.1℉（0.05℃）作为热电阻的正系统不确定度，将 0.2℉（0.1℃）作为热电偶的正系统不确定度。

对于电子器件，值取为+0.13℉。

（-g）步骤 7。负系统不确定度是步骤 4 和步骤 5

中结果的负值。若读数上、下两个精度检查点有相同的校准量（这种情况下，差值为零），则将 0.1℉（0.05℃）作为热电阻的负系统不确定度，将 0.2℉（0.1℃）作为热电偶的负系统不确定度。

对于电子器件，值取为−0.37℉。

（2）将所有精度检查点的校准量进行平均，结果为−0.17℉。

（3）先合并每个精度检查的正系统不确定度，求所有的正系统不确定度的平方和，除以 z，再取平方根，其中：

（-a）如果正系统不确定度的个数量大于 1，则 z 取值为正系统不确定度的个数减 1。

（-b）如果正系统不确定度的个数等于 1，则 z 取值为正（先正后负）系统不确定度的个数。

传感器的正系统不确定度

$$\sqrt{(0.13)^2/1} = +0.13℉$$

传感器的负系统不确定度

$$-\sqrt{(-0.37)^2/1} = -0.37℉$$

负系统不确定度的合并过程与此相同。

（c）将测量系统中的每个环节的校准量相加

$$-3.27+(-0.17) = -3.44℉$$

（d）将读数值与校准量之和相加得到修正后读数

$$652.0+(-3.44) = 648.56℉$$

（e）将该点的所有修正后读数进行平均

$$(648.56+644.58)/2 = 646.57℉$$

III-2.3.1.2.2 平均。 将该位置所有点的修正后平均读数进行平均

$$(646.57+649.55+650.55+645.58+643.59+656.53+647.43+658.47+644.42)/9 = 649.19℉$$

III-2.3.1.2.3 合并。 先在各环节将每个读数的正系统不确定度合并：求正系统不确定度的平方和，除以所有测点总读数的个数减 1 后的值，再开平方根，然后按同样方法合并负系统不确定度。

（a）对于环节 1 号—热电偶—正系统不确定度为

$$\{[(1.38)^2+(1.41)^2+(1.37)^2+(1.44)^2+(1.42)^2+(1.31)^2+(0.05)^2+(0.06)^2+(0.05)^2+(1.42)^2+(1.34)^2+(1.37)^2+(1.38)^2+(1.44)^2+(1.32)^2+(0.05)^2+(0.06)^2]/(17-1)\}^{0.5} = +1.20℉$$

环节 1 号的负系统不确定度为

$$-\{[(-0.45)^2+(-0.42)^2+(-0.47)^2+(-0.40)^2+(-0.42)^2+(-0.53)^2+(-0.16)^2+(-0.15)^2+(-0.16)^2+(-0.42)^2+(-0.50)^2+(-0.47)^2+(-0.45)^2+(-0.40)^2+(-0.51)^2+(-0.16)^2+(-0.15)^2]/(17-1)\}^{0.5} = -0.40℉$$

（b）对于环节 2 号—电子器件—正系统不确定度为

$$\{[(0.13)^2+(0.12)^2+(0.13)^2+(0.11)^2+(0.12)^2+(0.15)^2+(0.11)^2+(0.15)^2+(0.11)^2+(0.12)^2+(0.14)^2+(0.13)^2+(0.13)^2+(0.11)^2+(0.15)^2+(0.12)^2+(0.14)^2]/(17-1)\}^{0.5} = +0.13℉$$

负系统不确定度为

$$-\{[(-0.37)^2+(-0.38)^2+(-0.37)^2+(-0.39)^2+(-0.38)^2+(-0.35)^2+(-0.39)^2+(-0.35)^2+(-0.39)^2+(-0.38)^2+(-0.36)^2+(-0.37)^2+(-0.37)^2+(-0.39)^2+(-0.35)^2+(-0.38)^2+(-0.36)^2]/(17-1)\}^{0.5} = -0.38℉$$

III-2.3.1.2.4 总不确定度。 先将每个环节的正系统不确定度（求平方和后除以个数减 1，再取平方根）与测量中其他部分的不确定度合并，得到总的正系统不确定度，然后按同样方法得到总的负系统不确定度。见表III-2.3.1.2.4-1。

III-2.3.2 方法 2 − 修正平均读数

III-2.3.2.1 方法 2 流程。 在方法 2 中，先用精度检查的数据来修正在测量时段内每一点的算术平均温度，得到每一点的修正后温度，然后再对各个网格的修正后温度进行平均（取算术平均或按质量流量加权平均）得到该位置的温度。系统不确定度按（a）或（b）计算。

（a）由每点平均读数上、下精度检查点的校准量插值得到该点温度校准量来计算。

（b）用各方都同意数值计算（仅适用于电子器件/数据采集系统的系统不确定度计算）。

III-2.3.2.1.1 具体位置每个点的计算步骤

（a）将在测量时段内该点的读数值进行算术平均。

（b）对该点每个系统环节，按如下步骤确定正、负系统不确定度。

（1）对该点每个测量环节（独立部件或代表性部件），应按下列步骤进行：

步骤 1：确定小于该点平均读数值的那个精度检查点的校准量。

步骤 2：确定大于该点平均读数值的那个精度检查点的校准量。

步骤 3：通过平均读数上、下两个精度检查点校准量的插值来确定平均读数处的校准量。

步骤 4：用该点平均读数处的校准量减去小于该读数的那个精度检查点的校准量。

步骤 5：用该点平均读数处的校准量减去大于该读数的那个精度检查点的校准量。

步骤 6：该位置的正系统不确定度是步骤 4 和步骤 5 结果的正值。如果测得值上、下两个精度检查点有相同的校准量（这种情况下，差值为零），则将 0.1℉（0.05℃）作为热电阻的正系统不确定度，将 0.2℉（0.1℃作为热电偶的正系统不确定度）。

步骤 7：该位置的负系统不确定度是步骤 4 和步骤 5 结果的负值。如果测得值上、下两个精度检查点

有相同的校准量（这种情况下，差值为零），则将 0.1℉（0.05℃）作为热电阻的负系统不确定度，将 0.2℉（0.1℃）作为热电偶的负系统不确定度。

（2）将所有精度检查点的校准量进行平均。

（3）抚将每个精度检查的正系统不确定度合并：求正系统不确定度的平方和，除以 z 后，再取平方根，然后按同样方法合并负系统不确定度。其中：

（-a）如果正（或负）系统不确定度的个数大于 1，则 z 取值为正（或负）系统不确定度个数减 1。

（-b）如果正（或负）系统不确定度的个数等于 1，则 z 取值为正（或负）不确定度的个数。

（c）对该点的每个读数，将各测量环节的校准量相加求和。

（d）对该点的每个读数，将该点测得在测量时段内的平均温度和校准量之和相加后，计算得该点的修正后平均温度。

III-2.3.2.1.2　平均。该位置的温度由各点修正后平均温度算术平均或按质量流量加权平均计算而得。

III-2.3.1.1.3　合并。对每个环节，先将每点的正系统不确定度合并，求正系统不确定度的平方和，除以点数减 1，再开平方根，然后按同样方法计算负系统不确定度。

III-2.3.2.1.4　总不确定度。将每个环节的正不确定度与测量过程中的其他部分不确定度合并（求平方和，除以正系统不确定度的个数减 1，再取平方根，得到总的正系统不确定度），然后按同样方法合并负不确定度。

III-2.3.2.2　方法 2 的实例。该位置有 9 个测量点。前 6 个测量点的传感器来自同一个接线汇集池，另 3 个来自另外一个接线汇集池。这两个接线汇集池都在 3 个随机选择的传感器（带补偿导线）上进行精度检查。读取所有传感器数据的公用数据采集系统也进行了精度检查。

3 个代表性传感器精度检查结果如表III-2.3.2.2-1 所示。

试验前电子器件的精度检查结果如表III-2.3.2.2-2 所示。

III-2.3.2.2.1　具体位置处每一点的计算步骤

（a）对该点在测量时段内的读数值进行算术平均。所有点的读数如表III-2.3.2.2.1-1～表III-2.3.2.2.1-3 所示。1 号点在测量时段内算术平均温度为 650℉。

（b）热电偶环节。该点在测量系统中热电偶环节的计算如下：

（1）该环节每个精度点的检查结果（独立部件或代表性部件），按下述方法计算：

（-a）步骤 1。确定小于该点平均读数值的那个精度检查点的校准量。

（-1）1 号代表热电偶。计算小于该读数的那个校准点的校准量。在 602.0℉ 处，校准量为标准温度减去测得温度，599.0℉－602.0℉＝－3.0℉。表明测得温度偏高 3.0℉。

（-2）2 号代表热电偶。计算小于该读数的那个校准点的校准量。在 601.5℉ 处，校准量为标准温度减去测得温度，599.0℉－601.5℉＝－2.5℉。表明测得温度偏高 2.5℉。

（-3）3 号代表热电偶。计算小于该读数的那个校准点的校准量。在 602.2℉ 处，校准量为标准温度减去测得温度，599.0℉－602.2℉＝－3.2℉。表明测得温度偏高 3.2℉。

（-b）步骤 2。确定大于该点平均读数值的那个精度检查点的校准量。

（-1）1 号代表热电偶。计算大于该读数的那个校准点的校准量。在 805.5℉ 处，校准量为标准温度减去测得温度，801.0℉－805.5℉＝－4.5℉。表明测得温度偏高 4.5℉。

（-2）2 号代表热电偶。计算大于该读数的那个校准点的校准量。在 805.0℉ 处，校准量为标准温度减去测得温度，801.0℉－805.0℉＝－4.0℉。表明测得温度偏高 4.0℉。

（-3）3 号代表热电偶。计算大于该读数的那个校准点的校准量。在 805.7℉ 处，校准量为标准温度减去测得温度，801.0℉－805.7℉＝－4.7℉。表明测得温度偏高 3.2℉。

（-c）步骤 3。通过平均读数值上、下两个精度检查点校准量，插值计算平均读数处的校准量。

（-1）对于 1 号代表热电偶

$$\frac{-3.0}{602.0}, \frac{x}{650}, \frac{-4.5}{805.5}$$

$$x = \frac{[(-4.5)-(-3.0)]\times(650-602.0)}{805.5-602.0} - 3.0$$
$$= -3.35℉$$

（-2）对于 2 号代表热电偶

$$\frac{-2.5}{601.5}, \frac{x}{650}, \frac{-4.0}{805.0}$$

$$x = \frac{[(-4.0)-(-2.5)]\times(650-601.5)}{805.0-601.5} - 2.5$$
$$= -2.86℉$$

（-3）对于 3 号代表热电偶

$$\frac{-3.2}{602.2}, \frac{x}{650}, \frac{-4.7}{805.7}$$

$$x = \frac{[(-4.7)-(-3.2)]\times(650-602.2)}{805.0-602.2} - 3.2$$
$$= -3.55℉$$

（-d）步骤 4。用该点平均读数处的校准量减去小于该读数的那个精度检查点的校准量。

（-1）对于 1 号代表热电偶

$$-3.35-（-3.0）=-0.35℉$$

（-2）对于 2 号代表热电偶

$$-2.86-（-2.5）=-0.36℉$$

（-3）对于 3 号代表热电偶

$$-3.55-（-3.2）=-0.35℉$$

（-e）步骤 5。用该点平均读数处的校准量减去大于该读数的那个精度检查点的校准量。

（-1）对于 1 号代表热电偶

$$-3.55-（-4.5）=+1.15℉$$

（-2）对于 2 号代表热电偶

$$-2.86-（-4.0）=+1.14℉$$

（-3）对于 3 号代表热电偶

$$-3.55-（-4.7）=+1.15℉$$

（-f）步骤 6。正系统不确定度取值为步骤 4 和步骤 5 结果的正值。若读数上、下两精度检查点有相同的校准量（这种情况差值为零），则将 0.1℉（0.05℃）作为热电阻的正系统不确定度，将 0.2℉（0.1℃）作为热电偶的正系统不确定度。

（-1）对于 1 号代表热电偶，值为+1.15℉。

（-2）对于 2 号代表热电偶，值为+1.14℉。

（-3）对于 3 号代表热电偶，值为+1.15℉。

（-g）步骤 7。负系统不确定度取值为步骤 4 和步骤 5 结果的负值。若读数上、下两个精度检查点有相同的校准量（这种情况差值为零），则将 0.1℉（0.05℃）作为热电阻的负系统不确定度，将 0.2℉（0.1℃）作为热电偶的负系统不确定度。

（-1）对于 1 号代表热电偶，值为-0.35℉。

（-2）对于 2 号代表热电偶，值为-0.36℉。

（-3）对于 3 号代表热电偶，值为-0.35℉。

（2）将所有精度检查点的校准量平均

$$[（-3.35）+（-2.86）+（-3.55）]/3=-3.25℉$$

（3）先合并每个精度检查的正系统不确定度，求正系统不确定度的平方和，除以 z 后开平方根；然后按相同方法合并负系统不确定度。其中：

（-a）如果正系统不确定度的个数大于 1，则 z 取值为正系统不确定度的个数减 1；负系统不确定度按相同原则处理。

（-b）如果正系统不确定度的个数等于 1，则 z 取值为正系统不确定度的个数；负系统不确定度按相同原则处理。

传感器的正系统不确定度为

$$\sqrt{[（1.15）^2+（1.14）^2+（1.15）^2]/（3-1）}=+1.40℉$$

传感器的负系统不确定度为

$$-\sqrt{[（-0.35）^2+（-0.36）^2+（-0.35）^2]/（3-1）}=-0.43℉$$

（c）电子器件环节。该点在测量系统中电子器件环节的计算如下。

（1）对该环节每个精度点的检查结果（独立部件或代表性部件），按下述方法计算：

（-a）步骤 1：确定小于该点读数平均值的那个精度检查点的校准量。计算测得值下的校准点的校准量。在 600.3℉ 处，校准量为标准温度减去测得温度，600.0-600.3℉=-0.3℉。表明测得温度偏高 0.3℉。

（-b）步骤 2：确定大于该点读数平均值的那个精度检查点的校准量。计算测得值上的校准点的校准量。在 799.8℉ 处，校准量为标准温度减去测得温度，800.0-799.8℉=+0.2℉。表明测得温度偏低高 0.2℉。

（-c）步骤 3：通过平均读数上、下两个精度检查点数据的插值确定平均读数处的校准量

$$\frac{-0.3}{600.3},\frac{x}{650},\frac{+0.2}{799.8}$$

$$x=\frac{[（0.2）-（-0.3）]×（650-600.3）}{799.8-600.3}-0.3$$
$$=-0.18℉$$

（-d）步骤 4：用平均读数处的校准量减去小于平均读数值的那个精度检查点的校准量

$$-0.18-（-0.3）=+0.12℉$$

（-e）步骤 5：用平均读数处的校准量减去大于平均读数值的那个精度检查点的校准量

$$-0.18-（0.2）=-0.38℉$$

（-f）步骤 6。正系统不确定度取值为步骤 4 和步骤 5 结果的正值。若测得值上、下两个精度检查点的校准量是相同的（这种情况下，差值为零），则将 0.1℉（0.05℃）作为热电阻的正系统不确定度，将 0.2℉（0.1℃）作为热电偶的正系统不确定度。

对电子器件，该值为+0.12℉。

（-g）步骤 7。负系统不确定度取值为步骤 4 和步骤 5 结果的负值。若测得值上、下两个精度检查点的校准量是相同的（这种情况下，差值为零），则将 0.1℉（0.05℃）作为热电阻的负系统不确定度，将 0.2℉（0.1℃）作为热电偶的负系统不确定度。

对电子器件，该值为-0.38℉。

（2）将所有精度检查点的校准量进行平均，结果为-0.18℉。

（3）先合并每个精度检查的正系统不确定度；求正系统不确定度的平方和，除以 z，再取平方根；然后按相同方法合并负系统不确定度。其中：

（-a）如果正系统不确定度的个数大于 1，则 z 取值为正系统不确定度的个数减 1；负系统不确定度按相同原则处理。

（-b）如果正系统不确定度的个数等于 1，则 z 取值为正系统不确定度的个数；负系统不确定度按相同原则处理。

传感器的正系统不确定度为

$$\sqrt{(0.12)^2/1} = +0.12℉$$

传感器的负系统不确定度为

$$-\sqrt{(-0.38)^2/1} = -0.38℉$$

（d）将测量系统中的每个环节的校准量求和

$$-3.25+（-0.18）=-3.43℉$$

（e）将平均测得读数（随时间）与校准量之和相加得到该点的修正后平均读数

$$650+（-3.43）=646.57℉$$

III-2.3.2.2.2　平均。该位置的温度为每点修正后平均温度的算术平均或按质量流量的加权平均

（646.57+649.55+650.55+645.57+643.59+656.52+647.42+658.46+644.42）/9=649.18℉

III-2.3.2.2.3　合并。对于每个环节，将每点的正系统不确定度合并：将正系统不确定度求平方和，除以点个数减1，然后再开平方根；负系统不确定度按相同方法进行。

（a）对于1号环节—热电偶—正系统不确定度为

$$\sqrt{\begin{array}{l}[(1.40)^2+(1.38)^2+(1.37)^2+(1.41)^2+(1.43)^2\\+(1.31)^2+(0.05)^2+(0.06)^2+(0.05)^2]/(9-1)\end{array}}$$
$$=+1.20℉$$

1号环节的负系统不确定度为

$$-\sqrt{\begin{array}{l}[(-0.43)^2+(-0.46)^2+(-0.47)^2+(-0.42)^2+(-0.41)^2\\+(-0.53)^2+(-0.16)^2+(-0.15)^2+(-0.16)^2]/(9-1)\end{array}}$$
$$=-0.41℉$$

（b）对于2号环节—电子元件—正系统不确定度为

$$\sqrt{\begin{array}{l}[(0.12)^2+(0.13)^2+(0.13)^2+(0.12)^2+(0.12)^2\\+(0.15)^2+(0.11)^2+(0.14)^2+(0.11)^2]/(9-1)\end{array}}$$
$$=+0.13℉$$

负系统不确定度为

$$-\sqrt{\begin{array}{l}[(-0.38)^2+(-0.37)^2+(-0.37)^2+(-0.38)^2+(-0.38)^2\\+(-0.35)^2+(-0.39)^2+(-0.36)^2+(-0.39)^2]/(9-1)\end{array}}$$
$$=-0.40℉$$

III-2.3.2.2.4　总不确定度。将每个环节的正（负）系统不确定度与测量过程中其他部件的来确定度合并（求平方和后除以读数值个数减1，再取平方根），得到总正（负）系统不确定度。见表III-2.3.2.2.4-1。

III-2.3.3　方法3—测得值不正确的情况。在第三种方法中，测得的数值是不正确的。将每点在测量时段内测得的温度进行算术平均，再将该位置所有点的平均温度进行算术平均或按质量流量加权平均，得到该位置的温度。传感器和数据采集系统的系统不确定度为（a）或（b）：

（a）通过每点平均读数上、下两个精度检查点数据进行插值；

（b）各方都认可的数值（仅适用于电子器件和数据采集系统的系统不确定度）。

III-2.3.3.1　方法3的计算步骤

III-2.3.3.1.1　在具体位置中每个点的计算步骤

（a）将该位置的每点在测量时段内的读数值进行算术平均。

（b）该位置温度为每点平均温度的算术平均或按质量流量的加权平均。

（c）对于该点在测量系统中的每个环节，按如下步骤进行计算：

（1）对于各环节（独立部件或代表性部件）的精度检查，按如下方法计算：

步骤1：确定该位置小于平均读数值的那个精度检查点的校准量。

步骤2：确定该位置大于平均读数值的那个精度检查点的校准量。

步骤3：正系统不确定度取较大的负向校准量（如果两个校准量都为正，则取零）。

步骤4：负系统不确定度是较大的正向校准量（如果两个校准量都为负，则取零）。

（2）先合并每个精度检查的正系统不确定度：求正系统不确定度的平方和，除以 z，再取平方根；然后按相同方法合并负系统不确定度。其中：

（-a）如果正系统不确定度的个数大于1，则 z 取值为正系统不确定度的个数减1；负系统不确定度按相同原则处理。

（-b）如果正系统不确定度的个数等于1，则 z 取值为正系统不确定度的个数；负系统不确定度按相同原则处理。

III-2.3.3.1.2　合并。对每个环节，先将每点的正系统不确定度合并，求正系统不确定度平方和，除以点数减1，再取平方根。然后按相同方法合并负系统不确定度。

III-2.3.3.1.3　总不确定度。将每个环节的正（负）系统不确定度和测量中其他元件的不确定度合并（求平方和，除以数值个数减1，再取平方根），得到总的正（负）系统不确定度。

III-2.3.3.2　方法3实例。该位置有9个测量点。前6个点的传感器来自同一个接线汇集池，另3个点的传感器来自另一个接线汇集池。这两个接线汇集池都在3个随机选择的传感器（带补偿导线）上进行精度检查。读取所有传感器数据的公用数据采集系统也进行了精度检查。3个代表性传感器的精度检查结果见表III-2.3.3.2-1。

电子器件试验前精度检查的结果见表III-2.3.3.2-2。

III-2.3.3.2.1　具体位置处每一点的计算步骤。

（a）将该位置每点在测试时段内的读数值进行算术平均。所有点的数据及读数见表Ⅲ-2.3.3.2.1-1 和表 2.3.3.2.1-2。该位置 9 个点在测试时段内的平均温度（经冰点温度修正）为 650、653、654、649、647、660、646、657、643℉。

（b）该位置的温度为所有点平均温度取算术平均或按质量流量的加权平均。

该位置的算术平均温度为 9 个点温度的平均值，即 651℉（在本例中，不考虑各点之间的质量流量所占权重引起的差异）。

如果不对读数进行修正，将在计算中使用 651℉。每点正（负）系统不确定度的计算见下述步骤。

（c）热电偶环节。该点在测量系统中热电偶环节的计算过程如下。

（1）对该环节（独立部件或代表性部件）的每个精度检查，按下列方法进行计算：

（-a）步骤 1。确定该位置小于平均读数值的那个精度检查点的校准量。

（-1）代表 1 号热电偶。确定小于测得值的那个校准点的校准量。在 602.0℉ 处，校准量为标准温度减去测得温度，即 599.0-602.0℉＝-3.0℉。表明测得温度偏高 3.0℉。

（-2）代表 2 号热电偶。确定小于测得值的那个校准点的校准量。在 601.5℉ 处，校准量为标准温度减去测得温度，即 599.0-601.5℉＝-2.5℉。表明测得温度偏高 2.5℉。

（-3）代表 3 号热电偶。确定小于测得值的那个校准点的校准量。在 602.2℉ 处，校准量为标准温度减去测得温度，即 599.0-602.2℉＝-3.2℉。表明测得温度偏高 3.2℉。

（-b）步骤 2。确定该位置大于平均温度的那个精度检查点的校准量。

（-1）1 号代表热电偶。确定大于测得值的那个校准点的校准量。在 805.5℉ 处，校准量为标准温度减去测得温度，801.0-805.5℉＝-4.5℉。表明测得温度偏高 4.5℉。

（-2）2 号代表热电偶。确定大于测得值的那个校准点的校准量。在 805.0℉ 处，校准量为标准温度减去测得温度，801.0-805.0℉＝-4.0℉。表明测得温度偏高 4.0℉。

（-3）3 号代表热电偶。确定大于测得值的那个校准点的校准量。在 805.7℉ 处，校准量为标准温度减去测得温度，801.0-805.7℉＝-4.7℉。表明测得温度偏高 4.7℉。

（-c）步骤 3。正系统不确定度为较大的负校准量（如果两个数都为正则取零）。

（-1）1 号代表热电偶。在本例中，正系统不确定度是+4.5℉，因为这是两个负校准量中较大的（-3.0℉

和-4.5℉）。

（-2）2 号代表热电偶。在本例中，正系统不确定度是+4.0℉，因为这是两个负校准量中较大的（-2.5℉ 和-4.0℉）。

（-3）3 号代表热电偶。在本例中，正系统不确定度是+4.7℉，因为这是两个负校准量中较大的（-3.2℉ 和-4.7℉）。

（-d）步骤 4。负系统不确定度是正校准量中较大的（如果两个校准量都是负值则取零）。

（-1）1 号代表热电偶。在本例中，负系统不确定度是-0.0℉，因为两个校准量都是负值（-3.0℉ 和-4.5℉）。

（-2）2 号代表热电偶。在本例中，负系统不确定度是-0.0℉，因为两个校准量都是负值（-2.5℉ 和-4.7℉）。

（-3）3 号代表热电偶。在本例中，负系统不确定度是-0.0℉，因为两个校准量都是负值（-3.2℉ 和-4.7℉）。

（2）先合并每个精度检查的正系统不确定度：将正系统不确定度求平方和，除以 z 后取平方根；然后按相同方法合并负不确定度，其中：

（-a）如果正系统不确定度的个数大于 1，则 z 取值为正系统不确定度的个数减 1；负系统不确定度按相同原则处理。

（-b）如果正系统不确定度的个数等于 1，则 z 取值为正系统不确定度的个数；负系统不确定度按相同原则处理。

热电偶的正系统不确定度为

$$\sqrt{[(4.5)^2+(4.0)^2+(4.7)^2]/(3-1)}=+5.40℉$$

热电偶的负系统不确定度为

$$-\sqrt{[(0.0)^2+(0.0)^2+(0.0)^2]/(3-1)}=-0.0℉$$

（d）电子器件环节。该点测量系统中电子器件环节的计算如下。

（1）对于该环节（独立器件或代表性器件）的每个精度检查，按如下方法计算：

（-a）步骤 1。确定该位置小于平均读数那个精度检查点的校准量。

计算小于测得值的那个校准点的校准量。在 600.3℉ 处，校准量为标准温度减去测得温度，即 600.0-600.3℉＝-0.3℉。表明测得温度偏高 0.3℉。

（-b）步骤 2。确定该位置大于平均读数那个精度检查点的校准量。

计算大于测得值的那个校准点的校准量。在 799.8℉ 处，校准量为标准温度减去测得温度，即 800.0-799.8℉＝+0.2℉。表明测得温度偏低 0.2℉。

（-c）步骤 3。正系统不确定度取绝对值大的负校准量（如果两个校准量都为正值，则取零）。

在本例中，正系统不确定度为+0.3℉，因为这是唯一的负校准量（−0.3℉和+0.2℉）。

（-d）步骤4。负系统不确定度取值为较大的正校准量（如果两个校准量都为负值，则取零）。

在本例中，负系统不确定度为−0.2℉，因为这是唯一的正校准量（−0.3℉和+0.2℉）。

（2）先合并每个精度检查的正系统不确定度：求正系统不确定度的平方和，除以 z 后，然后取平方根；再按相同方法合并负系统不确定度。其中：

（-a）如果正（负）系统不确定度个数大于1，则 z 取值为正（负）系统不确定度个数减1。

（-b）如果正（负）系统不确定度个数等于1，则 z 取值为正（负）系统不确定度个数。

热电偶的正系统不确定度为

$$\sqrt{(0.3)^2/1}=+0.3℉$$

热电偶的负系统不确定度为

$$-\sqrt{(-0.2)^2/1}=-0.2℉$$

III-2.3.3.2.2　合并。对每个环节，将每点的正（负）系统不确定度合并，正（负）系统不确定度求平方和，除以点个数减1，再取平方根。

（a）1号环节热电偶的计算如下：

传感器正系统不确定度为

$$\sqrt{[6(5.40)^2+3(0.0)^2]/(9-1)}=+4.68℉$$

传感器负系统不确定度为

$$-\sqrt{[6(-0.00)^2+3(-2.14)^2]/(9-1)}=-1.31℉$$

（b）2号环节电子器件的计算如下：

电子器件的正系统不确定度为

$$\sqrt{[9(0.30)^2]/(9-1)}=+0.32℉$$

电子器件的负系统不确定度为

$$-\sqrt{[9(-0.20)^2]/(9-1)}=-0.21℉$$

III-2.3.3.2.3　总不确定度。将每个环节的正（负）系统不确定度与其他测量中元件不确定度合并（平方求和后除以数值个数减1，再取平方根），得到总的正（负）不确定度。见表III-2.3.3.2.3-1。

表III-1.1-1　系统不确定度工作簿—未修正读数

测得参数：温度/温度计未修正读数___℉		工作簿编号：___		
1	系统不确定度来源	2　正值		3　负值
测得参数的独立系统不确定度		读数值的百分数	℉	读数值的百分数	℉
a　可读性	数据采集系统特性		+0.1		−0.1
b　准确性			+0.0		−0.5

续表

测得参数：温度/温度计未修正读数___℉		工作簿编号：___		
1	系统不确定度来源	2　正值		3　负值
测得参数的独立系统不确定度		读数值的百分数	℉	读数值的百分数	℉
c					
d					
e					
总系统不确定度 $(a^2+b^2+c^2+\cdots)^{0.5}$		2A	2B	3A	3B
			+0.1		−0.51

表III-1.2-1　系统不确定度工作簿—修正后读数

测得参数：温度/温度计未修正读数___℉		工作簿编号：___		
1	系统不确定度来源	2　正值		3　负值
测得参数的独立系统不确定度		读数值的百分数	℉	读数值的百分数	℉
a　可读性	数据采集系统特性		+0.1		−0.1
b　准确性			+0.0		−0.5
c					
d					
e					
总系统不确定度 $\{a^2+b^2+c^2+\cdots\}^{0.5}$		2A	2B	3A	3B
			+0.11		−0.19

表III-2.3.1.2-1　代表性传感器精度检查结果（方法1）

真实温度（℉）	传感器读数（℉）	校准量（℉）	误差（℉）
试验前传感器和补偿导线的精度检查，传感器1号，接线汇集池1号			
32.0	32.0	0.0	0.0
199.0	200.0	−1.0	1.0
399.0	401.0	−2.0	2.0
599.0	602.0	−3.0	3.0
801.0	805.5	−4.5	4.5
试验前传感器和补偿导线的精度检查，传感器2号，接线汇集池1号			
32.0	31.9	0.1	−0.1
199.0	199.4	−0.4	0.4
399.0	400.5	−1.5	1.5
599.0	601.5	−2.5	2.5
801.0	805.4	−4.0	4.0
试验前传感器和补偿导线的精度检查，传感器3号，接线汇集池1号			
32.0	32.1	−0.1	0.1
199.0	200.1	−1.1	1.1
399.0	401.2	−2.2	2.2

续表

真实温度（℉）	传感器读数（℉）	校准量（℉）	误差（℉）
599.0	602.2	−3.2	3.2
801.0	805.7	−4.7	4.7
试验前传感器和补偿导线的精度检查，传感器1号，接线汇集池2号			
32.0	32.0	0.0	0.0
199.0	199.1	−0.1	0.1
399.0	397.9	1.1	−1.1
599.0	597.5	1.5	−1.5
801.0	799.3	1.7	−1.7
试验前传感器和补偿导线的精度检查，传感器2号，接线汇集池2号			
32.0	31.9	0.1	−0.1
199.0	199.5	−0.5	0.5
399.0	397.5	1.5	−1.5
599.0	597.2	1.8	−1.8
801.0	799.0	2.0	−2.0

续表

真实温度（℉）	传感器读数（℉）	校准量（℉）	误差（℉）
试验前传感器和补偿导线的精度检查，传感器3号，接线汇集池2号			
32.0	32.1	−0.1	0.1
199.0	198.8	0.2	−0.2
399.0	398.2	0.8	−0.8
599.0	597.6	1.4	−1.4
801.0	799.5	1.5	−1.5

表Ⅲ-2.3.1.2-2 电子器件试验前检精度检查结果（方法1，边校准边调整）

真实温度（℉）	电子器件读数（℉）	校准量（℉）	误差（℉）
32.0	32.6	−0.6	0.6
200.0	200.5	−0.5	0.5
400.0	400.4	−0.4	0.4
600.0	600.3	−0.3	0.3
800.0	799.8	0.2	−0.2

表Ⅲ-2.3.1.2.1-1　热电偶校准的系统不确定度计（方法1，环节1）

烟道测点	接线汇集池1的传感器编号	各测点的读数	步骤1：小于该点平均温度校准点的校准量	步骤3：该点平均温度的插值校准量	步骤2：大于该点平均温度校准点的校准量	步骤4：小于平均温度校准点校准量之差（步骤3减步骤1）	步骤5：大于平均温度校准点校准量之差（步骤3减步骤2）	步骤6：正系统不确定度	步骤7：负系统不确定度
代表热电偶1号的第一组读数									
1	1	652	−3.0	−3.37	−4.5	−0.37	1.13	1.13	−0.37
2	1	649	−3.0	−3.35	−4.5	−0.35	1.15	1.15	−0.35
3	1	654	−3.0	−3.38	−4.5	−0.38	1.12	1.12	−0.38
4	1	646	−3.0	−3.32	−4.5	−0.32	1.18	1.18	−0.32
5	1	648	−3.0	−3.34	−4.5	−0.34	1.16	1.16	−0.34
6	1	661	−3.0	−3.43	−4.5	−0.43	1.07	1.07	−0.43
7	2	645	1.5	1.55	1.7	0.05	−0.15	0.05	−0.15
8	2	659	1.5	1.56	1.7	0.06	−0.14	0.06	−0.14
9	2	643	1.5	1.55	1.7	0.05	−0.15	0.05	−0.15
代表热电偶1号的第二组读数									
1	1	648	−3.0	−3.34	−4.5	−0.34	1.16	1.16	−0.34
2	1	657	−3.0	−3.41	−4.5	−0.41	1.09	1.09	−0.41
3	1	654	−3.0	−3.38	−4.5	−0.38	1.12	1.12	−0.38
4	1	652	−3.0	−3.37	−4.5	−0.37	1.13	1.13	−0.37
5	1	646	−3.0	−3.32	−4.5	−0.32	1.18	1.18	−0.32
6	1	659	−3.0	−3.42	−4.5	−0.42	1.08	1.08	−0.42
7	2	647	1.5	1.55	1.7	0.05	−0.15	0.05	−0.15
8	2	655	1.5	1.56	1.7	0.06	−0.14	0.06	−0.14
9	2	…	…	…	…	…	…	…	…
代表热电偶2号的第一组读数									
1	1	652	−2.5	−2.87	−4.0	−0.37	1.13	1.13	−0.37
2	1	649	−2.5	−2.85	−4.0	−0.35	1.15	1.15	−0.35
3	1	654	−2.5	−2.89	−4.0	−0.39	1.11	1.11	−0.39
4	1	646	−2.5	−2.83	−4.0	−0.33	1.17	1.17	−0.33
5	1	648	−2.5	−2.84	−4.0	−0.34	1.16	1.16	−0.34
6	1	661	−2.5	−2.94	−4.0	−0.44	1.06	1.06	−0.44
7	2	645	1.8	1.85	2.0	0.05	−0.15	0.05	−0.15

续表

烟道测点	接线汇集池1的传感器编号	各测点的读数	步骤1：小于该点平均温度校准点的校准量	步骤3：该点平均温度的插值校准量	步骤2：大于该点平均温度校准点的校准量	步骤4：小于平均温度校准点校准量之差（步骤3减步骤1）	步骤5：大于平均温度校准点校准量之差（步骤3减步骤2）	步骤6：正系统不确定度	步骤7：负系统不确定度
8	2	659	1.8	1.86	2.0	0.06	−0.14	0.06	−0.14
9	2	643	1.8	1.85	2.0	0.05	−0.15	0.05	−0.15
代表热电偶2号的第二组读数									
1	1	648	−2.5	−2.84	−4.0	−0.34	1.16	1.16	−0.34
2	1	657	−2.5	−2.91	−4.0	−0.41	1.09	1.09	−0.41
3	1	654	−2.5	−2.89	−4.0	−0.39	1.11	1.11	−0.39
4	1	652	−2.5	−2.87	−4.0	−0.37	1.13	1.13	−0.37
5	1	646	−2.5	−2.83	−4.0	−0.33	1.17	1.17	−0.33
6	1	659	−2.5	−2.92	−4.0	−0.42	1.08	1.08	−0.42
7	2	647	1.8	1.85	2.0	0.05	−0.15	0.05	−0.15
8	2	655	1.8	1.86	2.0	0.06	−0.14	0.06	−0.14
9	2	…	…	…	…	…	…	…	…
代表热电偶3号的第一组读数									
1	1	652	−3.2	−3.57	−4.7	−0.37	1.13	1.13	−0.37
2	1	649	−3.2	−3.54	−4.7	−0.34	1.16	1.16	−0.34
3	1	654	−3.2	−3.58	−4.7	−0.38	1.12	1.12	−0.38
4	1	646	−3.2	−3.52	−4.7	−0.32	1.18	1.18	−0.32
5	1	648	−3.2	−3.54	−4.7	−0.34	1.16	1.16	−0.34
6	1	661	−3.2	−3.63	−4.7	−0.43	1.07	1.07	−0.43
7	2	645	1.4	1.42	1.5	0.02	−0.08	0.02	−0.08
8	2	659	1.4	1.43	1.5	0.03	−0.07	0.03	−0.07
9	2	643	1.4	1.42	1.5	0.02	−0.08	0.02	−0.08
代表热电偶3号的第二组读数									
1	1	648	−3.2	−3.54	−4.7	−0.34	1.16	1.16	−0.34
2	1	657	−3.2	−3.60	−4.7	−0.40	1.10	1.10	−0.40
3	1	654	−3.2	−3.58	−4.7	−0.38	1.12	1.12	−0.38
4	1	652	−3.2	−3.57	−4.7	−0.37	1.13	1.13	−0.37
5	1	646	−3.2	−3.52	−4.7	−0.32	1.18	1.18	−0.32
6	1	659	−3.2	−3.62	−4.7	−0.42	1.08	1.08	−0.42
7	2	647	1.4	1.42	1.5	0.02	−0.08	0.02	−0.08
8	2	655	1.4	1.43	1.5	0.03	-0.07	0.03	-0.07
9	2	…	…	…	…	…	…	…	…

注意事项：

（a）每组读数中每点的热电偶的校准量由上述数据确定。见Ⅲ-2.3.1.2.1（a）（2）。

烟道测点	第一组读数的平均校准量	第二组读数的平均校准量
1	−3.27	−3.24
2	−3.25	−3.31
3	−3.28	−3.28
4	−3.22	−3.27
5	−3.24	−3.22
6	−3.33	−3.32
7	1.61	1.61
8	1.62	1.62
9	1.61	…

（b）每组读数中每点热电偶的平均正、负系统不确定度由上述数据确定。见Ⅲ-2.3.1.2.1（a）（3）。

烟道测点	第一组读数的平均正系统不确定度	第一组读数的平均负系统不确定度	第二组读数的平均正系统不确定度	第二组读数的平均负系统不确定度
1	1.38	−0.45	1.42	−0.42
2	1.41	−0.42	1.34	−0.50
3	1.37	−0.47	1.37	−0.47
4	1.44	−0.40	1.38	−0.45
5	1.42	−0.42	1.44	−0.40
6	1.31	−0.53	1.32	−0.51

续表

烟道测点	第一组读数的平均正系统不确定度	第一组读数的平均负系统不确定度	第二组读数的平均正系统不确定度	第二组读数的平均负系统不确定度
7	0.05	−0.16	0.05	−0.16
8	0.06	−0.15	0.06	−0.15
9	0.05	−0.16	…	…

热电偶的系统不确定度为+1.20 和−0.40（见Ⅲ-2.3.1.2.3）。

表Ⅲ-2.3.1.2.1-2　　　　　电子器件校准点的系统不确定度计算（方法 1，环节 2 号）

烟道测点	各测点的读数	步骤1：小于该点平均温度校准点的校准量	步骤3：该点平均温度的插值校准量	步骤2：大于该点平均温度校准点的校准量	步骤4：小于平均温度校准点校准量之差（步骤3减步骤1）	步骤5：大于平均温度校准点校准量之差（步骤3减步骤2）	步骤6：正系统不确定度	步骤7：负系统不确定度	电子器件平均校准量[注（1）]	电子器件平均系统不确定度[注（2）]	
										正值	负值
第一组读数											
1	652	−0.3	−0.17	0.2	0.13	−0.37	0.13	−0.37	−0.17	0.13	−0.37
2	649	−0.3	−0.18	0.2	0.12	−0.38	0.12	−0.38	−0.18	0.12	−0.38
3	654	−0.3	−0.17	0.2	0.13	−0.37	0.13	−0.37	−0.17	0.13	−0.37
4	646	−0.3	−0.19	0.2	0.11	−0.39	0.11	−0.39	−0.19	0.11	−0.39
5	648	−0.3	−0.18	0.2	0.12	−0.38	0.12	−0.38	−0.18	0.12	−0.38
6	661	−0.3	−0.15	0.2	0.15	−0.35	0.15	−0.35	−0.15	0.15	−0.35
7	645	−0.3	−0.19	0.2	0.11	−0.39	0.11	−0.39	−0.19	0.11	−0.39
8	659	−0.3	−0.15	0.2	0.15	−0.35	0.15	−0.35	−0.15	0.15	−0.35
9	643	−0.3	−0.19	0.2	0.11	−0.39	0.11	−0.39	−0.19	0.11	−0.39
第二组读数											
1	648	−0.3	−0.18	0.2	0.12	−0.38	0.12	−0.38	−0.18	0.12	−0.38
2	657	−0.3	−0.16	0.2	0.14	−0.36	0.14	−0.36	−0.16	0.14	−0.36
3	654	−0.3	−0.17	0.2	0.13	−0.37	0.13	−0.37	−0.17	0.13	−0.37
4	652	−0.3	−0.17	0.2	0.13	−0.37	0.13	−0.37	−0.17	0.13	−0.37
5	646	−0.3	−0.19	0.2	0.11	−0.39	0.11	−0.39	−0.19	0.11	−0.39
6	659	−0.3	−0.15	0.2	0.15	−0.35	0.15	−0.35	−0.15	0.15	−0.35
7	647	−0.3	−0.18	0.2	0.12	−0.38	0.12	−0.38	−0.18	0.12	−0.38
8	655	−0.3	−0.16	0.2	0.14	−0.36	0.14	−0.36	−0.16	0.14	−0.36
9	…	…	…	…	…	…	…	…	…	…	…

注意事项：电子器件的系统不确定度为+0.13 和−0.38（见Ⅲ-2.3.1.2.3）。

注：

（1）见Ⅲ-2.3.1.2.1（b）（2）。

（2）见Ⅲ-2.3.1.2.1（b）（3）。

表Ⅲ-2.3.1.2.1-3　　　　　合并后校准量及修正温度的计算（方法 1，环节 2 号）

烟道测点	第一组读数		第二组读数		平均修正温度[注（3）]
	热电偶和电子器件平均校准量[注（1）]	修正读数[注（2）]	热电偶和电子器件平均校准量[注（1）]	修正读数[注（2）]	
1	−3.44	648.56	−3.42	644.58	646.57
2	−3.43	645.57	−3.47	653.53	649.55
3	−3.45	650.55	−3.45	650.55	650.55
4	−3.41	642.59	−3.44	648.56	645.58
5	−3.42	644.58	−3.41	642.59	643.59
6	−3.48	657.52	−3.47	655.53	656.53
7	1.42	646.42	1.43	648.43	647.43
8	1.47	660.47	1.46	656.46	658.47
9	1.42	644.42	…	…	644.42

烟道平均温度（见Ⅲ-2.3.1.2.2）=649.19

注：

（1）见Ⅲ-2.3.1.2.1（c）。

（2）见Ⅲ-2.3.1.2.1（d）。

（3）见Ⅲ-2.3.1.2.1（e）。

表Ⅲ-2.3.1.2.4-1　系统不确定度工作簿（方法1）—空气/烟气温度

测得参数：温度/温度计未修正读数＿＿＿℉　　工作簿编号：＿＿

1	独立系统不确定度的测量参数	系统不确定度来源	2	正值		3	负值	
				读数的百分数	℉		读数的百分数	℉
a	热电偶安装	假定由各方人员测量而得			+0.0			−0.25
b	传感器	由试验和精度检查数据计算而来			+1.2			−0.40
c	电子器件	由试验和精度检查数据计算而来			+0.13			−0.38
d								
e								
	总系统不确定度 $\{a^2+b^2+c^2+\cdots\}^{0.5}$		2A	2B		3A	3B	
				+1.21			−0.61	

表Ⅲ-2.3.2.2-1　代表性传感器精度检查结果（方法2）

真实温度（℉）	传感器读数（℉）	校准量（℉）	误差（℉）
试验前传感器和补偿导线精度检查，传感器1号，接线汇集池1号			
32.0	32.0	0.0	0.0
199.0	200.0	−1.0	1.0
399.0	401.0	−2.0	2.0
599.0	602.0	−3.0	3.0
801.0	805.5	−4.5	4.5
试验前传感器和补偿导线精度检查，传感器2号，接线汇集池1号			
32.0	31.9	0.1	−0.1
199.0	199.4	−0.4	0.4
399.0	400.5	−1.5	1.5
599.0	601.5	−2.5	2.5
801.0	805.0	−4.0	4.0

续表

真实温度（℉）	传感器读数（℉）	校准量（℉）	误差（℉）
试验前传感器和补偿导线精度检查，传感器3号，接线汇集池1号			
32.0	32.1	−0.1	0.1
199.0	200.1	−1.1	1.1
399.0	401.2	−2.2	2.2
599.0	602.2	−3.2	3.2
801.0	805.7	−4.7	4.7
试验前传感器和补偿导线精度检查，传感器1号，接线汇集池2号			
32.0	32.0	0.0	0.0
199.0	199.1	−0.1	0.1
399.0	397.9	1.1	−1.1
599.0	597.5	1.5	−1.5
801.0	799.3	1.7	−1.7
试验前传感器和补偿导线精度检查，传感器2号，接线汇集池2号			
32.0	31.9	0.1	−0.1
199.0	199.5	−0.5	0.5
399.0	397.5	1.5	−1.5
599.0	597.2	1.8	−1.8
801.0	799.0	2.0	−2.0
试验前传感器和补偿导线精度检查，传感器3号，接线汇集池2号			
32.0	32.1	−0.1	0.1
199.0	198.8	0.2	−0.2
399.0	398.2	0.8	−0.8
599.0	597.6	1.4	−1.4
801.0	799.5	1.5	−1.5

表Ⅲ-2.3.2.2-2　电子器件试验前精度检查结果（方法2，边校准边调整）

真实温度（℉）	电子器件读数（℉）	校准量（℉）	误差（℉）
32.0	32.6	−0.6	0.6
200.0	200.5	−0.5	0.5
400.0	400.4	−0.4	0.4
600.0	600.3	−0.3	0.3
800.0	799.8	0.2	−0.2

表Ⅲ-2.3.2.2.1-1　热电偶校准的系统不确定度计算（方法2）（环节1）

烟道测点	接线汇集池1号的传感器编号	测试时段内该点所有温度的平均值 [注（1）]	步骤1：小于该点平均温度校准点的校准量	步骤3：该点平均温度的插值校准量	步骤2：大于该点平均温度校准点的校准量	步骤4：小于平均温度校准点校准量之差（步骤3减步骤1）	步骤5：大于平均温度校准点校准量之差（步骤3减步骤2）	步骤6：正系统不确定度	步骤7：负系统不确定度
代表热电偶1号									
1	1	650	−3.0	−3.35	−4.5	−0.35	1.15	1.15	−0.35
2	1	653	−3.0	−3.38	−4.5	−0.38	1.12	1.12	−0.38
3	1	654	−3.0	−3.38	−4.5	−0.38	1.12	1.12	−0.38
4	1	649	−3.0	−3.35	−4.5	−0.35	1.15	1.15	−0.35
5	1	647	−3.0	−3.33	−4.5	−0.33	1.17	1.17	−0.33
6	1	660	−3.0	−3.43	−4.5	−0.43	1.07	1.07	−0.43
7	2	646	1.5	1.55	1.7	0.05	−0.15	0.05	−0.15
8	2	657	1.5	1.56	1.7	0.06	−0.14	0.06	−0.14

续表

烟道测点	接线汇集池1号的传感器编号	测试时段内该点所有温度的平均值［注（1）］	步骤1：小于该点平均温度校准点的校准量	步骤3：该点平均温度的插值校准量	步骤2：大于该点平均温度校准点的校准量	步骤4：小于平均温度校准点校准量之差（步骤3减步骤1）	步骤5：大于平均温度校准点校准量之差（步骤3减步骤2）	步骤6：正系统不确定度	步骤7：负系统不确定度
9	2	643	1.5	1.55	1.7	0.05	−0.15	0.05	−0.15
代表热电偶2号									
1	1	650	−2.5	−2.86	−4.0	−0.36	1.14	1.14	−0.36
2	1	653	−2.5	−2.88	−4.0	−0.38	1.12	1.12	−0.38
3	1	654	−2.5	−2.89	−4.0	−0.39	1.11	1.11	−0.39
4	1	649	−2.5	−2.85	−4.0	−0.35	1.15	1.15	−0.35
5	1	647	−2.5	−2.84	−4.0	−0.34	1.16	1.16	−0.34
6	1	660	−2.5	−2.93	−4.0	−0.43	1.07	1.07	−0.43
7	2	646	1.8	1.85	2.0	0.05	−0.15	0.05	−0.15
8	2	657	1.8	1.86	2.0	0.06	−0.14	0.06	−0.14
9	2	643	1.8	1.85	2.0	0.05	−0.15	0.05	−0.15
代表热电偶3号									
1	1	650	−3.2	−3.55	−4.7	−0.35	1.15	1.15	−0.35
2	1	653	−3.2	−3.57	−4.7	−0.37	1.13	1.13	−0.37
3	1	654	−3.2	−3.58	−4.7	−0.38	1.12	1.12	−0.38
4	1	649	−3.2	−3.54	−4.7	−0.34	1.16	1.16	−0.34
5	1	647	−3.2	−3.53	−4.7	−0.33	1.17	1.17	−0.33
6	1	660	−3.2	−3.63	−4.7	−0.43	1.07	1.07	−0.43
7	2	646	1.4	1.42	1.5	0.02	−0.08	0.02	−0.08
8	2	657	1.4	1.43	1.5	0.03	−0.07	0.03	−0.07
9	2	643	1.4	1.42	1.5	0.02	−0.08	0.02	−0.08

注意事项：

（a）热电偶平均校准量由上述数据确定。见Ⅲ-2.3.2.2.1（b）（2）。

烟道测点	平均校准量
1	−3.25
2	−3.28
3	−3.28
4	−3.25
5	−3.23
6	−3.33
7	1.61
8	1.62
9	1.61

（b）每点的热电偶平均正和负系统不确定度由上述数据确定。见Ⅲ-2.3.2.2.1（b）（3）。

烟道测点	平均正系统不确定度	平均负系统不确定度
1	1.40	−0.43
2	1.38	−0.46
3	1.37	−0.47
4	1.41	−0.42
5	1.43	−0.41
6	1.31	−0.53
7	0.05	−0.16
8	0.06	−0.15
9	0.05	−0.16

热电偶的系统不确定度为+1.20 和−0.41（见Ⅲ-2.3.2.2.3）。

注：

（1）见Ⅲ-2.3.2.2.1（a）。

表III-2.3.2.2.1-2 电子器件校准的系统不确定度计算（方法 2，环节 2）

烟道测点	测量时段内该点所有读数的均值 [注（1）]	步骤1：小于该点平均温度校准点的校准量	步骤3：该点平均温度的插值校准量	步骤2：大于该点平均温度校准点的校准量	步骤4：小于平均温度校准点校准量之差（步骤3减步骤1）	步骤5：大于平均温度校准点校准量之差（步骤3减步骤2）	步骤6：正系统不确定度	步骤7：负系统不确定度	平均电子器件校准量 [注（2）]	平均电子器件系统不确定度 [注（3）] 正值	平均电子器件系统不确定度 [注（3）] 负值
1	650	−0.3	−0.18	0.2	0.12	−0.38	0.12	−0.38	−0.18	0.12	−0.38
2	653	−0.3	−0.17	0.2	0.13	−0.37	0.13	−0.37	−0.17	0.13	−0.37
3	654	−0.3	−0.17	0.2	0.13	−0.37	0.13	−0.37	−0.17	0.13	−0.37
4	649	−0.3	−0.18	0.2	0.12	−0.38	0.12	−0.38	−0.18	0.12	−0.38
5	647	−0.3	−0.18	0.2	0.12	−0.38	0.12	−0.38	−0.18	0.12	−0.38
6	660	−0.3	−0.15	0.2	0.15	−0.35	0.15	−0.35	−0.15	0.15	−0.35
7	646	−0.3	−0.19	0.2	0.11	−0.39	0.11	−0.39	−0.19	0.11	−0.39
8	657	−0.3	−0.16	0.2	0.14	−0.36	0.14	−0.36	−0.16	0.14	−0.36
9	643	−0.3	−0.19	0.2	0.11	−0.39	0.11	−0.39	−0.19	0.11	−0.39

注意事项：电子器件的系统不确定度为+0.13 和−0.40（见III-2.3.2.2.3）。

注：
（1）见III-2.3.2.2.1（a）。
（2）见III-2.3.2.2.1（c）（2）。
（3）见III-2.3.2.2.1（c）（3）。

表III-2.3.2.2.1-3 组合校正和校正后的读数（方法 2，环节 2）

烟道测点	热电偶和电子器件平均校准量 [注（1）]	修正读数 [注（2）]
1	−3.43	646.57
2	−3.45	649.55
3	−3.45	650.55
4	−3.43	645.57
5	−3.41	643.59
6	−3.48	656.52
7	1.42	647.42
8	1.46	658.46
9	1.42	644.42

总注：烟道平均温度（见III-2.3.2.2.2）为649.18。

注：
（1）见III-2.3.2.2.1（d）。
（2）见III-2.3.2.2.1（e）。

表III-2.3.2.2.4-1 系统不确定度工作簿（方法 2）— 空气/烟气温度

测得参数：温度/温度计未修正读数＿＿＿℉ 工作簿编号：＿＿＿

1 独立系统不确定度的测量参数	系统不确定度来源	2 正值 读数的百分数	2 正值 ℉	3 负值 读数的百分数	3 负值 ℉
a 热电偶安装	假定由各方测量而得		+0.0		−0.25
b 传感器	由试验和精度检查数据计算而来		+1.2		−0.41
c 电子器件	由试验和精度检查数据计算而来		+0.13		−0.40
d					
e					
总系统不确定度 $\{a^2+b^2+c^2+\cdots\}^{0.5}$		2A	2B +1.21	3A	3B −0.62

表III-2.3.3.2-1 代表性传感器精度检查结果（方法 3）

真实温度（℉）	传感器读数（℉）	校准量（℉）	误差（℉）
试验前传感器和补偿导线精度检查，传感器 1 号，接线汇集池 1 号			
32.0	32.0	0.0	0.0
199.0	200.0	−1.0	1.0
399.0	401.0	−2.0	2.0
599.0	602.0	−3.0	3.0
801.0	805.5	−4.5	4.5
试验前传感器和补偿导线精度检查，传感器 2 号，接线汇集池 1 号			
32.0	31.9	0.1	−0.1
199.0	199.4	−0.4	0.4
399.0	400.5	−1.5	1.5
599.0	601.5	−2.5	2.5
801.0	805.0	−4.0	4.0
试验前传感器和补偿导线精度检查，传感器 3 号，接线汇集池 1 号			
32.0	32.1	−0.1	0.1
199.0	200.1	−1.1	1.1

续表

真实温度（℉）	传感器读数（℉）	校准量（℉）	误差（℉）
399.0	401.2	−2.2	2.2
599.0	602.2	−3.2	3.2
801.0	805.7	−4.7	4.7

试验前传感器和补偿导线精度检查，传感器1号，接线汇集池2号

32.0	32.0	0.0	0.0
199.0	199.1	−0.1	0.1
399.0	397.9	1.1	−1.1
599.0	597.5	1.5	−1.5
801.0	799.3	1.7	−1.7

试验前传感器和补偿导线精度检查，传感器2号，接线汇集池2号

32.0	31.9	0.1	−0.1
199.0	199.5	−0.5	0.5
399.0	397.5	1.5	−1.5
599.0	597.2	1.8	−1.8
801.0	799.0	2.0	−2.0

试验前传感器和补偿导线精度检查，传感器3号，接线汇集池2号

32.0	32.1	−0.1	0.1
199.0	198.8	0.2	−0.2
399.0	398.2	0.8	−0.8
599.0	597.6	1.4	−1.4
801.0	799.5	1.5	−1.5

表III-2.3.3.2-2 电子器件试验前精度检查结果（方法3，边校准边调整）

真实温度（℉）	电子器件读数（℉）	校准量（℉）	误差（℉）
32.0	32.6	−0.6	0.6
200.0	200.5	−0.5	0.5
400.0	400.4	−0.4	0.4
600.0	600.3	−0.3	0.3
800.0	799.8	0.2	−0.2

表III-2.3.3.2.1-1 热电偶校准的系统不确定度计算（方法3，环节1）

烟道测点	传感器的接线汇集池编号	测量时段内该点所有读数的平均[注（1）]	步骤1：小于测量值校准点的校准量	步骤2：大于测量值校准点的校准量	步骤3：正系统误差	步骤4：负系统误差
代表热电偶1号						
1	1	650	−3.00	−4.50	4.50	0.00
2	1	653	−3.00	−4.50	4.50	0.00
3	1	654	−3.00	−4.50	4.50	0.00
4	1	649	−3.00	−4.50	4.50	0.00
5	1	647	−3.00	−4.50	4.50	0.00
6	1	660	−3.00	−4.50	4.50	0.00
7	2	646	1.50	1.70	0.00	−1.70
8	2	657	1.50	1.70	0.00	−1.70
9	2	643	1.50	1.70	0.00	−1.70

续表

烟道测点	传感器的接线汇集池编号	测量时段内该点所有读数的平均[注（1）]	步骤1：小于测量值校准点的校准量	步骤2：大于测量值校准点的校准量	步骤3：正系统误差	步骤4：负系统误差
代表热电偶2号						
1	1	650	−2.50	−4.00	4.00	0.00
2	1	653	−2.50	−4.00	4.00	0.00
3	1	654	−2.50	−4.00	4.00	0.00
4	1	649	−2.50	−4.00	4.00	0.00
5	1	647	−2.50	−4.00	4.00	0.00
6	1	660	−2.50	−4.00	4.00	0.00
7	2	646	1.80	2.00	0.00	−2.00
8	2	657	1.80	2.00	0.00	−2.00
9	2	643	1.80	2.00	0.00	−2.00
代表热电偶3号						
1	1	650	−3.20	−4.7	4.70	0.00
2	1	653	−3.20	−4.7	4.70	0.00
3	1	654	−3.20	−4.7	4.70	0.00
4	1	649	−3.20	−4.7	4.70	0.00
5	1	647	−3.20	−4.7	4.70	0.00
6	1	660	−3.20	−4.7	4.70	0.00
7	2	646	1.40	1.5	0.00	−1.50
8	2	657	1.40	1.5	0.00	−1.50
9	2	643	1.40	1.5	0.00	−1.50

总注：每点的热电偶正和负系统不确定度由上述数据确定。见III-2.3.3.2.1（c）（2）。

烟道测点	平均正系统不确定度	平均负系统不确定度
1	5.40	0.00
2	5.40	0.00
3	5.40	0.00
4	5.40	0.00
5	5.40	0.00
6	5.40	0.00
7	0.00	−2.14
8	0.00	−2.14
9	0.00	−2.14

热电偶的系统不确定度为4.68和−1.31[见III-2.3.3.2.2（a）]。

注：

（1）烟道平均温度为651.0℉。见III-2.3.3.2.1（a）和（b）。

表III-2.3.3.2.1-2 电子器件校准的系统不确定度计算（方法3，环节2）

烟道测点	传感器的接线汇集池编号	测量时段内该点所有读数的平均[注（1）]	步骤1：小于测量值校准点的校准量	步骤2：大于测量值校准点的校准量	步骤3：正系统误差	步骤4：负系统误差
1	1	650	−0.30	0.20	0.30	−0.20
2	1	653	−0.30	0.20	0.30	−0.20
3	1	654	−0.30	0.20	0.30	−0.20

续表

烟道测点	传感器的接线汇集池编号	测量时段内该点所有读数的平均[注(1)]	步骤1：小于测量值校准点的校准量	步骤2：大于测量值校准点的校准量	步骤3：正系统误差	步骤4：负系统误差
4	1	649	−0.30	0.20	0.30	−0.20
5	1	647	−0.30	0.20	0.30	−0.20
6	1	660	−0.30	0.20	0.30	−0.20
7	2	646	−0.30	0.20	0.30	−0.20
8	2	657	−0.30	0.20	0.30	−0.20
9	2	643	−0.30	0.20	0.30	−0.20

注意事项：每点的电子器件平均正和负系统不确定度由上述数据确定。见III-2.3.3.2.1（d）。

烟道测点	平均正系统不确定度	平均负系统不确定度
1	0.30	−0.20
2	0.30	−0.20
3	0.30	−0.20
4	0.30	−0.20
5	0.30	−0.20
6	0.30	−0.20
7	0.30	−0.20
8	0.30	−0.20
9	0.30	−0.20

电子器件的系统不确定度为+0.32和−0.21[见III-2.3.3.2.2（b）]。

注：

（1）烟道平均温度为651℉。见III-2.3.3.2.1（a）、（b）。

表III-2.3.3.2.3-1　系统不确定度工作簿（方法3）—空气/烟气温度

测得参数：温度/温度计未修正读数_____℉　　　　　工作簿编号：

1		系统不确定度来源	2	正值	3	负值
	独立系统不确定度的测量参数		读数的百分数	℉	读数的百分数	℉
a	热电偶安装	假定由各方测量而得		+0.0		−0.25
b	传感器	由试验和精度检查数据计算而来		+4.68		−1.31
c	电子器件	由试验和精度检查数据计算而来		+0.32		−0.21
d						
e						
总系统不确定度（a²+b²+c²+…）^0.5			2A	2B	3A	3B
				+4.69		−1.35

强制性附录IV

氧量测量的采样计算方法

IV-1 引言

先初始的精度检查、然后应用精度检查确定仪表的系统不确定度，及最终选择正确的实测数据，共有三种方法。

方法 1，计算时每一个测量值都要先进行修正，为每一个修正后读数计算正、负系统不确定度。如果读数间于两个精度检查点之间，需要计算此读数处的校准量，并计算相应的正、负系统不确定度。最后把修正后的读数平均，对把正、负系统不确定度求平方和，然后再除以读数个数减 1，再开平方合并正、负系统不确定度。该方法为本规程首选的方法。

方法 2，计算时所有所有精度检查点范围内的读数都用一个校准量修正。如果烟道内有多个修正后的平均值，则以每个平均值的读数作为权重对这些平均值进行加权平均。对每一个精度范围内的读数，计算相应的正、负系统不确定度。把正、负系统不确定度先求平方和、除以读数的个数减 1 后，再开平方根把各读数的系统不确定度合并到一起。

方法 3，测量值不进行调整。正（负）源于仪表的系统不确定度是正（负）校准量的平方和除以正（负）校准量的个数，再求平方根所得到的结果。 正（负）源于仪表的系统不确定度源于最大和最小读数范围内所有的精度检查（包括初始精度检查，试验后精度检查，以及试验中任意精度检查）。

IV-2 方法 1—每个读数都修正

IV-2.1 步骤

第 1 种方法中，所有测量值都要单独修正。对每一个读数都有 3 个校准量，第一个中间校准量由读数的值和试验前精度检查数据决定，第二个中间校准量由读数的值和试验后马上进行的精度检查数据决定。最终应用于该读数的校准量是由前面两个中间校准量，根据读数的时间和精度检查的时间进行插值计算而得到。

每一个读数由仪表造成的、修正前正（负）系统不确定度是每一个读数的正（负）校准量的平方和与校准量个数比值的平方根。每一个读数由仪表造成

的、修正后正系统不确定度是读数源于仪表的修正前正系统不确定度与读数校准量的和；如果该值是正数就除以 2，否则取 0。每个试验工况中测试仪表的正（负）系统不确定度按先求每个读数正（负）系统不确定度的平方、然后除以读数的个数减 1，再开平方根的合并计算方法得到。

IV-2.2 示例

已知如下数据：

初始精度检查结果

时间	校准气体	测试仪表读数	校准量
06:30	0.1% O_2	0.0	+0.1
	5.0% O_2	4.8	+0.2
	10.0% O_2	10.1	−0.1

试验中精度检查结果

时间	校准气体	测试仪表读数	校准量
10:00	0.1% O_2	0.2	−0.1
	5.0% O_2	5.1	−0.1
	10.0% O_2	10.4	−0.4

试验后精度检查结果

时间	校准气体	测试仪表读数	校准量
11:30	0.1% O_2	0.4	−0.3
	5.0% O_2	5.2	−0.2
	10.0% O_2	10.3	−0.3

试验前精度检查和试验中精度检查之间的读数

时间	读数	时间	读数	时间	读数
8:35	4.6	8:51	4.5	9:07	3.8
8:37	4.5	8:53	3.8	9:09	5.1
8:39	4.1	8:55	4.2	9:11	5.2
8:41	4.3	8:57	3.6	9:13	4.4
8:43	4.7	8:59	4.1	9:15	3.8
8:45	4.5	9:01	4.2	9:17	4.2
8:47	5.1	9:03	4.1	9:19	4.5
8:49	5.1	9:05	4.2	9:21	5.2

续表

时间	读数	时间	读数	时间	读数
9:23	3.9	9:35	4.1	9:47	4.9
9:25	3.7	9:37	3.6	9:49	4.8
9:27	5.2	9:39	3.9	9:51	4.6
9:29	4.2	9:41	3.9	9:53	5.3
9:31	4.7	9:43	5.1		
9:33	4.9	9:45	4.7		

试验中精度检查和试验后精度检查之间的读数

时间	读数	时间	读数	时间	读数
10:15	3.8	10:37	3.8	10:59	3.8
10:17	5.2	10:39	5.2	11:01	4.2
10:19	5	10::41	4.6	11:03	5.6
10:21	5.7	10:43	4.1	11:05	5.2
10:23	5.6	10:45	4.5	11:07	3.8
10:25	5.1	10:47	4.8	11:09	4.8
10:27	3.8	10:49	4.3	11:11	4.8
10:29	3.9	10:51	5.1	11:13	4.2
10:31	5.7	10:53	4.5	11:15	5.6
10:33	3.9	10:55	4.9	11:17	3.7
10:35	3.8	10:57	4.6		

8:35 第一次读数（4.6%）处的第一个中间校准量（由初始精度检查结果计算）为

$$\frac{0.1}{0}, \frac{x}{4.6}, \frac{+0.2}{4.8}$$

$$x = \frac{(0.2 - 0.1)(4.6 - 0.0)}{4.8 - 0.0} + 0.1$$
$$= +0.20$$

4.6%的第二个中间校准量（由试验中精确度检查结果计算）为

$$\frac{-0.1}{0.2}, \frac{x}{4.6}, \frac{-0.1}{5.1}$$

$$x = \frac{[(-0.1) - (-0.1)](4.6 - 0.2)}{5.1 - 0.2} + (-0.1)$$
$$= -0.10$$

最后基于精度检查时间和读数次数进行插值而得到的、可应用于读数的校准量为

$$\frac{0.20}{6:30}, \frac{x}{8:35}, \frac{-0.1}{10:00}$$

$$x = \frac{[(-0.1) - (-0.2)](8:35 - 6:30)}{10:00 - 6:30} + (-0.1)$$
$$= +0.02$$

8:35 的读数修正后的结果为 4.6%+0.02%=4.62%。

正、负系统不确定度计算如下：

基于试验前精度检查结果，小于 4.6%的读数校准量为+0.1，大于 4.6%的读数校准量为+0.2。基于实验

中精度检查结果，小于 4.6%的读数校准量为−0.1，大于 4.6%的读数校准量为−0.1。

每个读数调整前源于仪表的正（负）的系统不确定度即为每个读数的正（负）校准量的平方和与读数个数比值的平方根。测量前通过精度检查结果得到的两个校准量，低于、高于读数的校准量分别为+0.1 和+0.2。测量后再通过精度检查结果得到的两个校准量，低于、高于读数的校准量分别为−0.1 和−0.1。

因此，未经调整的正系统不确定度是

$$\sqrt{[(-0.1)^2 + (-0.1)^2]/2} = 0.10$$

未经调整的负系统不确定度是

$$\sqrt{[(0.1)^2 + (0.2)^2]/2} = 0.16$$

每个读数修正后源于仪表的正系统不确定度就是该读数源于仪表未修正的系统不确定度与该读数校准量的和；如果结果是正数就除以 2，否则取 0。

修正后的正系统不确定度为

$$[0.1 + (+0.02)]/2 = 0.06\%$$

每读数源于仪表的修正后负系统不确定度就是该读数处的校准量减去不调整该读数的负系统不确定度；如果结果是负数就除以 2，否则取 0。

修正后的负系统不确定度为

$$[0.02 - (+0.16)]/2 = -0.07\%$$

其他读数的数据见表Ⅳ-2.2-1。

修正后读数的平均值为 4.40%。正系统不确定度即为每个读数的正系统不确定度求平方和，除以 71-1，再开平方根（0.04%）。负系统不确定度即为每个读数的负系统不确定度求平方，除以 71-1，再开平方根（0.10%）。

参见表Ⅳ-2.2-2。

Ⅳ-3　方法 2—在精度检查点范围内的所有采集数据都用同一校准量修正

Ⅳ-3.1　步骤

第 2 种方法中，用同一个气体分析仪在同一个位置（一个或更多点）测得的取自连续的精度检查范围内的所有读数，都使用同一个校准量来调整。使用这种方法，读数基于假设的测试仪表线性漂移特性进行修正。系统不确定度由数据采集前、后两次精度检查中，在最低读数处、最高读数处和中间精度检查点处的校准量，先求平方和，除以误差个数，再开平方根方法得到。

Ⅳ-3.1.1　读数。在第一次精度检查和第二次精度检查之间的时段内，由同一分析仪检测到的所有读数处理如下：

（a）将所有读数平均（算数或按质量流量加权平均）；

（b）计算该组读数的平均读取时间点［第一次读数的时间+（第一次读数与最后一次读数之间的时间/2）］；

（c）基于平均读取时间点前的精度检查点结果，计算回路在平均读数处的校准量；

（d）基于平均读取时间点后的精度检查点结果，计算回路在平均读数处的校准量；

（e）基于每一次精度检查的时间和读数读取平均时间对以上两个校准量进行插值，计算应用于每一个读数处的校准量；

（f）把校准量加到平均读数上得到修正后平均读数。

Ⅳ-3.1.2 回路系统不确定度。通过校准量先求平方开平方的方法估计回路的正、负系统不确定度，各个校准量基于数据采集时间前、后两次精度检查中，最低读数处、最高读数处与中间精度检查点的检查结果计算得到。在第二次和第三次精度检查之间采集数据时重复上面的步骤，第三次与第四次精度检查之间的数据采集也重复上面步骤，往下同理。

Ⅳ-3.1.3 修正后的平均值。对此烟道中所有的修正平均量依据每组中的读数个数或根据质量流量加权平均进行平均计算，得到修正后平均值。

Ⅳ-3.1.4 平均值。某位置每个点的算数平均值按质量流量的加权平均值。

Ⅳ-3.1.5 系统不确定度。通过对每个分析仪、某个时段内所有的正（负）系统不确定度先求平方和、再除以该组读数个数减1，最后开平方的合并计算方法，得到正（负）系统不确定度。

Ⅳ-3.2 示例

已知如下数据：

初始精度检查结果

时间	校准气体	测试仪表读数	校准量
06:30	0.1% O_2	0.0	+0.1
	5.0% O_2	4.8	+0.2
	10.0% O_2	10.1	−0.1

试验中精度检查结果

时间	校准气体	测试仪表读数	校准量
10:00	0.1% O_2	0.2	−0.1
	5.0% O_2	5.1	−0.1
	10.0% O_2	10.4	−0.4

试验后精度检查结果

时间	校准气体	测试仪表读数	校准量
11:30	0.1% O_2	0.4	−0.3
	5.0% O_2	5.2	−0.2
	10.0% O_2	10.3	−0.3

试验前精度检查和试验中精度检查之间的读数

时间	读数	时间	读数	时间	读数
8:35	4.6	9:03	4.1	9:31	4.7
8:37	4.5	9:05	4.2	9:33	4.9
8:39	4.1	9:07	3.8	9:35	4.1
8:41	4.3	9:09	5.1	9:37	3.6
8:43	4.7	9:11	5.2	9:39	3.9
8:45	4.5	9:13	4.4	9:41	3.9
8:47	5.1	9:15	3.8	9:43	5.1
8:49	5.1	9:17	4.2	9:45	4.7
8:51	4.5	9:19	4.5	9:47	4.9
8:53	3.8	9:21	5.2	9:49	4.8
8:55	4.2	9:23	3.9	9:51	4.6
8:57	3.6	9:25	3.7	9:53	5.3
8:59	4.1	9:27	5.2		
9:01	4.2	9:29	4.2		

试验中精度检查和试验后精度检查之间的读数

时间	读数	时间	读数	时间	读数
10:15	3.8	10:37	3.8	10:59	3.8
10:17	5.2	10:39	5.2	11:01	4.2
10:19	5	10:41	4.6	11:03	5.6
10:21	5.7	10:43	4.1	11:05	5.2
10:23	5.6	10:45	4.5	11:07	3.8
10:25	5.1	10:47	4.8	11:09	3.8
10:27	3.8	10:49	4.3	11:11	4.8
10:29	3.9	10:51	5.1	11:13	4.2
10:31	5.7	10:53	4.5	11:15	5.6
10:33	3.9	10:55	4.9	11:17	3.7
10:35	3.8	10:57	4.6		

初始精度检查和试验中精度检查之间所获取 40 个 O_2 读数的平均值是 4.43%。试验中精度检查和试验后精度检查之间获取 32 个 O_2 读数的平均值是 4.48%。

（a）第一个时间段（初始精度检查和试验中精度检查之间）内读数 4.43%处的第一个中间校准量（基于初始精度检查结果）为

$$\frac{+0.1}{0.0}, \frac{x}{4.43}, \frac{+0.2}{4.8}$$

$$x = \frac{(0.2-0.1)(4.43-0.0)}{4.8-0.0} + 0.1$$

$$= +0.19$$

4.43%的第二个中间校准量（由试验中精度检查结果计算）为

$$\frac{-0.1}{0.2}, \frac{x}{4.43}, \frac{-0.1}{5.1}$$

$$x = \frac{[(-0.1)-(-0.1)](4.43-0.2)}{5.1-0.2}+(-0.1)$$
$$= -0.10$$

基于精度检查时间和读数时间插值得到读数的最终校准量为

$$\frac{0.19}{6:30}, \frac{x}{8:35+(9:53-8:35)/2}, \frac{-0.1}{10:00}$$

$$x = \frac{[(-0.1)-(0.19)](9:14-6:30)}{10:00-6:30}+0.19$$
$$= -0.04$$

对初始精度检查和试验中精度检查之间的平均读数（4.43%）进行修正，减去 0.04%后，得到修正后平均读数为 4.39%。

在第一时段计算数据的正负系统不确定度如下：

初始精度检查中最低读数（3.6%）处的校准量为

$$\frac{+0.1}{0.0}, \frac{x}{3.6}, \frac{+0.2}{4.8}$$

$$x = \frac{(0.2-0.1)(3.6-0.0)}{4.8-0.0}+0.1$$
$$= +0.175$$

初始精度检查中中间精度检查点标准气体读数（4.8%）处的校准量为+0.2。

初始精度检查最高读数（5.3%）处的校准量为

$$\frac{+0.2}{4.8}, \frac{x}{5.3}, \frac{-0.1}{10.1}$$

$$x = \frac{[(-0.1)-0.2](5.3-4.8)}{10.1-4.8}+0.2$$
$$= +0.17$$

试验中精度检查最低读数（3.6%）处的校准量为

$$\frac{-0.1}{0.2}, \frac{x}{3.6}, \frac{-0.1}{5.1}$$

$$x = \frac{[(-0.1)-(-0.1)](3.6-0.2)}{5.1-0.2}+(-0.1)$$
$$= -0.10$$

试验中精度检查中间检查点标准气体读数（5.1%）处的校准量为−0.10。

试验中精度检查最高读数（5.3%）处的校准量为

$$\frac{-0.1}{5.1}, \frac{x}{5.3}, \frac{-0.4}{10.4}$$

$$x = \frac{[(-0.4)-(-0.1)](5.3-5.1)}{10.4-5.1}+(-0.1)$$
$$= -0.11$$

每个负校准量的平方和除以误差的个数，再开平方根为

$$\sqrt{[(-0.1)^2+(-0.1)^2+(-0.11)^2]/3}=0.10\%$$

既然该组数据的平均值有一个负校准量为−0.04，

所以正系统不确定度需减去该值，最终得到 0.10 −0.04=0.06%。

每个正校准量的平方和除以误差的个数，再开平方根为

$$\sqrt{[(0.175)^2+(0.2)^2+(0.17)^2]/3}=0.18\%$$

既然该组数据的平均值有一个负校准量为−0.04，负系统不确定度保持不变，所以该组读数的负系统不确定度为0.18%。

（b）第二个时间段（在试验中精度检查和试验后精度之间）4.58%读数处的第一个中间校准量（由试验中精度检查结果计算）为

$$\frac{-0.1}{0.2}, \frac{x}{4.58}, \frac{-0.1}{5.1}$$

$$x = \frac{[(-0.1)-(-0.1)](4.58-0.2)}{5.1-0.2}+(-0.1)$$
$$= -0.10$$

4.58%处的第二个中间校准量（由试验后精度检查结果计算）为

$$\frac{-0.3}{0.4}, \frac{x}{4.58}, \frac{-0.2}{5.2}$$

$$x = \frac{[(-0.2)-(-0.3)](4.58-0.4)}{5.2-0.4}+(-0.3)$$
$$= -0.21$$

基于精度检查时间和读数时间插值得到读数的最终校准量为

$$\frac{-0.1}{10:00}, \frac{x}{10:15+(11:17-10:15)/2}, \frac{-0.21}{11:30}$$

$$x = \frac{[(-0.21)-(-0.1)](10:46-10:00)}{11:30-10:00}+(-0.1)$$
$$= -0.16$$

对试验中精度检查和试验后精度检查之间的平均读数（4.58%）进行修正，加−0.16%后，得到修正后平均值为 4.42%。

所有修正后平均值（40 读数×4.39%+32 读数×4.42%)/72 读数为 4.40%。

在第二时段内计算数据的正、负系统不确定度如下：

试验中精度检查最低读数（3.7%）处的校准量为

$$\frac{-0.1}{0.2}, \frac{x}{3.7}, \frac{-0.1}{5.1}$$

$$x = \frac{[(-0.1)-(-0.1)](3.7-0.2)}{5.1-0.2}+(-0.1)$$
$$= -0.10$$

试验中精度检查中间检查点标准气体读数（5.1%）处的校准量为−0.1。

试验中精度检查最高读数（5.3%）处的校准量为

$$\frac{-0.1}{5.1}, \frac{x}{5.7}, \frac{-0.4}{10.4}$$

$$x = \frac{[(-0.4)-(-0.1)](5.7-5.1)}{10.4-5.1} + (-0.1)$$
$$= -0.13$$

试验后精度检查最低读数（3.7%）处的修正为

$$\frac{-0.3}{0.4}, \frac{x}{3.7}, \frac{-0.2}{5.2}$$

$$x = \frac{[(-0.2)-(-0.3)](3.7-0.4)}{5.2-0.4} + (-0.3)$$
$$= -0.23$$

试验后精度检查中间检查点标准气体读数（5.2%）处的校准量为−0.20。

试验后精度检查最高读数（5.7%）处的校准量为

$$\frac{-0.2}{5.2}, \frac{x}{5.7}, \frac{-0.3}{10.3}$$

$$x = \frac{[(-0.3)-(-0.2)](5.7-5.2)}{10.3-5.2} + (-0.2)$$
$$= -0.21$$

每个负校准量的平方和除以误差的个数再开平方根为

$$\sqrt{[(-0.1)^2+(-0.1)^2+(-0.13)^2+(-0.23)^2+(-0.2)^2+(-0.21)^2]/6}$$
$$=0.17\%$$

既然该组数据的平均值有一个负校准量为−0.16，正系统不确定度需减去该值，所以该组读数的正系统不确定度为0.01。

校准量没有正的，所以负系统不确定度为0。既然该组数据的平均值有一个负校准量为−0.16，负系统不确定度保持不变，所以这系列的读数的正系统不确定度为0。

整体正系统不确定度为

$$\sqrt{\left[40(0.06)^2+32(0.01)^2\right]/(72-1)} = 0.05\%$$

整体负系统不确定度为

$$\sqrt{\left[40(0.18)^2+32(0.0)^2\right]/(72-1)} = 0.14\%$$

参见表Ⅳ-3.2-1。

Ⅳ-4 方法3—测量值不修正直接计算

Ⅳ-4.1 步骤

第3种方法中，测量值不经过调整直接计算。源于仪表的正（负）系统不确定度由所有正（负）校准量的平方和除以正（负）校准量的个数，再开平方得到；校准量包括所有精度检查（包括初始精度检查，试验后精度检查，以及任意试验中精度检查）中介于最大读数和最小读数范围内所有的精度检查结果。对每一次精度检查，需要计算最小读数处、最大读数处及中间检查点标准气体读数处（如果要用到）的校准量。

Ⅳ-4.2 示例

已知如下数据：

初始精度检查结果

校准气体	测试仪表读数	校准量
0.1% O_2	0.0	+0.1
5.0% O_2	4.8	+0.2
10.0% O_2	10.1	−0.1

试验中精度检查结果

校准气体	测试仪表读数	校准量
0.1% O_2	0.0	+0.1
5.0% O_2	4.8	+0.2
10.0% O_2	10.1	−0.1

试验后精度检查结果

校准气体	测试仪表读数	校准量
0.1% O_2	0.4	−0.3
5.0% O_2	5.2	−0.2
10.0% O_2	10.3	−0.3

试验中平均值为4.50%。最小测量值为3.6%，最大测量值为5.7%。

初始精度检查中最低读数（3.6%）处的校准量为

$$\frac{+0.1}{0.0}, \frac{x}{3.6}, \frac{+0.2}{4.8}$$

$$x = \frac{(0.2-0.1)(3.6-0.0)}{4.8-0.0} + 0.1$$
$$= +0.175$$

初始精度检查中中间检查点处标准气体读数（4.8%）处的校准量为+0.2。

初始精度检查中最高读数（5.7%）处的校准量为

$$\frac{+0.2}{4.8}, \frac{x}{5.7}, \frac{-0.1}{10.1}$$

$$x = \frac{[(-0.1)-(-0.2)](5.7-4.8)}{10.1-4.8} + 0.2$$
$$= +0.15$$

试验中精度检查最低读数（3.6%）处的校准量为

$$\frac{-0.1}{0.2}, \frac{x}{3.6}, \frac{-0.1}{5.1}$$

$$x = \frac{[(-0.1)-(-0.1)](3.6-0.2)}{5.1-0.2} + (-0.1)$$
$$= -0.10$$

试验中精度检查中间标准气体读数（5.1%）的校准量为−0.10。

试验中精度检查最高读数（5.7%）的校准量为

$$\frac{-0.1}{5.1}, \frac{x}{5.7}, \frac{-0.4}{10.4}$$

$$x = \frac{[(-0.4)-(-0.1)](5.7-5.1)}{10.4-5.1} + (-0.1)$$
$$= -0.13$$

试验后精度检查最低读数（3.6%）处的修正为

$$\frac{-0.3}{0.4}, \frac{x}{3.6}, \frac{-0.2}{5.2}$$

$$x = \frac{[(-0.2)-(-0.3)](3.6-0.4)}{5.2-0.4} + (-0.3)$$
$$= -0.23$$

试验后精度检查中中间检查点标准气体读数（5.2%）处的校准量为 -0.20。

试验后精度检查中最高读数（5.7%）处的校准量为

$$\frac{-0.2}{5.2}, \frac{x}{5.7}, \frac{-0.3}{10.3}$$

$$x = \frac{[(-0.3)-(-0.2)](5.7-5.2)}{10.3-5.2} + (-0.2)$$
$$= -0.21$$

负校准量的平方和除以校准量个数的平方根为

$$\sqrt{\left[(-0.1)^2+(-0.1)^2+(-0.13)^2+(-0.23)^2+(-0.2)^2+(-0.21)^2\right]/6}$$
$$= 0.17\%$$

即为测试仪表的正系统不确定度。

正校准量的平方和除以误差个数的平方根为

$$\sqrt{\left[(0.175)^2+(0.2)^2+(0.15)^2\right]/3} = 0.18\%$$

即为测试仪表的负系统不确定度。

参见表 IV-4.2-1。

针对试验前不确定度分析，O_2 分析仪的系统不确定度可以由 OEM 文献、过往的经验或者一个 $\pm0.2\%$ 估算值决定。

表 IV-2.2-1　　　　　其他读数数据—O_2 示例

时间	测量读数	校准量			修正后读数 [注(1)]	修正因数				校准量			
		试验前精度检查	试验后精度检查	读数时间		前		后		前		后	
						低于读数	高于读数	低于读数	高于读数	低于读数	高于读数	低于读数	高于读数
8:35	4.60	0.196	-0.100	0.020	4.62	0.196	0.211	-0.100	-0.072	0.100	0.200	-0.100	-0.100
8:37	4.50	0.194	-0.100	0.016	4.52	0.194	0.217	-0.100	-0.066	0.100	0.200	-0.100	-0.100
8:39	4.10	0.185	-0.100	0.010	4.11	0.185	0.240	-0.100	-0.043	0.100	0.200	-0.100	-0.100
8:41	4.30	0.190	-0.100	0.009	4.31	0.190	0.228	-0.100	-0.055	0.100	0.200	-0.100	-0.100
8:43	4.70	0.198	-0.100	0.009	4.71	0.198	0.206	-0.100	-0.077	0.100	0.200	-0.100	-0.100
8:45	4.50	0.194	-0.100	0.005	4.51	0.194	0.217	-0.100	-0.066	0.100	0.200	-0.100	-0.100
8:47	5.10	0.183	-0.100	0.002	5.10	0.206	0.183	-0.100	-0.100	0.200	-0.100	-0.100	-0.100
8:49	5.10	0.183	-0.100	-0.004	5.10	0.206	0.183	-0.100	-0.100	0.200	-0.100	-0.100	-0.100
8:51	4.50	0.194	-0.100	0.003	4.50	0.194	0.217	-0.100	-0.066	0.100	0.200	-0.100	-0.100
8:53	3.80	0.179	-0.100	-0.011	3.79	0.179	0.257	-0.100	-0.026	0.100	0.200	-0.100	-0.100
8:55	4.20	0.188	-0.100	-0.011	4.19	0.188	0.234	-0.100	-0.049	0.100	0.200	-0.100	-0.100
8:57	3.60	0.175	-0.100	-0.018	3.58	0.175	0.268	-0.100	-0.015	0.100	0.200	-0.100	-0.100
8:59	4.10	0.185	-0.100	-0.017	4.08	0.185	0.240	-0.100	-0.043	0.100	0.200	-0.100	-0.100
9:01	4.20	0.188	-0.100	-0.019	4.18	0.188	0.234	-0.100	-0.049	0.100	0.200	-0.100	-0.100
9:03	4.10	0.185	-0.100	-0.023	4.08	0.185	0.240	-0.100	-0.043	0.100	0.200	-0.100	-0.100
9:05	4.20	0.188	-0.100	-0.025	4.18	0.188	0.234	-0.100	-0.049	0.100	0.200	-0.100	-0.100
9:07	3.80	0.179	-0.100	-0.030	3.77	0.179	0.257	-0.100	-0.026	0.100	0.200	-0.100	-0.100
9:09	5.10	0.183	-0.100	-0.031	5.07	0.206	0.183	-0.100	-0.100	0.200	-0.100	-0.100	-0.100
9:11	5.20	0.177	-0.106	-0.040	5.16	0.208	0.177	-0.100	-0.106	0.200	-0.100	-0.100	-0.400
9:13	4.40	0.192	-0.100	-0.035	4.37	0.192	0.223	-0.100	-0.060	0.100	0.200	-0.100	-0.100
9:15	3.80	0.179	-0.100	-0.040	3.76	0.179	0.257	-0.100	-0.026	0.100	0.200	-0.100	-0.100
9:17	4.20	0.188	-0.100	-0.041	4.16	0.188	0.234	-0.100	-0.049	0.100	0.200	-0.100	-0.100
9:19	4.50	0.194	-0.100	-0.043	4.46	0.194	0.217	-0.100	-0.066	0.100	0.200	-0.100	-0.100
9:21	5.20	0.177	-0.106	-0.053	5.15	0.208	0.177	-0.100	-0.106	0.200	-0.100	-0.100	-0.400
9:23	3.90	0.181	-0.100	-0.050	3.85	0.181	0.251	-0.100	-0.032	0.100	0.200	-0.100	-0.100
9:25	3.70	0.177	-0.100	-0.054	3.65	0.177	0.262	-0.100	-0.021	0.100	0.200	-0.100	-0.100
9:27	5.20	0.177	-0.106	-0.062	5.14	0.208	0.177	-0.100	-0.106	0.200	-0.100	-0.100	-0.400

续表

时间	测量读数	校准量			修正后读数[注(1)]	修正因数				校准量			
		试验前精度检查	试验后精度检查	读数时间		前		后		前		后	
						低于读数	高于读数	低于读数	高于读数	低于读数	高于读数	低于读数	高于读数
9:29	4.20	0.188	−0.100	−0.057	4.14	0.188	0.234	−0.100	−0.049	0.100	0.200	−0.100	−0.100
9:31	4.70	0.198	−0.100	−0.059	4.64	0.198	0.206	−0.100	−0.077	0.100	0.200	−0.100	−0.100
9:33	4.90	0.194	−0.100	−0.062	4.84	0.202	0.194	−0.100	−0.089	0.200	−0.100	−0.100	−0.100
9:35	4.10	0.185	−0.100	−0.066	4.03	0.185	0.240	−0.100	−0.043	0.100	0.200	−0.100	−0.100
9:37	3.60	0.175	−0.100	−0.070	3.53	0.175	0.268	−0.100	−0.015	0.100	0.200	−0.100	−0.100
9:39	3.90	0.181	−0.100	−0.072	3.83	0.181	0.251	−0.100	−0.032	0.100	0.200	−0.100	−0.100
9:41	3.90	0.181	−0.100	−0.075	3.83	0.181	0.251	−0.100	−0.032	0.100	0.200	−0.100	−0.100
9:43	5.10	0.183	−0.100	−0.077	5.02	0.206	0.183	−0.100	−0.100	0.200	−0.100	−0.100	−0.100
9:45	4.70	0.198	−0.100	−0.079	4.62	0.198	0.206	−0.100	−0.077	0.100	0.200	−0.100	−0.100
9:47	4.90	0.194	−0.100	−0.082	4.82	0.202	0.194	−0.100	−0.089	0.200	−0.100	−0.100	−0.100
9:49	4.80	0.200	−0.100	−0.084	4.72	0.200	0.200	−0.100	−0.083	0.100	0.200	−0.100	−0.100
9:51	4.60	0.196	−0.100	−0.087	4.51	0.196	0.211	−0.100	−0.072	0.100	0.200	−0.100	−0.100
9:53	5.30	0.172	−0.111	−0.102	5.20	0.210	0.172	−0.100	−0.111	0.200	−0.100	−0.100	−0.400
10:15	3.80	−0.100	−0.229	−0.122	3.68	−0.100	−0.026	−0.229	−0.173	−0.100	−0.100	−0.300	−0.200
10:17	5.20	−0.106	−0.200	−0.124	5.08	−0.100	−0.106	−0.200	−0.200	−0.100	−0.400	−0.300	−0.200
10:19	5.00	−0.100	−0.204	−0.122	4.88	−0.100	−0.094	−0.204	−0.196	−0.100	−0.100	−0.300	−0.200
10:21	5.70	−0.134	−0.210	−0.152	5.55	−0.100	−0.134	−0.190	−0.210	−0.100	−0.400	−0.200	−0.300
10:23	5.60	−0.128	−0.208	−0.148	5.45	−0.100	−0.128	−0.192	−0.208	−0.100	−0.400	−0.200	−0.300
10:25	5.10	−0.100	−0.202	−0.128	4.97	−0.100	−0.100	−0.202	−0.198	−0.100	−0.100	−0.300	−0.200
10:27	3.80	−0.100	−0.229	−0.139	3.66	−0.100	−0.026	−0.229	−0.173	−0.100	−0.100	−0.300	−0.200
10:29	3.90	−0.100	−0.227	−0.141	3.76	−0.100	−0.032	−0.227	−0.175	−0.100	−0.100	−0.300	−0.200
10:31	5.70	−0.134	−0.210	−0.160	5.54	−0.100	−0.134	−0.190	−0.210	−0.100	−0.400	−0.200	−0.300
10:33	3.90	−0.100	−0.227	−0.147	3.75	−0.100	−0.032	−0.227	−0.175	−0.100	−0.100	−0.300	−0.200
10:35	3.80	−0.100	−0.229	−0.150	3.65	−0.100	−0.026	−0.229	−0.173	−0.100	−0.100	−0.300	−0.200
10:37	3.80	−0.100	−0.229	−0.153	3.65	−0.100	−0.026	−0.229	−0.173	−0.100	−0.100	−0.300	−0.200
10:39	5.20	−0.106	−0.200	−0.147	5.05	−0.100	−0.106	−0.200	−0.200	−0.100	−0.400	−0.300	−0.200
10:41	4.60	−0.100	−0.213	−0.151	4.45	−0.100	−0.072	−0.213	−0.188	−0.100	−0.100	−0.300	−0.200
10:43	4.10	−0.100	−0.223	−0.159	3.94	−0.100	−0.043	−0.223	−0.178	−0.100	−0.100	−0.300	−0.200
10:45	4.50	−0.100	−0.215	−0.158	4.34	−0.100	−0.066	−0.215	−0.186	−0.100	−0.100	−0.300	−0.200
10:47	4.80	−0.100	−0.208	−0.156	4.64	−0.100	−0.083	−0.208	−0.192	−0.100	−0.100	−0.300	−0.200
10:49	4.30	−0.100	−0.219	−0.165	4.14	−0.100	−0.055	−0.219	−0.182	−0.100	−0.100	−0.300	−0.200
10:51	5.10	−0.100	−0.202	−0.158	4.94	−0.100	−0.100	−0.202	−0.198	−0.100	−0.100	−0.300	−0.200
10:53	4.50	−0.100	−0.215	−0.168	4.33	−0.100	−0.066	−0.215	−0.186	−0.100	−0.100	−0.300	−0.200
10:55	4.90	−0.100	−0.206	−0.165	4.74	−0.100	−0.089	−0.206	−0.194	−0.100	−0.100	−0.300	−0.200
10:57	4.60	−0.100	−0.213	−0.172	4.43	−0.100	−0.072	−0.213	−0.188	−0.100	−0.100	−0.300	−0.200
10:59	3.80	−0.100	−0.229	−0.185	3.62	−0.100	−0.026	−0.229	−0.173	−0.100	−0.100	−0.300	−0.200
11:01	4.20	−0.100	−0.221	−0.182	4.02	−0.100	−0.049	−0.221	−0.180	−0.100	−0.100	−0.300	−0.200
11:03	5.60	−0.128	−0.208	−0.184	5.42	−0.100	−0.128	−0.192	−0.208	−0.100	−0.400	−0.200	−0.300
11:05	5.20	−0.106	−0.200	−0.174	5.03	−0.100	−0.106	−0.200	−0.200	−0.100	−0.400	−0.300	−0.200
11:07	3.80	−0.100	−0.229	−0.196	3.60	−0.100	−0.026	−0.229	−0.173	−0.100	−0.100	−0.300	−0.200
11:09	3.80	−0.100	−0.229	−0.199	3.60	−0.100	−0.026	−0.229	−0.173	−0.100	−0.100	−0.300	−0.200
11:11	4.80	−0.100	−0.208	−0.185	4.62	−0.100	−0.083	−0.208	−0.192	−0.100	−0.100	−0.300	−0.200
11:13	4.20	−0.100	−0.221	−0.198	4.00	−0.100	−0.049	−0.221	−0.180	−0.100	−0.100	−0.300	−0.200
11:15	5.60	−0.128	−0.208	−0.195	5.41	−0.100	−0.128	−0.192	−0.208	−0.100	−0.400	−0.200	−0.300
11:17	3.70	−0.100	−0.231	−0.212	3.49	−0.100	−0.021	−0.231	−0.171	−0.100	−0.100	−0.300	−0.200

续表

正系统不确定度（未根据读数校准量调整）						负系统不确定度（未根据读数校准量调整）						系统不确定度	
前	后	前	后	负校准量个数	平方根（平方和/读数个数）	前	后	前	后	正校准量个数	平方根（平方和/读数个数）	正[注(2)]	负[注(3)]
低于读数	高于读数	低于读数	高于读数			低于读数	高于读数	低于读数	高于读数				
0.000	0.000	−0.100	−0.100	2	0.100	0.100	0.200	0.000	0.000	2	0.158	0.060	−0.069
0.000	0.000	−0.100	−0.100	2	0.100	0.100	0.200	0.000	0.000	2	0.158	0.058	−0.071
0.000	0.000	−0.100	−0.100	2	0.100	0.100	0.200	0.000	0.000	2	0.158	0.055	−0.074
0.000	0.000	−0.100	−0.100	2	0.100	0.100	0.200	0.000	0.000	2	0.158	0.055	−0.075
0.000	0.000	−0.100	−0.100	2	0.100	0.100	0.200	0.000	0.000	2	0.158	0.055	−0.075
0.000	0.000	−0.100	−0.100	2	0.100	0.100	0.200	0.000	0.000	2	0.158	0.053	−0.077
0.000	−0.100	−0.100	−0.100	3	0.100	0.200	0.000	0.000	0.000	1	0.200	0.049	−0.101
0.000	−0.100	−0.100	−0.100	3	0.100	0.200	0.000	0.000	0.000	1	0.200	0.048	−0.102
0.000	0.000	−0.100	−0.100	2	0.100	0.100	0.200	0.000	0.000	2	0.158	0.049	−0.081
0.000	0.000	−0.100	−0.100	2	0.100	0.100	0.200	0.000	0.000	2	0.158	0.045	−0.085
0.000	0.000	−0.100	−0.100	2	0.100	0.100	0.200	0.000	0.000	2	0.158	0.045	−0.085
0.000	0.000	−0.100	−0.100	2	0.100	0.100	0.200	0.000	0.000	2	0.158	0.041	−0.088
0.000	0.000	−0.100	−0.100	2	0.100	0.100	0.200	0.000	0.000	2	0.158	0.042	−0.088
0.000	0.000	−0.100	−0.100	2	0.100	0.100	0.200	0.000	0.000	2	0.158	0.041	−0.089
0.000	0.000	−0.100	−0.100	2	0.100	0.100	0.200	0.000	0.000	2	0.158	0.039	−0.091
0.000	0.000	−0.100	−0.100	2	0.100	0.100	0.200	0.000	0.000	2	0.158	0.038	−0.092
0.000	0.000	−0.100	−0.100	2	0.100	0.100	0.200	0.000	0.000	2	0.158	0.035	−0.094
0.000	−0.100	−0.100	−0.100	3	0.100	0.200	0.000	0.000	0.000	1	0.200	0.035	−0.116
0.000	−0.100	−0.100	−0.400	3	0.245	0.200	0.000	0.000	0.000	1	0.200	0.103	−0.120
0.000	0.000	−0.100	−0.100	2	0.100	0.100	0.200	0.000	0.000	2	0.158	0.033	−0.097
0.000	0.000	−0.100	−0.100	2	0.100	0.100	0.200	0.000	0.000	2	0.158	0.030	−0.099
0.000	0.000	−0.100	−0.100	2	0.100	0.100	0.200	0.000	0.000	2	0.158	0.030	−0.100
0.000	0.000	−0.100	−0.100	2	0.100	0.100	0.200	0.000	0.000	2	0.158	0.029	−0.101
0.000	−0.100	−0.100	−0.400	3	0.245	0.200	0.000	0.000	0.000	1	0.200	0.096	−0.127
0.000	0.000	−0.100	−0.100	2	0.100	0.100	0.200	0.000	0.000	2	0.158	0.025	−0.104
0.000	0.000	−0.100	−0.100	2	0.100	0.100	0.200	0.000	0.000	2	0.158	0.023	−0.106
0.000	−0.100	−0.100	−0.400	3	0.245	0.200	0.000	0.000	0.000	1	0.200	0.092	−0.131
0.000	0.000	−0.100	−0.100	2	0.100	0.100	0.200	0.000	0.000	2	0.158	0.022	−0.108
0.000	0.000	−0.100	−0.100	2	0.100	0.100	0.200	0.000	0.000	2	0.158	0.021	−0.109
0.000	−0.100	−0.100	−0.100	3	0.100	0.200	0.000	0.000	0.000	1	0.200	0.019	−0.131
0.000	0.000	−0.100	−0.100	2	0.100	0.100	0.200	0.000	0.000	2	0.158	0.017	−0.112
0.000	0.000	−0.100	−0.100	2	0.100	0.100	0.200	0.000	0.000	2	0.158	0.015	−0.114
0.000	0.000	−0.100	−0.100	2	0.100	0.100	0.200	0.000	0.000	2	0.158	0.014	−0.115
0.000	0.000	−0.100	−0.100	2	0.100	0.100	0.200	0.000	0.000	2	0.158	0.013	−0.117
0.000	−0.100	−0.100	−0.100	3	0.100	0.200	0.000	0.000	0.000	1	0.200	0.012	−0.139
0.000	0.000	−0.100	−0.100	2	0.100	0.100	0.200	0.000	0.000	2	0.158	0.011	−0.119
0.000	−0.100	−0.100	−0.100	3	0.100	0.200	0.000	0.000	0.000	1	0.200	0.009	−0.141
0.000	0.000	−0.100	−0.100	2	0.100	0.100	0.200	0.000	0.000	2	0.158	0.008	−0.121
0.000	0.000	−0.100	−0.100	2	0.100	0.100	0.200	0.000	0.000	2	0.158	0.007	−0.123
0.000	−0.100	−0.100	−0.400	3	0.245	0.200	0.000	0.000	0.000	1	0.200	0.072	−0.151
−0.100	−0.100	−0.300	−0.200	4	0.194	0.000	0.000	0.000	0.000	0	0.000	0.036	−0.061
−0.100	−0.400	−0.300	−0.200	4	0.274	0.000	0.000	0.000	0.000	0	0.000	0.075	−0.062

续表

正系统不确定度（未根据读数校准量调整）						负系统不确定度（未根据读数校准量调整）						系统不确定度	
前	后	前	后	负校准量个数	平方根（平方和/读数个数）	前	后	前	后	正校准量个数	平方根（平方和/读数个数）	正[注(2)]	负[注(3)]
低于读数	高于读数	低于读数	高于读数			低于读数	高于读数	低于读数	高于读数				
-0.100	-0.100	-0.300	-0.200	4	0.194	0.000	0.000	0.000	0.000	0	0.000	0.036	-0.061
-0.100	-0.400	-0.200	-0.300	4	0.274	0.000	0.000	0.000	0.000	0	0.000	0.061	-0.076
-0.100	-0.400	-0.200	-0.300	4	0.274	0.000	0.000	0.000	0.000	0	0.000	0.063	-0.074
-0.100	-0.100	-0.300	-0.200	4	0.194	0.000	0.000	0.000	0.000	0	0.000	0.033	-0.064
-0.100	-0.100	-0.300	-0.200	4	0.194	0.000	0.000	0.000	0.000	0	0.000	0.028	-0.070
-0.100	-0.100	-0.300	-0.200	4	0.194	0.000	0.000	0.000	0.000	0	0.000	0.027	-0.071
-0.100	-0.400	-0.200	-0.300	4	0.274	0.000	0.000	0.000	0.000	0	0.000	0.057	-0.080
-0.100	-0.100	-0.300	-0.200	4	0.194	0.000	0.000	0.000	0.000	0	0.000	0.024	-0.074
-0.100	-0.100	-0.300	-0.200	4	0.194	0.000	0.000	0.000	0.000	0	0.000	0.022	-0.075
-0.100	-0.400	-0.300	-0.200	4	0.274	0.000	0.000	0.000	0.000	0	0.000	0.064	-0.074
-0.100	-0.100	-0.300	-0.200	4	0.194	0.000	0.000	0.000	0.000	0	0.000	0.022	-0.076
-0.100	-0.100	-0.300	-0.200	4	0.194	0.000	0.000	0.000	0.000	0	0.000	0.018	-0.080
-0.100	-0.100	-0.300	-0.200	4	0.194	0.000	0.000	0.000	0.000	0	0.000	0.018	-0.079
-0.100	-0.100	-0.300	-0.200	4	0.194	0.000	0.000	0.000	0.000	0	0.000	0.019	-0.078
-0.100	-0.100	-0.300	-0.200	4	0.194	0.000	0.000	0.000	0.000	0	0.000	0.015	-0.083
-0.100	-0.100	-0.300	-0.200	4	0.194	0.000	0.000	0.000	0.000	0	0.000	0.018	-0.079
-0.100	-0.100	-0.300	-0.200	4	0.194	0.000	0.000	0.000	0.000	0	0.000	0.013	-0.084
-0.100	-0.100	-0.300	-0.200	4	0.194	0.000	0.000	0.000	0.000	0	0.000	0.015	-0.083
-0.100	-0.100	-0.300	-0.200	4	0.194	0.000	0.000	0.000	0.000	0	0.000	0.011	-0.086
-0.100	-0.100	-0.300	-0.200	4	0.194	0.000	0.000	0.000	0.000	0	0.000	0.005	-0.093
-0.100	-0.100	-0.300	-0.200	4	0.194	0.000	0.000	0.000	0.000	0	0.000	0.006	-0.091
-0.100	-0.400	-0.200	-0.300	4	0.274	0.000	0.000	0.000	0.000	0	0.000	0.045	-0.092
-0.100	-0.400	-0.300	-0.200	4	0.274	0.000	0.000	0.000	0.000	0	0.000	0.050	-0.087
-0.100	-0.100	-0.300	-0.200	4	0.194	0.000	0.000	0.000	0.000	0	0.000	0.000	-0.098
-0.100	-0.100	-0.300	-0.200	4	0.194	0.000	0.000	0.000	0.000	0	0.000	0.000	-0.100
-0.100	-0.100	-0.300	-0.200	4	0.194	0.000	0.000	0.000	0.000	0	0.000	0.005	-0.093
-0.100	-0.100	-0.300	-0.200	4	0.194	0.000	0.000	0.000	0.000	0	0.000	0.000	-0.099
-0.100	-0.400	-0.200	-0.300	4	0.274	0.000	0.000	0.000	0.000	0	0.000	0.040	-0.098
-0.100	-0.100	-0.300	-0.200	4	0.194	0.000	0.000	0.000	0.000	0	0.000	0.000	-0.106

注:

（1）修正后读数平均值为 4.40%。

（2）正系统不确定度平均值为 0.04%。

（3）负系统不确定度平均值为 0.10%。

表 IV-2.2-2　　　　　　　　方法 1 估算系统不确定度

1	用于确定单独系统不确定度的测量参数	系统不确定度来源	2 正		3 负	
			读数的百分数	百分点数	读数的百分数	百分点数
a	可读性	系统采集系统的特性		+0.05		-0.05
b	精度	由试验结果和精度检查结果计算		+0.04		-0.10
c						
d						
e						
	总系统不确定度 $(a^2+b^2+c^2+\cdots)^{0.5}$		2A	2B +0.06	3A	3B -0.11

表Ⅳ-3.2-1　　　　　　　　　　　　　　　　方法 2 估算系统不确定度

1	用于确定单独系统不确定度的测量参数	系统不确定度来源	2	正		3	负	
				读数的百分数	百分点数		读数的百分数	百分点数
a	可读性	系统采集系统的特性			+0.05			−0.05
b	精度	试验和精度检查数据的计算			+0.05			−0.14
c								
d								
e								
	总系统不确定度（a²+b²+c²+⋯）⁰·⁵		2A	2B	+0.07	3A	3B	−0.15

表Ⅳ-4.2-1　　　　　　　　　　　　　　　　方法 3 估算系统不确定度

1	用于确定单独系统不确定度的测量参数	系统不确定度来源	2	正		3	负	
				读数的百分数	百分点数		读数的百分数	百分点数
a	可读性	系统采集系统的特性			+0.05			−0.05
b	精度	试验和精度检查数据的计算			+0.17			−0.18
c								
d								
e								
	总系统不确定度（a²+b²+c²+⋯）⁰·⁵		2A	2B	+0.18	3A	3B	−0.19

强制性附录V

无方向流量探针和有方向流量探针

V-1 简介

无方向流量探针包括皮托静压管及 Stauscheibe 型靠背管（S 形皮托管）。最常用的有方向探针为 Fechheimer 探针。流量探针的其他相关信息，参见 ASME PTC11-风机性能试验规程。

V-2 皮托静压管

皮托静压管根据其形状也称为 L 形皮托管。皮托静压管为双层管嵌套结构，前端有弯成的 90°鼻管用于感压（图 V-2-1 及图 V-2-2）。感压头部的形状有半球形、锥形、椭圆体形及改进的椭圆体形。探针顶部的内侧感压管正对外部流体并感受流体全压（静压+动压）。探针顶部之后、弯头之前区域的外侧感压管外表面有一系列开孔，用于感受静压并传送至内外感压管之间的环形区域。

V-3 Stauscheibe 管（S 形皮托管）

Stauscheibe 管也称作 S 形皮托管或前后反向靠背管。S 形皮托管包括两个不锈钢感压管，感压孔呈 180°相反方向布置（图 V-3-1）。一个感压孔面对流体上游方向测量流体全压（P_T）；另一个感压孔面对流体下游方向，并测量流体的静压（P_S）。两个测量压力差值（P_T–P_S）约等于流体动压（P_V）的 142%。流体动压（P_V）的系数值应依据特定流动状态获得的校验真实值进行修正。

V-4 三孔 Fechheimer 探针

Fechheimer 探针的三孔形式，也称为三孔圆柱形转动探针，可用于测定流体的全压（用于计算动压）、静压及流体探针在垂直切面内的仰俯角。

V-5 五孔 Fechheimer 探针

五孔探针，通常需要确定在流体水平切面内偏转角度、各项压力值及流体垂直切面内的仰俯角度［图 V-5-1（a）～（c）］。与球形探针相比，优先选择楔形五孔探针（图 V-5-2）。这主要是由于楔形五孔探针所有探孔位置位于平面上，易于实现测量时的零位平衡。

V-6 探针校准

除皮托静压管之外的所有探针均须进行校准。皮托静压管可视为一次测量仪表元件，无需进行校准，但前提是可维护保养在崭新状态。本节的校准步骤仅适用于压力测量。有方向探针的校准通常与压力校准同时进行。有方向探针的校准参见 V-7.3 的内容。

探针的校准可使用自由流体射流喷嘴或封闭式风洞（图 V-6-1～图 V-6-3）。探针的滞止面积应尽可能地小，并应小于 5%的流道总截面积。校准时对流量进行适当调整，按等距分布安排校准点。对于两孔或三孔探针，在最小标称流体速度至最大标称流体速度区间内至少应有 8 个校准点。对于五孔探针至少应有 3 个校准点，其中一个接近最小标称流体速度，一个接近最大标称流体速度，其他校准点介于二者之间。

校准的参考值可以选用皮托静压管（推荐）或其他形式经过校准的参考探针。参考探针的滞止面积应尽可能地小，在任何情况下参考探针的滞止面积不应超过烟道横截面积的 5%。

参考探针与试验探针安装时要保证两者在流体中位置可互换，且固定后位置相同。也可使参考探针与试验探针相邻布置，前提是两个测量位置的流动状态相同，探针滞止面积均不超过 5%，且试验探针与参考探针之间不存在相互干扰。有方向探针校准时，探针应与流体来流对正，并根据 V-7.5 中的零位平衡原则消除探针垂直切面内的转动。应当记录与射流器或风洞轴线零位的所有偏离。为获取零位平衡，顺时针转动探针时应记录垂直切面内探针正向转动角度，反之应记录垂直切面内探针负向转动角度。静压指示应取自参考探针或试验探针的合适的静压取压孔，对于风洞不能直接取自壁面开孔，对于射流器也不能视为等同于环境压力。试验探针与参考探针应接至适合的显示装置，对于每个探针应分别记录其显示的静压值 P_{si}、全压值 P_{ti}、动压值 P_{vi}。应注明校准时采用的获取动压的静压取压孔，并在随试验后中使用相同的取压孔测取动压。

探针的校准结果采用探针全压系数 K_t 及探针速度系数 K_v 来表示。探针全压系数由校准数据采用下式计算

$$K_t = \frac{(p_{ti})_{ref}}{(p_{ti})_{test}} \quad (\text{V-6-1})$$

探针速度系数由试验数据采用下式计算

$$K_v = \frac{\left[\dfrac{(K_v)_{ref}}{1+(K_v)_{ref}\beta_{ref}}\right]\left[\dfrac{(p_{v1})_{ref}}{(p_{v1})_{test}}\right]}{1-\left[\dfrac{\beta_{test}(K_v)_{ref}}{1+(K_v)_{ref}\beta_{ref}}\right]\left[\dfrac{(p_{v1})_{ref}}{(p_{v1})_{test}}\right]} \quad (\text{V-6-2})$$

其中

$$\beta = \pm\frac{C_D(1-\varepsilon_p)}{4(1-\varepsilon_p)-3}\left(\frac{S_p}{C}\right) \quad (\text{V-6-3})$$

$$1-\varepsilon_p = 1-\left[\frac{(K_v)_{ref}}{2k}\right]\left[\frac{(p_{vi})_{ref}}{(p_{sa})_{ref}}\right] \quad (\text{V-6-4})$$

注：C_D 通常并非高度精确的数值。缺乏具体信息时，对于圆柱形状探针，取 $C_D \approx 1.2$。采用封闭风洞校准时，β 为正值；采用自由流体射流喷嘴校准时，β 为负值。

K_v 的计算公式中包括了对于探针滞止面积的修正项（参见 ASME PTC11）。如参考探针为皮托静压管，则取 $(K_v)_{ref} = 1.0$；当参考探针与试验探针的滞止面积可忽略时（$S_p/C < 0.005$），K_v 的计算公式可简化为

$$K_v = \left[\frac{(p_{vi})_{ref}}{(p_{vi})_{test}}\right] \quad (\text{V-6-5})$$

一般来说，对于无方向及三孔探针，探针全压系数与探针速度系数为雷诺数 Re_p 的函数；对于五孔探针，探针全压系数与探针速度系数为水平偏转角压力系数 C_ϕ 及雷诺数 Re_p 的函数。对于棱角形状探针，如图 V-5-2 中所示的棱镜状五孔探针，当雷诺数超过 10^4 时探针全压系数与探针速度系数与雷诺数无关。对于此类探针，雷诺数对于系数的影响可以忽略。

经过校准的探针应谨慎保管使用，当测压顶部区域附近出现大的刮痕或缺口时校准值失效。探针的校准应定期进行，但测孔附近损坏时应重新校准。

V-7　流体垂直切面及水平切面

图 V-7-1 显示了与流体流动方向对应的垂直切面及水平切面。垂直切面及水平切面内角度指示装置，参见图 V-7-2、图 V-4-1 及图 V-7-3。

V-7.1　仪表

垂直切面内转动角度可采用带角度指示装置的

有方向探针进行测量。水平切面内偏转角由有方向探针校准时确定。推荐采用 V-5 的五孔探针。有些情况下也可使用三孔探针（图 V-4-1 及图 V-7-3）。

V-7.2　精度

垂直切面内转动角度及水平切面内偏转角测量系统的显示精度为 ±2°。

V-7.3　校准

压力校准前应沿探针轴线划出参考线。参考线通常与全压测压孔对正或呈 180° 方向。划线用于确定垂直切面内转动角度显示装置的安装参考位置。由 V-6 可以确定参考线与零位位置的相对关系。探针带有量角器，并可与参照的高精度量角器对比检查。如下所述，量角器只用于测量探针在垂直切面内的仰俯角。

水平切面内偏转角的校准可在自由流体射流喷嘴或封闭式风洞上实现，并通常在 V-6 校准步骤完成。校准装置应配备合适的装置，并可使试验探针固定在不同的水平切面内偏转角位置。固定装置应在每个位置牢固固定探针。水平切面内探针偏转角度变化时，探针探测头在流体中应保持在相同位置。

在不同的水平切面偏转角度下，探针应进行准确地对正及零位平衡，并记录第四孔与第五孔取压口压差值，以及 V-6 及零位平衡偏置下要求的相关压力及压差值。压力值的记录应覆盖 -30°~30° 水平切面内偏转角范围内任一偏转角度下（每次增加 5°）的三种标称速度状态（如 V-6 所述）。校准装置流量控制在某一标称速度工况，并记录所有水平切面偏转角度下的数据，接着调整至下一标称速度重复进行记录。或者对于某一水平切面内偏转角状态，调整标称速度至不同数值进行相应的数据记录。

最终可以获得由水平切面偏转角及相应的探针系数表示的校准函数。探针系数又可表示为水平切面内偏转角压力系数 C_ϕ（定义为水平切面偏转角下压差与动压显示值的比值）及雷诺数 Re_p 的函数。对于棱角形状探针，如棱镜状五孔探针，当雷诺数超过 10^4 时水平切面偏转角/水平切面内偏转角压力系数与雷诺数无关。对于此类探针，雷诺数对于系数的影响可以忽略（参见图 V-7.3-1~图 V-7.3-3）。

V-7.4　读数的次数

对各个横切测量截面上每个测试点均进行压力测量。应测量显示的动压及全压或静压。其余的压力可通过数学计算得到。需要时，也应确定各个横切测量截面上每个测试点的垂直切面转动角度及水平切面偏转角。

也可使用两套或更多的探针在两个及更多位置获取压力数据。这需要两套或多套仪表及相应的试验人员，但可以显著缩短试验所耗费的时间。

V-7.5 现场操作

操作时,在每个测试点将五孔探针通过测压开孔插入至正确的深度。在插入的长度上,探针应具有足够的刚度,以避免探针下垂超出横切测量截面的范围过大(如超出 30%最大基本截面积)。应借助探针上的参考线对探针进行定位,这样当全压测孔指向流体上游并与测量截面垂直时,显示的垂直切面转动角度将为零角度。接着将探针沿其轴线转动,直到获得静压测孔取压口的零位平衡。探针的转动角度采用适合的指示器测量,并记录为垂直切面内转动角度。在同一探针转动角度下同时记录第四测孔及第五测孔取压口间的压差值,并与动压显示值及此角度下压力系数共同确定垂直切面转动角。V-7.4 中列出的动压及静压测量值,或动压及全压测量值,应在零位平衡位置进行记录。注意,零位平衡可在四个不同位置实现,但只有一个是正确的。不正确的零位平衡通常对应于动压为负值的测量位置。

有方向探针无法实现零位平衡时,应记录动压为零的位置。三孔探针采用类似方式操作,但同一探针转动角度下取压口间的压差值可以忽略。

V-8 横切测量截面数据的修正

横切测量截面测量数据的计算存在一定困难,因为测量数据必须经过探针校准、探针滞止面积及可压缩性等因素的修正。探针校准系数 K_t、K_V,有时是探针雷诺数 Re_p 的函数。雷诺数 Re_p 由探针位置的实际气体流速 V、密度 ρ 及黏度 μ 共同确定。实际气体特性值同时也与比热容量比值 k 相关。由于这四个量值只能通过具体测量参数确定,因此需要进行迭代计算。计算步骤如下:

(a)选择 K_{tj},K_{vj} 及 k 的暂定值(如 V-8.1 所示)。

(b)对横切测量截面读数值进行校准修正。如必要进行探针滞止面积、可压缩性因素的修正(参见 V-8.2)。

(c)进行相关计算。

(d)在确定横切测量截面内所有测量点处的气体黏度(参见 4-6.6.23),气体密度(参见 5-3.4.10 或 5-3.5.13)及速度(参见 4-6.6.22)后,计算所有测量点处的雷诺数值(参见 4-6.6.24),并确定新的 K_{tj}、K_{vj} 数值。

(e)如新的 K_{tj}、K_{vj} 数值与初始假定值有显著差异时,重复上述计算过程。

探针校准系数也是水平切面偏转角压力系数 C_{Φ} 的函数,但此相关性不会影响迭代的过程。

V-8.1 探针系数初始估算值的确定原则

计算开始时,必须首先选择 K_{tj}、K_{vj} 的初始值。合适的初始值可以使计算过程迭代快速完成,甚至无需进行迭代。以下为选择 K_{tj}、K_{vj} 的初始值的指导

原则:

(a)对于皮托静压管探针,取 K_{tj}、K_{vj}=1.0,并且无需改变。

(b)对于其他形式探针,K_{tj}、K_{vj} 与 Re_p 的关系曲线在关注区间段应当相对平坦,因此任何合理的 K_{tj}、K_{vj} 的初始值均会获得满意的计算结果。建议采用以下方式:

(1)选择校准数据中间范围段对应的 K_{tj}、K_{vj} 值。

(2)根据校准数据使用 K_{tj}、K_{vj} 的平均值。

(3)由风机的标准条件或设计条件估算 Re_p 的数值,并确定对应的 K_{tj}、K_{vj} 值。

(4)由横切测量截面上的典型点的 Re_p 的估算数值,确定对应的 K_{tj}、K_{vj} 值。

V-8.2 探针系数及探针滞止面积的修正

横切点的测量数据包括 t_i、p_{vi} 及 p_{si} 或 p_{ti}。其他压力可根据 $p_{ti}=p_{si}+p_{vi}$ 计算。各个测量点位置的修正数据(采用角标 j)由测量值(采用角标 i)及探针系数 K_{tj} 及 K_{vj} 计算得到。公式如下:

$$p_{tj} = K_{tj} p_{ti} \qquad (V\text{-}8\text{-}1)$$

$$K_{vjc} = \frac{K_{vj}}{1 + \beta_j K_{vj}} \qquad (V\text{-}8\text{-}2)$$

$$\begin{aligned} P_{sj} &= K_{tj} p_{ti} - K_{vjc} p_{vi} \\ &= K_{vjc} p_{si} - (K_{vjc} - K_{tj}) p_{ti} \end{aligned} \qquad (V\text{-}8\text{-}3)$$

$$p_{saj} = p_{sj} + C_{13} p_b \qquad (V\text{-}8\text{-}4)$$

其中　$C=13.62 \text{inH}_2\text{O/in.Hg}$(1.0Pa/Pa)

$$p_{vj} = K_{vjc}(1 - \varepsilon_p) p_{vi} \qquad (V\text{-}8\text{-}5)$$

$$T_{sj} = T_i / (1 + \varepsilon_T) \qquad (V\text{-}8\text{-}6)$$

其中　$T_i = t_i + C_1 = t_i + 459.7\,℉$(273.15℃)

β_j 用于修正探针的滞止面积,并采用下式计算:

$$\beta_j = \pm \frac{C_D(1 - \varepsilon_p)}{4(1 - \varepsilon_p) - 3}\left(\frac{S_{pj}}{A}\right) \qquad (V\text{-}8\text{-}7)$$

上述公式中,$(1 - \varepsilon_p)$ 及 $(1 + \varepsilon_T)$ 为流体压缩性修正系数,计算公式如下:

$$1 - \varepsilon_p = 1 - \frac{1}{2k}\left(\frac{K_{vjc} p_{vi}}{p_{saj}}\right) \qquad (V\text{-}8\text{-}8)$$

$$1 + \varepsilon_T = 1 + 0.85\left(\frac{k-1}{k}\right)\left(\frac{K_{vjc} p_{vi}}{p_{saj}}\right) \qquad (V\text{-}8\text{-}9)$$

前提是 $K_{vjc} p_{vi} / p_{saj}$ 的计算值不超过 0.1(参见 4-6.6.13)。

注:温度传感器的恢复系数假定为 0.85(参见 R.C.Dean 于 1953 年编辑的 MIT 燃气轮机实验室报告,空气动力学参数测量部分)。

图Ⅴ-2-1　皮托静压管

图Ⅴ-2-2　皮托静压管头部

图Ⅴ-3-1　Stauscheibe 皮托管或 S 形皮托管

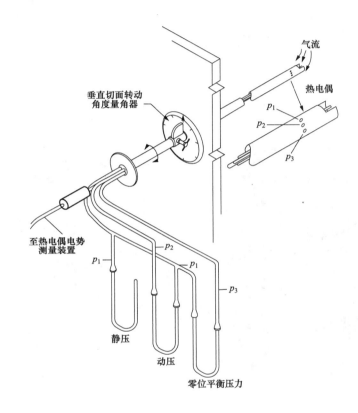

图Ⅴ-4-1　Fechheimer 探针（菲克亥尔摩探针）

图Ⅴ-5-1　五孔探针顶部

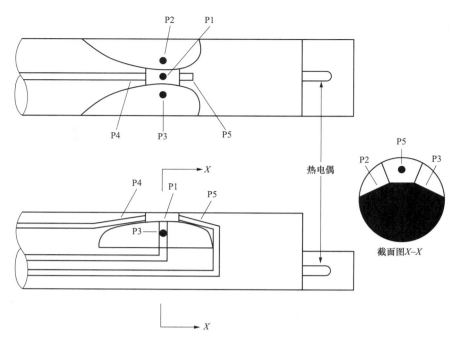

图 V-5-2　棱柱形探针剖面图

图 V-6-1　自由流体射流喷嘴

图 V-6-2　风洞

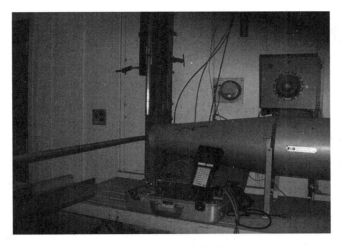

图Ⅴ-6-3　自由流体

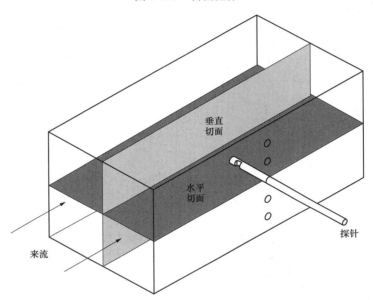

图Ⅴ-7-1　垂直及水平切面

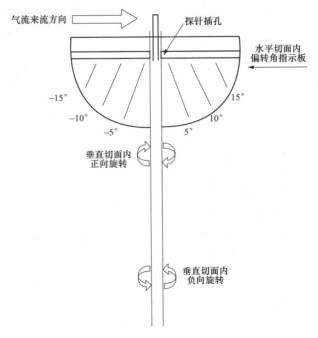

图Ⅴ-7-2　垂直及水平切面约定惯例

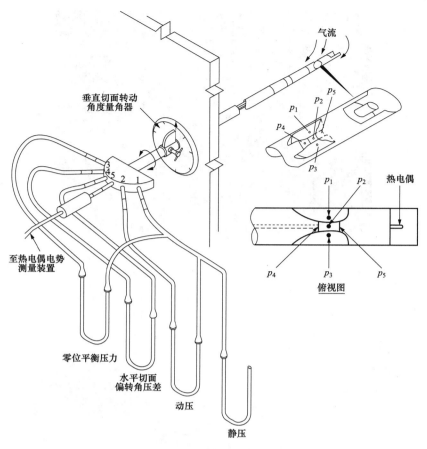

图 V-7-3　五孔探针

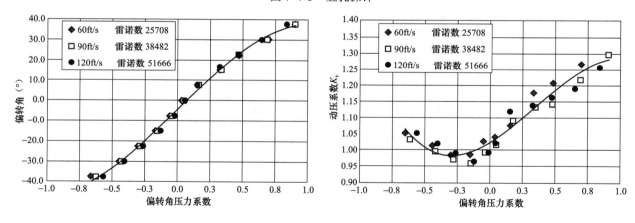

图 V-7.3-1　水平切面内偏转角 Φ 与偏转角压力系统 C_Φ 曲线　　图 V-7.3-2　动压系数 K_v 与偏转角压力系统 C_Φ 曲线

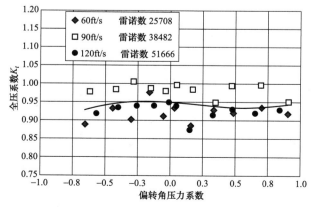

图 V-7.3-3　全压系数 K_t 与偏转角压力系统 C_Φ 曲线

非强制性附录 A

计 算 示 例

A-1 简介

本附录中的表格为两台并列布置三分仓空气预热器性能试验的计算示例。与一步步的详细计算过程不同，该计算表格专为本规程编写，从总体上展示了所需输入参数和计算结果。

为了节省表格显示空间和方便处理数据，表格中采用的单位均用缩略语，大小为基本单位"质量/质量"或"质量/输入热量"的若干倍。常用的缩略语如下：

（a）lbm/lbm：以磅为计算质量，某一组分相对于或全部物质或另一组分的质量比例。如 lbm 灰/lbm 燃料，表示燃料中灰质量份额。

（b）lb/100lb：相对于质量为 100lb 的某一组分或全部物质，另一种组分以磅为计量单位的质量示数。如 lb 灰/100lb 燃料，表示燃料中灰分的质量百分数。

（c）lb/10kBtu：相对于每 1000Btu 燃料输入热量，某一物质以磅为计算单位时质量示数。在锅炉燃烧计算中采用这些单位比较方便。

（d）lb/10kB：lb/10kBtu 的缩写。

（e）klb/h：1000lb/h。

（f）MkBtu/h：百万 kBtu/h。

（g）MkB：百万 Btu 的缩写。

A-2 输入数据表

数据输入表 1～表 4（表 A-2-1～表 A-2-4）显示需要输入的数据。

数据表 1 和表 2 详细显示的平均值和不确定度所需输入的数据。

数据表 3 显示了燃烧计算和机组效率计算所需的输入和不确定度数据。要注意的是，用于确定燃料输入的首选方法是通过能量平衡方法来进行效率计算的。空气预热器的数据是进行这些计算的最关键数据。但是，本规程也允许测量燃料量（仅建议用于燃油和燃气机组，且流量测量的不确定度应达到最小，以保证空气预热器性能结果的不确定度可接受）。

数据表 4 显示了空气预热器的标准或设计值。包括用于拟合进口烟气质量流量和 X-比修正曲线的数据。

最好是通过计算机组出力来获得所需的输入数据，参见本附录中机组出力-美制单位（输入和计算表）。注意，数据表 3 用直接输入的出力代替计算出力所需的测量数据。

A-3 综合不确定度输入表

空气预热器试验的主要任务包括在大型烟道和管道范围内测量空气和烟气的温度、速度、压力和烟气含氧量。两项与这些测量相关的关键不确定度分别是与空间变化有关的系统不确定度（数值积分）和与速度或流量加权相关的系统不确定度。表格（表 A-3-1 和表 A-3-2）提供了一种基于机组确定这些测量结果总体系统不确定度的模式。

组合不确定度输入表（参见表 A-3-3）后是空气温度系统不确定度计算表格的示例。这些表格适用于大多数测量仪表，并且在其他的不确定度工作表中通过工作表编号（索引名"系统不确定度表编号"）大量引用，如 1A、1C 和 4B。类似于 ASME PTC 4 的不确定度计算表。

A-4 机组出力-美制单位（输入和计算表）

输入的数据包括流量、温度和压力。表 A-4-1 中用三列显示。过热器减温水流量可以测量或通过热平衡进行计算。

A-5 燃烧计算和效率计算

输入数据显示在表 A-5-1 中第一张表格的顶部。如果使用吸收剂，则这部分所显示的输入必须单独计算。项目 50～69 为燃烧计算和效率计算的示例，其中显示有项目编号和计算过程。

A-6 带修正的空气预热器性能计算表

表 A-6-1 第 1 页汇总了每台空气预热器的测量数据。第 2 页显示了用于校正计算的标准或设计数据。第 3 页显示了空气预热器性能修正所需计算值的中间结果和关键性能参数的修正结果。

A-7 空气预热器性能不确定度工作表

表 A-7-1～表 A-7-6 显示了确定任何选定参数的

不确定度所需的详细输入和计算。该例子是用于确定无漏风空气预热器出口烟气温度的不确定度。表格编号为 1A 和 2A～1F 和 2F。表 1A 和表 2A 显示了用于每个测量参数的测量值、标准偏差和系统不确定度值（参见输入表格的描述）。表 1B 和表 2B 显示了每个测量参数的一个增量变化的重新计算结果、每个参数计算结果的随机不确定度和其正、负系统不确定度。表格 2F 对每个参数的不确定度进行汇总，并显示总不确定结果的摘要。每列所需的详细计算显示在每张表格的标题栏中。在表 2A～2F 中项目［20］中显示了不确定度参数。

表 A-2-1   **输入数据表 1**

空气预热器输入数据		平均值	标准偏差	总体正系统不确定度		总体负系统不确定度		读数编号	系统不确定度表编号
				%	单位	%	单位		
空气预热器编号		A							
空气预热器型号（0=无设备、1=三分仓、2=二分仓）		1							
温度									
空气预热器进口空气温度（二次风）		93.5	0.17	0.14	0.75	0.14	0.70	20.95	1A
空气预热器出口空气温度（二次风）		639.3	0.03	0.14	1.48	0.14	1.81	16.28	1A
空气预热器进口空气温度（一次风）		114.8	0.20	0.14	0.59	0.14	0.59	14.8	1A
空气预热器出口空气温度（一次风）		617.1	0.16	0.14	8.25	0.14	8.25	4.3	1A
空气预热器进口烟气温度（三分仓）		712.3	0.33	0.14	4.63	0.14	4.59	20.23	1B
空气预热器出口烟气温度（三分仓）		283.6	0.02	0.14	4.57	0.14	4.47	19.4	1B
空气预热器进口烟气温度（二分仓）		0.0	0.00	0.14	0.00	0.14	0.00	0.00	1B
空气预热器进口烟气温度（二分仓）		0.0	0.00	0.14	0.00	0.14	0.00	0.00	1B
烟气和空气质量流量									
空气预热器进口烟气流量（测量）		2941.6	6.63	5.00	0.05	5.00	0.05	2	4D
空气预热器出口二次风流量（测量）		0.0	0.00	5.00	0.05	5.00	0.05	0	4D
二次风空气预热器出口热风流量（测量、二分仓）		0.0	0.00	5.00	0.05	5.00	0.05	0	4D
空气预热器出口一次风流量（测量）		373.8	0.06	5.00	0.05	5.00	0.05	2	4D
其他									
空气预热器进口烟气氧量（%）（干基=0、湿基=1）	0	3.26	0.02	0.00	0.15	0.00	0.15	20.49	5A
空气预热器出口烟气氧量（%）（干基=0、湿基=1）	0	4.14	0.02	0.00	0.32	0.00	0.32	20.7	5B
压差值									
二次风压差（inH$_2$O）		4.26	0.23	0.00	0.27	0.00	0.27	32	2C
一次风压差（inH$_2$O）		4.17	0.14	0.00	0.27	0.00	0.27	30	2C
烟气侧压差（三分仓空气预热器）		5.84	0.08	0.00	0.27	0.00	0.27	32	2C
烟气侧压差（二分仓空气预热器）		0.00	0.00	0.00	0.27	0.00	0.27	0	2C
二次风进口与烟气出口间压差（inH$_2$O）		18.1	0.21	0.00	0.27	0.00	0.27	32	2C
一次风进口与烟气出口间压差（inH$_2$O）		44	0.16	0.00	0.27	0.00	0.27	30	2C
空气预热器编号		B							
空气预热器型号（0=无设备、1=三分仓、2=二分仓）		1							
温度									
空气预热器进口空气温度（二次风）		93.1	0.16	0.14	0.6	0.14	0.7	20.95	1A
空气预热器出口空气温度（二次风）		641.6	0.06	0.14	1.3	0.14	1.7	16.28	1A
空气预热器进口空气温度（一次风）		117.6	0.20	0.14	0.7	0.14	0.7	14.8	1A
空气预热器出口空气温度（一次风）		623.7	0.14	0.14	8.4	0.14	8.4	4.30	1A
空气预热器进口烟气温度（三分仓）		717.6	0.28	0.14	4.3	0.14	4.2	20.23	1B

续表

空气预热器输入数据		平均值	标准偏差	总体正系统不确定度		总体负系统不确定度		读数编号	系统不确定度表编号
				%	单位	%	单位		
空气预热器出口烟气温度（三分仓）		284.7	0.01	0.14	4.5	0.14	4.3	19.40	1B
空气预热器进口烟气温度（二分仓）		0.0	0.00	0.00	0.0	0.00	0.0	0.00	
空气预热器进口烟气温度（二分仓）		0.0	0.00	0.00	0.0	0.00	0.0	0.00	
烟气和空气质量流量									
空气预热器进口烟气流量（测量）		3106.6	20.14	5.00	0.05	5.00	0.05	2	4D
空气预热器出口二次风流量（测量）		0.0	0.00	5.00	0.05	5.00	0.05	0	4D
二次风空气预热器出口热风流量（测量、二分仓）		0.0	0.00	5.00	0.05	5.00	0.05	0	4D
空气预热器出口一次风流量（测量）		385.8	0.05	5.00	0.05	5.00	0.05	2	4D
其他									
空气预热器进口烟气氧量（%）（干基=0、湿基=1）	0	3.49	0.02	0.00	0.2	0.00	0.2	20.49	5A
空气预热器出口烟气氧量（%）（干基=0、湿基=1）	0	3.96	0.01	0.00	0.2	0.00	0.2	20.7	5B
压差值									
二次风压差（inH₂O）		3.87	0.38	0.00	0.27	0	0.27	32	2C
一次风压差（inH₂O）		4.22	0.16	0.00	0.27	0	0.27	30	2C
烟气侧压差（三分仓空气预热器）		5.00	0.18	0.00	0.27	0	0.27	32	2C
烟气侧压差（二分仓空气预热器）		0.00	0.00	0.00	0.27	0	0.27	0	2C
二次风进口与烟气出口间压差（inH₂O）		16.87	0.41	0.00	0.27	0	0.27	32	2C
一次风进口与烟气出口间压差（inH₂O）		43.17	0.21	0.00	0.27	0	0.27	30	2C

电厂名称	ASME4 主表格		机组编号	1	试验序号	1
备注	4.3 示例案例		负荷	MCR	试验日期	2010 年 9 月 1 日
	三分仓空气预热器		时间 1	9:00	时间 2	11:00
			计算负责人		计算日期	2011 年 12 月 1 日

表 A-2-2 **输 入 数 据 表 2**

空气预热器输入数据	平均值	标准偏差	总体正系统不确定度		总体负系统不确定度		读数编号	系统不确定度表编号
			%	单位	%	单位		
空气预热器编号	C							
空气预热器型号（0=无设备、1=三分仓、2=二分仓）	0							
温度								
空气预热器进口空气温度（二次风）	0.0	0.00	0.14	0.58	0.14	0.58	0.00	1A
空气预热器出口空气温度（二次风）	0.0	0.00	0.14	0.58	0.14	0.58	0.00	1A
空气预热器进口空气温度（一次风）	0.0	0.00	0.14	0.58	0.14	0.58	0.00	1A
空气预热器出口空气温度（一次风）	0.0	0.00	0.14	0.58	0.14	0.58	0.00	1A
空气预热器进口烟气温度（三分仓）	0.0	0.00	0.14	1.16	0.14	1.16	0.00	1B
空气预热器出口烟气温度（三分仓）	0.0	0.00	0.14	1.16	0.14	1.16	0.00	1B
空气预热器进口烟气温度（二分仓）	0.0	0.00	0.14		0.14		0.00	
空气预热器进口烟气温度（二分仓）	0.0	0.00	0.14		0.14		0.00	
烟气和空气质量流量								
空气预热器进口烟气流量（测量）	0.0	0.00	5.00	0.05	5.00	0.05	0	4D
空气预热器出口二次风流量（测量）	0.0	0.00	5.00	0.05	5.00	0.05	0	4D

续表

空气预热器输入数据	平均值	标准偏差	总体正系统不确定度		总体负系统不确定度		读数编号	系统不确定度表编号
			%	单位	%	单位		
二次风空气预热器出口热风流量（测量、二分仓）	0.0	0.00	5.00	0.05	5.00	0.05	0	4D
空气预热器出口一次风流量（测量）	0.0	0.00	5.00	0.05	5.00	0.05	0	4D
其他								
空气预热器进口烟气氧量（%）（干基=0、湿基=1）	0.00	0.00	0.00	0.15	0.00	0.15	0.00	5A
空气预热器出口烟气氧量（%）（干基=0、湿基=1）	0.00	0.00	0.00	0.15	0.00	0.15	0.00	5B
压差值								
二次风压差（inH$_2$O）	0.00	0.00	0.00	0.27	0.00	0.27	0	2C
一次风压差（inH$_2$O）	0.00	0.00	0.00	0.27	0.00	0.27	0	2C
烟气侧压差（三分仓空气预热器）	0.00	0.00	0.00	0.27	0.00	0.27	0	2C
烟气侧压差（二分仓空气预热器）	0.00	0.00	0.00	0.27	0.00	0.27	0	2C
二次风进口与烟气出口间压差（inH$_2$O）	0.00	0.00	0.00	0.27	0.00	0.27	0	2C
一次风进口与烟气出口间压差（inH$_2$O）	0.00	0.00	0.00	0.27	0.00	0.27	0	2C
空气预热器编号	D							
空气预热器型号　（0=无设备、1=三分仓、2=二分仓）	0							
温度								
空气预热器进口空气温度（二次风）	0.0	0.00	0.14	0.58	0.14	0.58	0.00	1A
空气预热器出口空气温度（二次风）	0.0	0.00	0.14	0.58	0.14	0.58	0.00	1A
空气预热器进口空气温度（一次风）	0.0	0.00	0.14	0.58	0.14	0.58	0.00	1A
空气预热器出口空气温度（一次风）	0.0	0.00	0.14	0.58	0.14	0.58	0.00	1A
空气预热器进口烟气温度（三分仓）	0.0	0.00	0.14	0.58	0.14	1.16	0.00	1B
空气预热器出口烟气温度（三分仓）	0.0	0.00	0.14	0.58	0.14	1.16	0.00	1B
空气预热器进口烟气温度（二分仓）	0.0	0.00	0.00	0.00	0.00	0.00	0.00	
空气预热器进口烟气温度（二分仓）	0.0	0.00	0.00	0.00	0.00	0.00	0.00	
烟气和空气质量流量								
空气预热器进口烟气流量（测量）	0.0	0.00	5.00	0.05	5.00	0.05	0	4D
空气预热器出口二次风流量（测量）	0.0	0.00	5.00	0.05	5.00	0.05	0	4D
二次风空气预热器出口热风流量（测量、二分仓）	0.0	0.00	5.00	0.05	5.00	0.05	0	4D
空气预热器出口一次风流量（测量）	0.0	0.00	5.00	0.05	5.00	0.05	0	4D
其他								
空气预热器进口烟气氧量（%）（干基=0、湿基=1）	0.00	0.00	0.00	0.15	0.00	0.15	0.00	5A
空气预热器出口烟气氧量（%）（干基=0、湿基=1）	0.00	0.00	0.00	0.15	0.00	0.15	0.00	5B
压差值								
二次风压差（inH$_2$O）	0.00	0.00	0.00	0.27	0.00	0.27	0	2C
一次风压差（inH$_2$O）	0.00	0.00	0.00	0.27	0.00	0.27	0	2C
烟气侧压差（三分仓空气预热器）	0.00	0.00	0.00	0.27	0.00	0.27	0	2C
烟气侧压差（二分仓空气预热器）	0.00	0.00	0.00	0.27	0.00	0.27	0	2C
二次风进口与烟气出口间压差（inH$_2$O）	0.00	0.00	0.00	0.27	0.00	0.27	0	2C
一次风进口与烟气出口间压差（inH$_2$O）	0.00	0.00	0.00	0.27	0.00	0.27	0	2C

电厂名称		ASME4 主表格	机组编号	1	试验序号		1
备注		4.3 示例案例	负荷	MCR	试验日期		2010 年 9 月 1 日
		三分仓空气预热器	时间 1	9:00	时间 2		11:00
			计算负责人		计算日期		2011 年 12 月 1 日

表 A-2-3　　　　　　　　　　　　　　　　**输 入 数 据 表 3**

燃烧和效率输入	平均值	标准偏差	总体正系统不确定度		总体负系统不确定度		读数编号	系统不确定度表编号
			%	单位	%	单位		
燃料温度	86.4	0.30	0.00	7.07	0.00	7.07	120	INPT
空气中水分（直接输入或由下列测量计算）	0.016	0	0.00					
大气压力（inHg）	29.92	0	0.00	0.11	0.00	0.11	2	4B
干球温度（℉）	98	1.25	0.14	0.58	0.14	0.58	4	1A
湿球温度（℉）	74.6	0.40	0.00	0.00	0.00	0.00	4	1A
相对湿度（%）	0.0	0	0.00	0.00	0.00	0.00	0	4A
额外水分 lbm/100lbm 燃料	0.0	0.0	0.0	0.0	0.0	0.0	0	
空气预热器进口飞灰量（%总量）	75.0	0.0	0.0	0.0	0.0	0.0	0	
机组出力（10^6Btu/h）（仅在未测量时输入）	5615.000	0.0	3.0	0.0	3.0	0.0	0	
给燃料量（测定值）（klbm/h）（代替机组出力）	0	0.0	0.0	0.0	0.0	0.0	0	
燃料类型（0＝煤、1＝油、2＝气体、3＝木材、4＝其他）	0							
燃料元素分析（质量，%）								
碳	63.580	0.10	0.00	0.00	0.32	0.00	2	6B
硫	0.945	0.01	0.00	0.00	0.11	0.00	2	6C
氢	3.230	0.00	0.00	0.00	0.12	0.00	2	6D
水	13.600	0.57	0.00	0.00	2.25	0.00	2	6E
水蒸气	0.000	0.40	0.00	0.00	0.00	0.00	2	
氮	0.825	0.01	0.14	0.00	0.14	0.00	2	6G
氧	13.115	0.45	0.12	0.00	0.12	0.00	2	6D
灰分	4.705	0.04	2.02	0.00	2.25	0.00	2	6E
挥发分（%）（计算煤焓值用）	40.8	3.04	0.00	0.00	0.00	0.00	2	5C
固定碳（%）（计算煤焓值用）	41.0	3.61	0.00	0.00	0.00	0.00	2	5D
燃油 API 值（计算焓值用）	0.0	0.00	0.00	0.00	0.00	0.00	1	5A
燃料的高位发热量 HHV（Btu/lb）	10621	18.14	2.00	54.00	2.24	54.00	2	6A
未完全燃烧损失（%输入燃料量）	0.60	0.00	0.30	0.00	0.30	0.00	0	INPT
辅助设备功率（kW）	0.00	0.00	1.50	0.00	1.50	0.00	0	INPT
电动机效率	0.00	0.00	0.00	1.00	0.00	1.00	0	INPT
表面辐射和对流损失（%）（如果未计算面积，则使用）	0.39	0.00	0.20	0.00	0.10	0.00	0	INPT
平面投影表面面积（10^3ft²）	0.00	0.00	0.00	0.00	0.00	0.00	0	
近表面的空气流速（ft/s）	0.00	0.00	0.00	0.00	0.00	1.00	0	
表面平均温度（℉）	0.00	0.00	0.00	0.00	0.00	0.00	0	
近表面的平均环境温度（℉）	0.00	0.00	0.00	0.00	0.00	0.00	0	
吸收剂量（klbm/h）（如果没有吸收剂输入 0）	0.00	0.00	0.00	0.00	0.00	0.00	0	
Ca /S 摩尔比（如果流量未测量则估计）	0.00	0.00	0.00	0.00	0.00	0.00	0	
煅烧份额	0.00	0.00	0.00	0.00	0.00	0.00	0	
硫捕集率（lbm/lbm 硫）	0.00	0.00	0.00	0.00	0.00	0.00	0	
吸收剂温度（℉）	0.00	0.00	0.00	0.00	0.00	0.00	0	

续表

燃烧和效率输入	平均值	标准偏差	总体正系统不确定度		总体负系统不确定度		读数编号	系统不确定度表编号
			%	单位	%	单位		
吸收剂分析（质量，%）								
CaCO₃	0.00	0.00	0.00	0.00	0.00	0.00	0	
Ca（OH）₂	0.00	0.00	0.00	0.00	0.00	0.00	0	
MgCO₃	0.00	0.00	0.00	0.00	0.00	0.00	0	
Mg（OH）₂	0.00	0.00	0.00	0.00	0.00	0.00	0	
H₂O	0.00	0.00	0.00	0.00	0.00	0.00	0	
惰性物质	0.00	0.00	0.00	0.00	0.00	0.00	0	
调温风流量（空气预热器旁路风）	258.34	3.43	5.00	5.00	5.00	5.00	10	
调温风温度	16.20	2.00	5.00	5.00	5.00	5.00	10	
一次风向烟气侧漏风期望值（%总风量）	84.39		0.00	1.00	0.00	10.00		
一次风向二次风侧漏风期望值（%总风量）	0.32		0.00	10.00	0.00	0.00		
其他损失（%）	0.15		0.00	0.15	0.00	0.15		
其他损失（10⁶Btu/h）	0.00		0.00	0.00	0.00	0.00		
其他外来热量（%）	0.00		0.00	0.00	0.00	0.00		
其他外来热量（10⁶Btu/h）	0.00		0.00	0.00	0.00	0.00		

电厂名称	ASME4 主表格		机组编号	1		试验序号	1	
备注	4.3 示例案例	负荷	MCR	试验日期		2010 年 9 月 1 日		
	三分仓空气预热器	时间 1	9:00	时间 2		11:00		
		计算负责人		计算日期		2011 年 12 月 1 日		

表 A-2-4 　　　　　　　　输 入 数 据 表 4

空气预热器设计参数				
温度				
空气预热器进口空气温度（二次风）	85.0			
空气预热器出口空气温度（二次风）	652.0			
空气预热器进口空气温度（一次风）	106.0			
空气预热器出口空气温度（一次风）	631.0			
空气预热器进口烟气温度（三分仓）	720.0			
空气预热器出口烟气温度（三分仓）	268.0			
空气预热器出口烟气不包括漏风（二次风）	277.0			
空气预热器进口烟气温度（二分仓）	0.0			
空气预热器进口烟气温度（二分仓）	0.0			
空气预热器出口烟气不包括漏风（一次风）	0.0			
流量与曲线拟合常数				
流经空气预热器的烟气量（二次风）	5665			
流经空气预热器的烟气量（一次风）				
不同流量下烟气温度拟合曲线的常数（二次风空气预热器）	4.76240×10⁻²	−2.77472×10⁻³	1.09520×10⁻³	−8.54943×10⁻⁶
不同流量下烟气温度拟合曲线的常数（一次风空气预热器）	0	0	0	0
空气预热器出口空气流量（二次风）	3985			

续表

空气预热器设计参数				
空气预热器出口空气流量（一次风）	828.6			
标准或设计条件下的比热容（二次风）	0.80742			
不同 X 比时烟气温度拟合曲线的常数（二次风空气预热器）	−695.0774	1581.889	−1153.407	322.8411
标准或设计条件下的比热容（一次风）	0.0			
不同 X 比时烟气温度拟合曲线的常数（一次风空气预热器）	0.0	0	0	0
其他				
空气中的水分（lbm/lbm 干空气）	0.016			
空气预热器进口烟气中的水分（%）	5.21			
空气预热器进口烟气中飞灰量（%总固体含量）	0			
估计的漏风率（见输入数据表 3）				
压差值				
二次风压差（inH$_2$O）	2.85			
一次风压差（inH$_2$O）	1.80			
烟气侧压差（三分仓）	3.35			
烟气侧压差（二分仓）	0.00			
二次风进口与烟气出口压差（inH$_2$O）	17.40			
一次风进口与烟气出口压差（inH$_2$O）	51.60			
烟气流量修正指数	1.8			
空气流量修正指数	1.8			

电厂名称	ASME4 主表格		机组编号	1	试验序号	1
备注	4.3 示例案例	负荷	MCR	试验日期		2010 年 9 月 1 日
	三分仓空气预热器	时间 1	9:00	时间 2		11:00
		计算负责人		计算日期		2011 年 12 月 1 日

表 A-3-1　　　　　　　　　　综合不确定度输入表 1

项目序号		系统不确定度表编号		空气预热器编号			
				A	B	C	D
	燃料量计算 CMBSTNa						
1	空气预热器进口烟气温度（℉）（二次风/一次风）			712.3	717.6	0.0	0.0
2	每条烟道点数 m			40	38	0	0
3	空间分布指数 SDI			16.6	11.9	0.0	0.0
4	流量加权	有无速度数据	是	710.2	715.2	0.0	0.0
5	相关系数 R			−0.181	0.269	0.000	0.000
6	选择输入（0=平均值、1=流量加权）		0	712.3	717.6	0.0	0.0
7	网格采样的标准偏差			0.333	0.281	0.000	0.000
8	系统不确定度积分平均值（℉）			2.66	1.95	0.00	0.00
9	正系统不确定度，流量加权值（℉）			3.61	3.69	0.00	0.00
10	非正系统不确定度，流量加权值（℉）			3.56	3.57	0.00	0.00
11	读数		20.2	正系统不确定度单位测量值		负系统不确定度单位测量值	
12	仪表系统的总不确定度（℉）		1B	1.158		1.158	
13	输入平均值的总体正系统不确定度（℉）			4.627	4.33	0.000	0.000
14	输入平均值的总体负系统不确定度（℉）			4.588	4.233	0.000	0.000

续表

项目序号		系统不确定度表编号		空气预热器编号			
				A	B	C	D
15	空气预热器出口烟气温度（℉）（二次风/一次风）			283.6	284.7	0	0
16	每条烟道点数 m			40	40	0	0
17	空间分布指数 SDI			26.6	25.8	0	0
18	流量加权	有无速度数据	是	284.8	285.8	0	0
19	相关系数 R			−0.167	−0.246	0.000	0.000
20	选择输入（0=平均值、1=流量加权）		0	283.6	284.7	0.0	0.0
21	网格采样的标准偏差			0.016	0.014	0.000	0.000
22	系统不确定度积分平均值（℉）			4.26	4.12	0.00	0.00
23	正系统不确定度，流量加权值（℉）			1.16	1.45	0.00	0.00
24	非正系统不确定度，流量加权值（℉）			0.67	0.64	0.00	0.00
25	读数	19.4		正向系统不确定度测量		负向系统不确定度测量	
26	仪表系统的总不确定度（℉）		1B	0.583		0.583	
27	输入平均值的总体正系统不确定度（℉）			4.568	4.521	0.000	0.000
28	输入平均值的总体负系统不确定度（℉）			4.467	4.331	0.000	0.000
29	空气预热器进口二次风温度	暖风器（0=否、1=是）	0	93.5	93.1	0	0
30	每条烟道点数 m			40	40	0	0
31	空间分布指数 SDI			2	0.6	0	0
32	流量加权	有无速度数据	是	92.1	91.2	0	0
33	相关系数 R			0.080	−0.241	0.000	0.000
34	选择输入（0=平均值、1=流量加权）		0	93.5	93.1	0.0	0.0
35	网格采样的标准偏差			0.171	0.163	0.000	0.000
36	系统不确定度积分平均值（℉）			0.3191	0.0898	0.00	0.00
37	正系统不确定度（流量加权值）（℉）			0.348	−0.046	0.00	0.00
38	非正系统不确定度（流量加权值）（℉）			0.207	0.387	0.00	0.00
39	读数	21.0		正向系统不确定度测量		负向系统不确定度测量	
40	仪表系统的总不确定度（℉）		1A	1.158		1.158	
41	输入平均值的总体正系统不确定度（℉）			0.750	0.592	0.000	0.000
42	输入平均值的总体负系统不确定度（℉）			0.696	0.706	0.000	0.000
43	空气预热器出口二次风温度			639.3	641.6	0	0
44	每条烟道点数 m			40	40	0	0
45	空间分布指数 SDI			7.6	4.9	0	0
46	流量加权	有无速度数据	是	638.4	639.2	0	0
47	相关系数 R			0.088	0.288	0.000	0.000
48	选择输入（0=平均值、1=流量加权）		0	639.3	641.6	0.0	0.0
49	网格采样的标准偏差			0.030	0.055	0.000	0.000
50	系统不确定度积分平均值（℉）			1.21	0.78	0.00	0.00
51	正系统不确定度（流量加权值）（℉）			0.62	0.93	0.00	0.00
52	非正系统不确定度（流量加权值）（℉）			1.21	1.4	0.00	0.00
53	读数	16.3		正向系统不确定度测量		负向系统不确定度测量	
54	仪表系统的总不确定度（℉）		1A	0.583		0.583	
55	输入平均值的总体正系统不确定度（℉）			1.483	1.342	0.000	0.000

项目序号		系统不确定度表编号		空气预热器编号			
				A	B	C	D
56	输入平均值的总体负系统不确定度（℉）			1.809	1.705	0.000	0.000
电厂名称	ASME4 主表格	机组编号	1	试验序号		1	
备注	4.3 示例案例	负荷	MCR	试验日期		2010 年 9 月 1 日	
三分仓空气预热器		时间 1	9:00	时间 2		11:00	
		计算负责人		计算日期		2011 年 12 月 1 日	

表 A-3-2　　　　　　　　　　　　　综合不确定度输入表 2

61	空气预热器进口烟气中的氧量（%）（二次风/一次风）			3.26	3.49	0.00	0.00
62	每条烟道点数 m			40	38	0	0
63	空间分布指数 SDI			0.07	0.06	0.00	0.00
64	加权平均氧量流量	有速度数据	是	3.26	3.46	0.00	0.00
65	相关系数 R			0.196	0.05	0.00	0.00
66	平均氧量选择输入（0=平均值、1=流量加权）		0	3.26	3.49	0.00	0.00
67	网格采样的标准偏差			0.016	0.016	0.000	0.000
68	系统不确定度积分平均值（单位质量）			0.012	0.009	0.000	0.000
69	正系统不确定度（流量加权值，单位质量）			0.000	0.054	0.000	0.000
70	负系统不确定度（流量加权值，单位质量）			0.000	0.001	0.000	0.000
71	读数	20.5		正向系统不确定度测量		负向系统不确定度测量	
72	仪表系统的总不确定度（℉）		5A	0.150		0.150	
73	输入平均值的总体正系统不确定度（℉）			0.150	0.160	0.000	0.000
74	输入平均值的总体负系统不确定度（℉）			0.150	0.160	0.000	0.000
75	空气预热器出口烟气中的氧量（%）（二次风/一次风）			4.14	3.96	0.00	0.00
76	每条烟道点数 m			40	40	0	0
77	空间分布指数 SDI			0.07	0.06	0.00	0.00
78	加权平均氧量流量	平均速度	是	4.09	3.95	0.00	0.00
79	相关系数 R			−0.125	−0.096	0.00	0.00
80	平均氧量选择输入（0=平均值、1=流量加权）		0	4.14	3.96	0.00	0.00
81	网格采样的标准偏差			0.016	0.014	0.000	0.000
82	系统不确定度积分平均值（单位质量）			0.012	0.010	0.000	0.000
83	正系统不确定度（流量加权值，单位质量）			0.281	0.050	0.000	0.000
84	负系统不确定度（流量加权值，单位质量）			0.281	0.050	0.000	0.000
85	读数	20.7		正向系统不确定度测量		负向系统不确定度测量	
86	仪表系统的总不确定度（℉）		5B	0.150		0.150	
87	输入平均值的总体正系统不确定度（℉）			0.319	0.158	0.000	0.000
88	输入平均值的总体负系统不确定度（℉）			0.319	0.158	0.000	0.000
89	空气预热器气进口一次风温度	暖风器（0=否、1=是）	0	114.8	117.6	0	0
90	每条烟道点数 m			30	26	0	0
91	空间分布指数 SDI			0.47	0.36	0.00	0.00
92	流量加权	有速度数据	否	116.4	117.3	0	0
93	相关系数 R			−0.112	0.128	0.000	0.000
94	选择输入（0=平均值、1=流量加权）		0	114.8	117.6	0.0	0.0
95	网格采样的标准偏差			0.205	0.2	0.000	0.000

续表

96	系统不确定度积分平均值（℉）			0.088	0.073	0.000	0.000
97	正系统不确定度（流量加权值，℉）			0.043	0.379	0.000	0.000
98	负系统不确定度（流量加权值，℉）			0.026	0.277	0.000	0.000
99	读数	14.8		正向系统不确定度测量		负向系统不确定度测量	
100	仪表系统的总不确定度（℉）		1A	0.583		0.583	
101	输入平均值的总体正系统不确定度（℉）			0.591	0.699	0.000	0.000
102	输入平均值的总体负系统不确定度（℉）			0.591	0.699	0.000	0.000
103	空气预热器出口一次风温度			617.1	623.7	0	0
104	每条烟道点数 m			15	15	6	0
105	空间分布指数 SDI			19.02	19.27	0.00	0.00
106	流量加权	有速度数据	否	616.2	622.8	0	0
107	相关系数 R			−0.098	−0.248	0.000	0.000
108	选择输入（0=平均值、1=流量加权）		0	617.1	623.7	0.0	0.0
109	网格采样的标准偏差			0.156	0.142	0.000	0.000
110	系统不确定度积分平均值（℉）			8.205	8.312	0.000	0.000
111	正系统不确定度（流量加权值，℉）			0.673	0.743	0.000	0.000
112	负系统不确定度（流量加权值，℉）			1.371	1.443	0.000	0.000
113	读数	4.3		正向系统不确定度测量		负向系统不确定度测量	
114	仪表系统的总不确定度（℉）		1A	0.583		0.583	
115	输入平均值的总体正系统不确定度（℉）			8.253	8.365	0.000	0.000
116	输入平均值的总体负系统不确定度（℉）			8.253	8.365	0.000	0.000

电厂名称	ASME4 主表格		机组编号	1	试验序号		1
备注	4.3 示例案例		负荷	MCR	试验日期		2010 年 9 月 1 日
	三分仓空气预热器		时间 1	9:00	时间 2		11:00
			计算负责人		计算日期		2011 年 12 月 1 日

表 A-3-3　　　　　　　　　　　　　　　　系统不确定度工作表

测量参数：		空气温度（℉）					工作表编号：1A
系统不确定度的评估							
1	测量参数	系统不确定度来源	2	正向		3	负向
	各自的系统不确定度		读数的百分数	测量单位	读数的百分数	测量单位	
a	热电偶或热电阻的类型	制造商数据		0.5		0.5	
b	标定	包含在 a 项					
c	补偿导线	可忽略		0.3		0.3	
d	冰槽	可忽略					
e	热电偶套管位置/几何形状	N/A					
f	焊接点（绝热/未绝热）	N/A					
g	流体分层	分开计算					
h	源于仪表的系统不确定度	预估	0.1		0.1		
i	漂移	预估	0.1		0.1		
j							
k							
l							
m							

续表

测量参数：	空气温度（℉）		工作表编号：1A	
系统不确定度的评估				
n				
o				

总系统不确定度	2A	0.14	2B	0.58	3A	0.14	3B	0.58
$(a_2+b_2+c_2+\cdots)$ 1/2								

电厂名称	ASME PTC4.3 主表格		机组编号	1
试验序号	1	试验日期	2010 年 9 月 1 日	负荷	MCR
试验开始时间	9:00	试验结束时间	11:00	计算负责人	
备注：	4.3 示例案例		计算日期	2011 年 12 月 1 日
三分仓空气预热器				

表 A-4-1　　　　　　　　　　机组出力-美制单位（输入和计算表）

	水蒸气性质表：0=1967、1=1997	1	流量 W（klbm/h）	温度 T	压力 p	焓 H（Btu/lbm）	吸热量 Q（10^6 Btu/h）$[W\times(H-H_1)/1000]$
	参　　数						
1	给水量（不含过热器喷水）		4375.267	404.2	2616.90	382.41	
2	过热器喷水量：输入 1 计算 HB		0	404.2	2616.90	382.41	0.00
3	一级过热器减温器进口		4375.267	740.5	2557.80	1229.91	
4	一级过热器减温器出口		4393.567	735.1	2557.80	1222.49	
5	一级过热器喷水流量		18.300				
6	二级过热器减温器进口		4393.567	806.4	2521.00	1305.69	
7	二级过热器减温器出口		4445.367	782.7	2521.00	1282.19	
8	二级过热器喷水流量		51.800	$W_6\times(H_6-H_7)/(H_7-H_2)$ 或 $W_7\times(H_6-H_7)/(H_6-H_2)$			
	内部抽取流量						
9	排污		0.000		2586.10	743.37	0.00
10	饱和蒸汽抽取量		0.000	0.0	0.0	1080.09	0.00
11	吹灰蒸汽		0.000	0.0	0.0	0.00	0.00
12	过热蒸汽抽取量 1		0.000	0.0	2557.8	0.00	0.00
13	过热蒸汽抽取量 2		0.000	0.0	0.0	0.00	0.00
14	雾化蒸汽		0.000	0.0	0.0	0.00	0.00
	辅机抽汽						
15	辅机抽汽 1		0.000	0.0	0.0		
16	辅机抽汽 2		0.000	0.0	0.0		
17							
18	主蒸汽		4445.367	1004.8	2463.3	1462.23	4800.17
19	高压蒸汽输出		$Q_{18}+Q_2+Q_9$ 至 Q_{17}				4800.17
	再热蒸汽						
20	再热汽出口			1011.30	580.3	1524.35	
21	冷再减温器进器蒸汽量		0.000	647.4	600.9	1318.51	
22	再热汽喷水		0.000	399.2	1000.0	375.11	
23	冷再热蒸汽抽取量		0.000				

续表

水蒸汽性质表：0=1967、1=1997	1	流量 W（klbm/h）	温度 T	压力 p	焓 H（Btu/lbm）	吸热量 Q（10^6 Btu/h）[$W \times (H-H_1)/1000$]
参　　　数						
24	汽封量与轴封漏气（%）	1.750				
一级给水加热器						
25	给水进口（0=给水、1=给水+喷水）　　0	4375.267	403.2	2616.90	381.33	
26	给水出口		482.4	596.2	467.45	
27	蒸汽抽取量		644.5	596.2	1317.06	
28	疏水		418.7	596.2	395.76	
29	一级给水加热器抽取量	408.989	\multicolumn{4}{c}{$W_{25} \times (H_{26}-H_{25})/(H_{27}-H_{28})$}	
二级给水加热器						
30	给水进口（0=给水、1=给水+喷水）	4375.267	0.0	0.0	0.00	
31	给水出口		0.0	0.0	0.00	
32	蒸汽抽取量		0.0	0.0	0.00	
33	疏水		0.0	0.0	0.00	
34	二级给水加热器抽取量	0.000	\multicolumn{4}{c}{$[W_{30} \times (H_{31}-H_{30}) - W_{29} \times (H_{28}-H_{33})]/(H_{32}-H_{33})$}	
35	冷再热蒸汽流量	3958.599	\multicolumn{4}{c}{$W_{18} \times (1.0-0.01 \times W_{24}) - W_{23} - W_{29} - W_{34}$}	
36	再热蒸汽输出	\multicolumn{5}{c}{$W_{35} \times (H_{20}-H_{21}) + W_{22} \times (H_{20}-H_{22})$}	814.84
37	总输出	\multicolumn{5}{c}{$Q_{19}+Q_{36}$}	5615.00

电厂名称	ASME4 主表格	机组编号	1	试验序号	1
备注	4.3 示例案例	负荷	MCR	试验日期	2010 年 9 月 1 日
	三分仓空气预热器	时间 1	9:00	时间 2	11:00
		计算负责人		计算日期	2011 年 12 月 1 日

表 A-5-1　　　　　　　　　　燃 烧 和 效 率 计 算

	输入条件—通过测试或规定的方式—在浅阴影的单元格中输入数据				
1	平均空气进口温度（℉）	97.6		吸收剂输入参数	
2	燃料温度（℉）	86.4	26	吸收剂量 klbm/h（如果未使用吸收剂，则输入"0"）	0.000
3	平均空气预热器出口烟气温度（℉）	284.2	27	钙/硫摩尔比（输入给吸收剂量或最大钙/硫比）	0.000
4	空气中的水分（lbm/lbm 干空气）	0.0160	28	煅烧份额	0.000
5	额外水分（lbm/100lbm 水分）	0	29	硫捕集率（lbm/lbm 硫）	0.000
6	空气预热器进口灰渣（总量%）	75	30	吸收剂温度（℉）	0.0
7	机组出力（10^6 Btu/h）	5615.000		吸收剂分析（质量，%）	
			32	$CaCO_3$	0.00
9	燃料形式（0=煤、1=油、2=燃气、3=木材、4=其他）	0	33	$Ca(OH)_2$	0.00
	燃料分析，质量百分数（气体请参阅气体燃料表格）		34	$MgCO_3$	0.00
11	碳	63.580	35	$Mg(OH)_2$	0.00
12	硫	0.945	36	H_2O	0.00
13	氢	3.230	37	输入	0.00
14	水	13.600	38	总计	0.00
15	水蒸气	0.000		吸收剂的修正	
16	氮	0.825	40	额外的理论空气量（lbm/10000Btu）	0.000
17	氧	13.115	41	吸收剂中 CO_2 量（lbm/10000Btu）	0.000
18	灰分	4.705	42	吸收剂中水分量（lbm/10000Btu）	0.000

续表

	输入条件—通过测试或规定的方式—在浅阴影的单元格中输入数据				
19	总计	100.000	43	过量的吸收剂（lbm/10000Btu）	0.000
			44	针对 SO_3 中 O_3 进行干燥空气/烟气流量校正（lbm/10000Btu）	0.000
21	高位发热量 HHV（Btu/lbm）	10621.475			
22	未燃尽碳损失（%输入燃料量）	0.600	46	理论空气量（lbm/100lbm 燃料）	784.92
23	未燃尽碳（%燃料）	0.440	47	燃料中的水分（lbm/100lbm 燃料）	42.47
			48	理论空气量（lbm/10000Btu）	7.438

	燃烧气体计算，每 10000 Btu 输入燃料所需物质或产生产物的质量					
50	理论空气量（修正后的）(lbm/10000 Btu)	[48]＋[40]－[23]×1151/[21]				7.39
51	燃料灰渣量（lbm/10000 Btu）	（[18]＋[23]）×100/[21]				0.048
52	总排放量（lbm/10000 Btu）	[51]＋[43]				0.048
53						
54	O_2（%）（O_2 干=0、湿=1）	0			3.38	4.05
55	过量空气（计算后质量百分数）				19.0	23.6
56	来自干燥空气的烟气（lbm/10000 Btu）	（1+[55]/100）×[50]－[44]			8.793	9.136
57	空气中的水分（lbm/10000 Btu）	[56]×[4]	0.141	0.141	0.146	0.146
58	额外的水蒸气（lbm/10000 Btu）	[5]×100/[21]	0.000	0.000	0.000	0.000
59	燃料中的水分（lbm/10000 Btu）	[47]×100/[21]	0.40		0.400	
60	燃料产生湿烟气（lbm/10000 Btu）	（100－[18]－[23]）×100/[21]			0.893	0.893
61	吸收剂产生 CO_2 含量（lbm/10000 Btu）	[41]			0.000	0.000
62	吸收剂产生 H_2O 含量（lbm/10000 Btu）	[42]	0.000	0.000	0.000	0.000
63	湿烟气总量（lbm/10000 Btu）	求和[56]～[62]			9.827	10.175
64	湿烟气中的水分（lbm/10000 Btu）	求和[57]＋[58]＋[59]＋[62]	0.541	0.541	0.546	0.546
65	干烟气量（lbm/10000 Btu）	[63]－[64]			9.286	9.629
66	湿烟气中的水分质量百分数	100×[64]/[63]			5.50	5.37
67	灰渣量（质量，%）（小于 0.125lbm/10kB 为 0）	[6]×[52]/[63]			0.00	0.00
68	空气预热器漏风（%进口烟气质量）	100×（[63Lvg]－[63Ent]）/[63Ent]				3.54
69	无漏风出口烟气温度（℉）	[3]+[68]/100×（[3]－[TA1]）×CpA/CpG	CpA	CpG	0.245 0.254	290.04
	燃烧产物（干基）（体积，%）					
70	O_2				3.38	4.05
71	CO_2				16.49	15.86
72	SO_2（ppm）				924	889
73	N_2				80.04	80.00
74	烟气密度（60℉和 29.92inHg）（lbm/ft³）				0.0784	0.08
75	干体积至湿体积转换系数					0.909

	效率计算，来自燃料的输入百分数							
	损失（%）-在列[B]中输入计算结果					A	10^6Btu/h	B %
80		干烟气（%）		[65A]×HDFg/100	HDFg	50.9		4.73
81	入炉煤产生的水分（含潜热）%	1Psia 时水蒸气的焓=[69]		H_1=（3.958×10^{-5}×T+0.4329）×T+1062.2		1191.10		
82		T=77℉ 时的水焓		H_2=77－32		45		
83				（[59]－[15]）×（[81]－[82]）/100				4.58

续表

	效率计算，来自燃料的输入百分数							
84	燃料中的水蒸气（无潜热）	[15] ×HWv [69] / [21]						0.00
85	空气中的水分（%）	[57A] ×HWv [69] /100			HWv [69]	9.2		0.14
86	未燃尽碳（%）	[22] 或 [23] ×14500/ [21]						0.60
87	大渣显热、临时底灰	2.000		HRs bot	515.7	HRs [69]	42.7	0.08
88								
89	未测量或其他损失（%基础）							0.15
90	总体损失量（%基础）	从 [80] ～ [89] 求和						10.27
93	损失（10⁶Btu/h）填入列 [A]						24.4	
94	表面辐射与对流						0.0	
95	吸收剂煅烧/脱水						0.0	
96								
97	其他损失基于（10⁶Btu/h）						0.0	
98	损失合计（10⁶Btu/h）	从 [93] ～ [97] 求和					24.4	
99								
	带入热量（%）-在列 [B] 中输入计算结果							
101	由干空气带入	[56A] ×HDA [1] /100			HDA [1]	5.0		0.44
102	由空气中水分带入	[57A] ×HWv [1] /100			HWv [1]	9.2		0.01
103	燃料带入显热	100×HF [2] / [21]			H Fuel [2]	3.9		0.04
104	硫化反应带入							0.00
105								
106	其他积带入热量（%）							0.00
107	带入热量总和（%）	从 [101] ～ [106] 加和						0.49
	带入热量（10⁶Btu/h） - 在列 [A] 中输入计算结果							
110	辅助设备电量	3412×QX×EX / 100 Q		QX（kW）	0.0	EX（%）	0.00	0.00
111	吸收剂显热							0.00
112								
113	其他带入热量（10⁶Btu/h）							0.00
114	带入热量加和 10⁶Btu/h	从 [110] ～ [113] 加和						0.00
115	燃料效率（%）	(100– [90] + [107]) × [7] / ([7] + [98] – [114])						89.82

	主要性能参数			进入空气预热器	离开空气预热器
118	燃料输入量（1000000lbm/h）	100 × [7] / [115]			6251.0
119	给燃料量（1000lbm/h）	1000 × [118] / [21]			588.5
120	湿烟气流量（1000lbm/h）	[63] × [118] / 10		6142.90	6360.3
121	湿空气流量（1000lbm/h）	(1+ [4]) × (1+ [55] /100) × [50]		5584.63	5802.1

电厂名称	ASME4 主表格	机组编号	1	试验序号		1
备注	4.3 示例案例	负荷	MCR	试验日期		2010 年 9 月 1 日
	三分仓空气预热器	时间 1	9：00	时间 2		11：00
		计算负责人		计算日期		2011 年 12 月 1 日

第 1 页，共 2 页

表 A-6-1　　　　　　　　　　　　　**修正后的空气预热器性能计算表**

序号	符 号	项 目	值	A	B	C	D
		空气预热器编号		A/右侧	B/左侧		
		空气预热器型号（0=无设备、1=三分仓、2=二分仓）		1	1	0	0
		输入数据					
		温度（℉）					
1	TA8S	空气预热器进口空气温度（二次风）		93.47	93.08		
2	HA8S	空气焓值		4.01	4.01		
3	TA9S	空气预热器出口空气温度（二次风）		639.33	641.6		
4	HA9S	空气焓值		139.57	140.15		
5	TA8P	空气预热器进口空气温度（一次风）		114.77	117.64	0.00	0.00
6	HA8P	空气焓值		9.20	9.90		
7	TA9P	空气预热器出口空气温度（一次风）		617.08	623.68	0.00	0.00
8	HA9P	空气焓值		133.89	135.58		
9	TFg14S	空气预热器进口烟气温度（三分仓）		712.31	717.59		
10	HFg14S	烟气焓值		164.17	165.54		
11	TFg15S	空气预热器出口烟气温度（三分仓）		283.61	284.74		
12	HFg15S	烟气焓值		51.74	52.01		
13	HA15S	空气焓值		50.51	50.78		
14	TFg14P	空气预热器进口烟气温度（二分仓）				0.00	0.00
15	HFg14P	烟气焓值					
16	TFg15P	空气预热器进口烟气温度（二分仓）				0.00	0.00
17	HFg15P	烟气焓值					
18	HA15P	空气焓值					
		烟气和空气质量流量（klbm/h）					
19	MrFg14Sm	三分仓空气预热器进口烟气流量（测量值）		2941.56	3106.56	0.000	0.000
20	MrFg14Pm	二分仓空气预热器进口烟气流量（测量值）				0.000	0.000
21	MrFg14	空气预热器进口烟气流量总和（计算值）		6142.88			
22	MrA9Sm	三分仓空气预热器出口空气流量（测量值）		0.000	0.000	0.000	0.000
23	MrA8Sm	三分仓空气预热器进口空气流量（测量值）		0.000	0.000	0.000	0.000
24	MrA9Pm	二分仓空气预热器出口空气流量（测量值）		373.809	385.758	0.000	0.000
		其他					
25	VpO214	空气预热器进口氧量百分数（0=干度、1=湿度）	0	3.264	3.492	0.000	0.000
26	VpO215	空气预热器出口氧量百分数（0=干度、1=湿度）	0	4.138	3.96	0.000	0.000
27	MFrWDA	空气中的水分（lbm/lbm 干空气）		0.0160			
28	MpWFg14	进入空气预热器烟气中的水分（%）		5.50			
29	MpRsFg14	进入空气预热器烟气中的飞灰量（%）		0.00			
30	MrA5	调温风流量（未通过空气预热器的空气）		0.00			
31	TA5	调温风温度		0.00			

续表

序号	符 号	项 目	值	A	B	C	D
		压差值					
32	PDiA8S	二次风压差（inH₂O）		4.26	3.87		
33	PDiA8P	一次风压差（inH₂O）				4.17	4.22
34	PDiG14S	烟气侧压差（三分仓）		5.84	5.00		
35	PDiG14P	烟气侧压差（二分仓）				0.00	0.00
36	PDiA8Fg15S	二次风进口与烟气出口压差估计值（inH₂O）		20.10	18.87		
37	PDiA8Fg15P	一次风进口与烟气出口压差估计值（inH₂O）				51.00	50.22
		设计参数					
		温度（℉）					
38	TA8SDs	空气预热器进口空气温度（二次风）		85.0			
39	TA9SDs	空气预热器出口空气温度（二次风）		652.0			
40	TA8PDs	空气预热器进口空气温度（一次风）		106.0			
41	TA9PDs	空气预热器出口空气温度（一次风）		631.0			
42	TFg14SDs	空气预热器进口烟气温度（三分仓）		720.0			
	TFg15SDs	空气预热器出口烟气温度（三分仓）		268.0			
43	TFg15SNLDs	无漏风空气预热器出口烟气（三分仓）		277.0			
44	TFg14PDs	空气预热器进口烟气温度（二分仓）		0.0			
	TFg15PDs	空气预热器进口烟气温度（二分仓）		0.0			
45	TFg15PNLDs	无漏风空气预热器出口烟气（二分仓）		0.0			
		流量和曲线拟合常量					
46	MrFg14SDs	进入空气预热器烟气流量（三分仓）		5665.000			
	MrFg14PDs	进入空气预热器烟气流量（二分仓）		0.000			
47	TDiMrFgSCf	出口烟气温度与进口烟气流量拟合曲线（三分仓）		0.04762401	−0.2774723	0.0010952	-8.55×10^{-6}
48	TDiMrFgPCf	出口烟气温度与进口烟气流量拟合曲线（二分仓）		0	0	0	0
49	MrA9SDs	空气预热器出口二次风流量		3985.000			
50	MrA9PDs	空气预热器出口一次风流量		828.600			
56	XrSDs	三分仓空气预热器设计热容量比		0.8074			
57	TDiXrSCf	三分仓空气预热器出口烟气温度与热容量比的拟合曲线		−695.0774	1581.89	−1153.41	322.8411
58	XrPDs	二分仓空气预热器设计热容量比		0.0000			
59	TDiXrPCf	二分仓空气预热器出口烟气温度与热容量比的拟合曲线		0	0	0	0
		其他					
51	MFrWDADs	空气中的水分（lbm/lbm 干空气）		0.016			
52	MpWFg14Ds	进入空气预热器烟气中的水分（%）		5.21			
53	MpRsFg14Ds	进入空气预热器烟气飞灰量（%）		0.00			
54	MpPAlFg	一次风向烟气漏风占向烟气漏风总量的百分数（%）		84.39			
55	MpPAlSA	一次风向二次风漏风占向烟气漏风总量的百分数（%）		0.32			
		压差值					

序号	符 号	项 目	值	A	B	C	D
60	PDiA8SDs	二次风压差（inH$_2$O）		2.85			
61	PDiA8PDs	一次风压差（inH$_2$O）		1.80			
62	PDiG14SDs	烟气侧压差（三分仓）		3.35			
63	PDiG14PDs	烟气侧压差（二分仓）		0.00			
64	PDiA8Fg15SDs	二次风进口与烟气出口压差（inH$_2$O）		19.48			
65	PDiA8Fg15PDs	一次风进口与烟气出口压差（inH$_2$O）		50.61			
66	ExpFg	烟气流量校正指数		1.80			
67	ExpA	空气流量校正指数		1.80			
		计算					
		空气预热器漏风					
	XpA14	空气预热器进口过量空气（%）		18.21	19.73	0	0
	XpA15	空气预热器出口过量空气（%）		24.29	23	0	0
	MqFg14	空气预热器进口湿烟气量（lb/10kB）		9.77	9.88	0	0
	MqFg15	空气预热器出口湿烟气量（lb/10kB）		10.22	10.13	0	0
	MpAl	空气预热器漏风（%）		4.67	2.48	0	0
		空气预热器出口无漏风烟气温度					
68	Tal	平均漏风温度		111.44	113.81		
69	Hal	漏风焓		8.39	8.96		
70	HFg15NL	空气预热器出口无漏风烟气焓		53.70	53.04		
71	TFg15NL	空气预热器出口无漏风烟气温度		291.34	288.82		
73	MpFg14	空气预热器进口烟气流量（质量%）		48.64	51.36		
74	MrPAlSA	一次风向二次风侧漏风量（klbm/h）		0.45	0.25		
75	QFgAh	烟气吸收的热量（10^{6}Btu/h）		330035.40	354940.87		
76	QPA	一次风吸收的热量（10^{6}Btu/h）		46612.69	48481.11		
77	QSA	二次风吸收的热量（10^{6}Btu/h）		283422.71	306459.76		
78	MrA9S	空气预热器出口二次风量（klbm/h）		2090.80	2249.52		
79	TMnA8	空气预热器进口平均温度		96.7	96.68		
80	TMnA9	空气预热器出口平均温度		635.95	638.98		
82	Xr	试验热容量比（X比）		0.7807	0.7906		
83	XrDs	设计热容量比（X比）		0.8074	0.8074		
84	MpDiMrFg14	进口烟气流量与设计偏差百分数（%）		8.21	8.67		
		修正的气体出口温度（℉）					
87	TDiA8Cr	输入空气温度		−5.76	−5.55		
88	TDiG14Cr	输入烟气温度		2.46	0.76		
89	TDiMrFg14Cr	输入烟气质量流量		−2.16	−2.28		
90	TDiXrCr	热容量比		−9.66	−5.99		
91	TFg15NLCr	修正后无漏风烟气出口温度		276.22	275.76		

续表

序号	符 号	项 目	值	A	B	C	D
92	TA9Cr	修正后空气出口温度		638.83	639.37		
93	TMnFg15NLCr	修正后的无漏风出口烟气平均温度（℉）		275.99			
94	TMnA9Cr	修正后的空气出口温度		639.11		0.00	
95	SmMrAl	空气预热器总漏风量（klbm/h）		217.74			
96	MpAlAv	空气预热器总漏风率（%）		3.54			
		正确的压力下降					
98	PDiG14SCr	三分仓空气预热器修正后烟气压差（in.wg）		5.28	4.09		
99	PDiG14PCr	二分仓空气预热器修正后烟气压差（in.wg）				0.00	0.00
100	PDiA8SCr	空气预热器二次风压差（in.wg）		3.92	3.11		
101	PDiA8PCr	空气预热器一次风压差（in.wg）				5.03	4.78
102	PDiG14SCrAv	平均烟气压差（in.wg，二次/一次）		4.68		0.00	
103	PDiA8SCrAv	平均空气压差（in.wg，二次/一次）		3.51		4.91	
		修正后的空气预热器漏风					
105	MrAlCr	空气预热器漏风（klbm/h）		139.77	79.47	0.00	0.00
106	MpAlCr	空气预热器漏风（%）		4.68	2.52	0.00	0.00
107	SmMrAlCr	空气预热器总漏风（klbm/h）		219.24			
108	MpAlCrAv	空气预热器总漏风（%）		3.57			

电厂名称	ASME4 主表格	机组编号	1	试验序号	1
备注	4.3 示例案例	负荷	MCR	试验日期	2010 年 9 月 1 日
	三分仓空气预热器	时间 1	9:00	时间 2	11:00
		计算负责人		计算日期	2011 年 12 月 1 日

表 A-7-1　　　　　　　　　空气预热器性能不确定度工作表：A

工作表编号 1A

测量数据（来自 DATA）	1 平均值（MEAS 表中项目[2]）	2 标准偏差（MEAS 表中项目[3]）	系统不确定度表编号	3 总正向系统不确定度（SYS 表项目[2]）		4 总负向系统不确定度（SYS 表项目[3]）		5 读数次数（MEAS 表）	6 平均值标准差 $[2]^2/[5]^{1/2}$	7 自由度 [5]-1	8 百分数变化	9 微增变化[8]×[1]/100
				百分数	测量单位	百分数	测量单位					
a. 机组出力	5615.000	0.000		3.00	0.00	3.00	0.00	0.00	7.670	63.34	1.00	56.15
b. 燃料温度	86.38	0.304	INPT	0.00	7.07	0.00	7.07	120.00	0.028	119.00	1.00	0.86
c. 空气中水分（用户参数）	0.016	0.000				0.00		0.00	0.000	1.00	0.00	
d. 大气压（inHg）	29.92	0.000	4B	0.00	0.11	0.00	0.11	2.00	0.000	1.00	1.00	0.30
e. 干球温度（℉）	97.98	1.250	1A	0.14	0.58	0.14	0.58	4.00	0.625	3.00	1.00	0.98
f. 湿球温度（℉）	74.58	0.403	1A	0.00	0.00	0.00	0.00	4.00	0.202	3.00	1.00	0.75
g. 相对湿度（%）	0.00	0.000	4A	0.00	0.00	0.00	0.00	0.00	0.000	1.00	1.00	0.00
h. 额外的水分（lbm/100lbm 燃料）	0.00	0.000		0.00	0.00	0.00	0.00	0.00	0.000	1.00	1.00	0.00

续表

测量数据 （来自 DATA）	1 平均值 （MEAS表中项目[2]）	2 标准偏差 （MEAS表中项目[3]）	系统不确定度表编号	3 总正向系统不确定度（SYS表项目[2]） 百分数	3 测量单位	4 总负向系统不确定度（SYS表项目[3]） 百分数	4 测量单位	5 读数次数 （MEAS表）	6 平均值标准差 $[2]^2/[5]^{1/2}$	7 自由度 $[5]-1$	8 百分数变化	9 微增变化*$[8]×[1]/100$
i. 空气预热器进口飞灰量（%总数）	75.00	0.000		0.00	0.00	0.00	0.00	0.00	0.000	0.00	1.00	0.75
j. 燃料量（测量）（klbm/h）	0.00	0.000		0.00	0.00	0.00	0.00	0.00	0.000	0.00	1.00	0.00
k. 碳	63.6	0.099	6B	0.32	0.00	0.32	0.00	2.00	0.070	1.00	1.00	0.64
l. 硫	0.95	0.007	6C	0.11	0.00	0.11	0.00	2.00	0.005	1.00	1.00	0.01
m. 氢	3.23	0.007	6D	0.12	0.00	0.12	0.00	2.00	0.005	1.00	1.00	0.03
n. 水	13.6	0.566	6E	2.02	0.00	2.25	0.00	2.00	0.400	1.00	1.00	0.14
o. 水蒸气	0.00	0.403		0.00	0.00	0.00	0.00	2.00	0.285	1.00	1.00	0.00
p. 氮	0.83	0.007	6G	0.14	0.00	0.14	0.00	2.00	0.005	1.00	1.00	0.01
q. 氧	13.1	0.445	6D	0.12	0.00	0.12	0.00	2.00	0.315	1.00	1.00	0.13
r. 灰	4.71	0.035	6E	2.02	0.00	2.25	0.00	2.00	0.025	1.00	1.00	0.05
s. 挥发分（%）	40.75	3.041	5C	0.00	0.00	0.00	0.00	2.00	2.150	1.00	1.00	0.41
t. 固定碳（%）	41.0	3.606	5D	0.00	0.00	0.00	0.00	2.00	2.550	1.00	1.00	0.41
u. 石油燃料 API	0.00	0.000	5A	0.00	0.00	0.00	0.00	1.00	0.000	0.00	1.00	0.00
v. 高位发热量 HHV（Btu/lbm）	10621.5	18.137	6A	2.01	4.00	2.25	4.00	2.00	2.825	1.00	1.00	106.22
w. 未燃碳损失（%）	0.60	0.000	INPT	0.00	0.30	0.00	0.30	0.00	0.000	0.00	1.00	0.01
x.												
y. 辅助设备功率（kW）	0.00	0.000	INPT	1.50	0.00	1.50	0.00	0.00	0.000	0.00	1.00	0.00
z. 电机效率（%）	0.00	0.000	INPT	0.00	1.00	0.00	1.00	0.00	0.000	0.00	1.00	0.00

此工作表针对常量值参数进行设置。有关积分平均值参数的平均值，自由度和系统不确定度的计算，请参见本规程第5章。

*用于微增变化的值可以是平均值的任何微小增量。建议增量为1.0%（平均值的0.01倍）。如果测量参数的平均值为零，可使用任何小增量变化量。需要注意的是，微增变化的单位必须与平均值的单位相同。

工作表编号 2A

测量数据	10 出口烟气温度（见项目[20]）	11 绝对灵敏度系数（[10]−[20]）/[9]	12 相对灵敏度系数 [11]×[1]/[20]	13 计算结果随机不确定度 [11]×[6]	14 随机不确定度贡献的自由度（[11]×[6]）⁴/[7]	15 正系统不确定度 $[11]×\{([1]×[3A]/100)^2+[3B]^2\}^{1/2}$	16 负系统不确定度 $[11]×\{([1]×[4A]/100)^2+[4B]^2\}^{1/2}$
a. 机组出力	275.669	−0.0056	−0.1144	−0.0431	0.0000	−0.95	−0.95
b. 燃料温度	275.669	0.0014	0.0004	0.0000	0.0000	0.01	0.01
c. 空气中水分（用户参数）	275.669	−30.1980	−0.0018	0.0000	0.0000	0.00	0.00
d. 大气压（inHg）	275.669	0.0000	0.0000	0.0000	0.0000	0.00	0.00
e. 干球温度（℉）	275.669	0.0000	0.0000	0.0000	0.0000	0.00	0.00
f. 湿球温度（℉）	275.669	0.0000	0.0000	0.0000	0.0000	0.00	0.00
g. 相对湿度（%）	275.669	0.0000	0.0000	0.0000	0.0000	0.00	0.00

续表

	测量数据	10 出口烟气温度（见项目 [20]）	11 绝对灵敏度系数 （[10] − [20]）/[9]	12 相对灵敏度系数 [11] × [1] / [20]	13 计算结果随机不确定度 [11] × [6]	14 随机不确定度贡献的自由度 （[11] × [6]）[4]/[7]	15 正系统不确定度 [11] ×{（[1] × [3A] /100）[2]+ [3B] [2]}[1/2]	16 负系统不确定度 [11] ×{（[1] × [4A] /100）[2]+ [4B] [2]}[1/2]
h.	额外水分（lbm/100lbm 燃料）	275.669	0.0000	0.0000	0.0000	0.0000	0.00	0.00
i.	空气预热器进口飞灰量（%，总数）	275.669	0.0008	0.0002	0.0000	0.0000	0.00	0.00
j.	燃料量（测量）(klbm/h)	275.669	0.0000	0.0000	0.0000	0.0000	0.00	0.00
k.	碳	275.669	−0.4384	−0.1010	−0.0307	0.0000	−0.09	−0.09
l.	硫	275.669	−0.1647	−0.0006	−0.0008	0.0000	0.00	0.00
m.	氢	275.669	−1.6455	−0.0193	0.0000	0.0000	−0.01	−0.01
n.	水	275.669	−0.0405	−0.0020	−0.0162	0.0000	−0.01	−0.01
o.	水蒸气	275.669	0.0000	0.0000	0.0000	0.0000	0.00	0.00
p.	氮	275.669	−0.0041	0.0000	0.0000	0.0000	0.00	0.00
q.	氧	275.669	0.1615	0.0077	0.0509	0.0000	0.00	0.00
r.	灰	275.669	0.0284	0.0005	0.0007	0.0000	0.00	0.00
s.	挥发分（%）	275.669	0.0001	0.0000	0.0003	0.0000	0.00	0.00
t.	固定碳（%）	275.669	0.0001	0.0000	0.0001	0.0000	0.00	0.00
u.	石油燃料 API	275.669	0.0000	0.0000	0.0000	0.0000	0.00	0.00
v.	高位发热量 HHV（Btu/lbm）	275.669	0.0033	0.1264	0.0421	0.0000	0.72	0.80
w.	未燃碳损失（%）	275.669	−0.0100	0.0000	0.0000	0.0000	0.00	0.00
x.								
y.	辅助设备功率（kW）	275.669	0.0000	0.0000	0.0000	0.0000	0.00	0.00
z.	电机效率（%）	275.669	0.0000	0.0000	0.0000	0.0000	0.00	0.00
aa.								
bb.								
cc.								

20	修正后平均出口气体温度（℉）	从空气预热器计算表格项目 [133] 开始	见不确定度表 2F
21	结果标准偏差	（[13a] [2]+ [13b] [2]+…）[1/2]	0.0074
22	总自由度	[21] [4]/（[14a] + [14b] +…）	0.0000
23	双尾学生 t 数值	见本规程中表 5-7.5-1	
24	不确定度的随机分量	[21] × [23]	
25	结果的正系统不确定度	（[15a] [2]+ [15b] [2]+…）[1/2]	1.4238
26	结果的负系统不确定度	（[16a] [2]+ [16b] [2]+…）[1/2]	1.5455
27	正总不确定度	（[24] [2]+ [25] [2]）[1/2]	
28	负总体不确定度	（[24] [2]+ [26] [2]）[1/2]	

电厂名称	ASME4 主表格	机组编号	1	试验序号	1
备注	4.3 示例案例	负荷	MCR	试验日期	2010 年 9 月 1 日
	三分仓空气预热器	时间 1	9:00	时间 2	11:00
		计算负责人		计算日期	2011 年 12 月 1 日

表 A-7-2　　　　　　　　　　　空气预热器性能不确定度工作表：**B**

工作表编号 1B

测量数据（来自 DATA）	1 平均值（MEAS表中项目[2]）	2 标准偏差（MEAS表中项目[3]）	系统不确定度表编号	3 总正向系统不确定度(SYS表中项目[2]) 百分数	单位	4 总负向系统不确定度(SYS表中项目[3]) 百分数	单位	5 读数次数（MEAS表格）	6 平均值的标准差 $[2]^2/[5]^{1/2}$	7 自由度 [5]-1	8 变化百分数	9 微增量变化* $[8]\times[1]/100$
a. 表面损失和对流辐射（%）									0.000	0.00	1.00	0.00
b. 平面投影面积									0.000	0.00	1.00	0.00
c. 靠近表面空气平均流速	0.39	0.000	INPT	0.00	0.20	0.00	0.10	0.00	0.000	0.00	1.00	
d. 表面平均温度（℉）	0.00	0.000		0.00	0.00	0.00	0.00					0.00
e. 靠近表面平均环境温度（℉）	0.00	0.000		0.00	0.00	0.00	1.00					0.00
f.												
g. 吸附剂给料量（klbm/h）	0.00	0.000		0.00	0.00	0.00	0.00		0.000	0.00	1.00	0.00
h. Ca/S 摩尔比（估计）									0.000	0.00	1.00	0.00
i. 煅烧份额	0.00	0.000		0.00	0.00	0.00	0.00		0.000	0.00	1.00	0.00
j. 硫捕集率（lbm/lbm）	0.00	0.000		0.00	0.00	0.00	0.00		0.000	0.00	1.00	0.00
k. 吸收剂温度（℉）	0.0	0.000		0.00	0.00	0.00	0.00					
l.												
m. $CaCO_3$									0.000	0.00	1.00	0.00
n. $Ca(OH)_2$									0.000	0.00	1.00	0.00
o. $MgCO_3$	0.00	0.000		0.00	0.00	0.00	0.00		0.000	0.00	1.00	0.00
p. $Mg(OH)_2$	0.00	0.000		0.00	0.00	0.00	0.00		0.000	0.00	1.00	0.00
q. H_2O	0.0	0.000		0.00	0.00	0.00	0.00		0.000	0.00	1.00	0.00
r. 惰性物质	0.00	0.000		0.00	0.00	0.00	0.00		0.000	0.00	1.00	0.00
s.												
t. 调温风量	0.0	0.000		0.00	0.00	0.00	0.00				1.00	0.00
u. 调温风温度									0.000	0.00		0.00
v. 一次风向烟气测漏风（%）	258.3	3.430		5.00	5.00	5.00	5.00	10.00	0.000	0.00	1.00	2.58
w. 一次风向二次风漏风（%）	16.2	2.000		5.00	5.00	5.00	5.00	10.00	0.000	0.00	1.00	1.16
x.												
y. 其他损失（%）	0.32			0.00	10.00	0.00	0.00		0.000	0.00		0.00
z. 其他损失（10^6Btu/h）									0.000	0.00	1.00	0.00
aa. 其他带入热量（%）	0.15			0.00	0.15	0.00	0.00		0.000	0.00		0.00
bb. 其他带入热量（10^6Btu/h）	0.00			0.00	0.00	0.00	0.00		0.000	0.00	1.00	0.00

此工作表针对常量值参数进行设置。有关积分平均值参数的平均值，自由度和系统不确定度的计算，请参见本规程第 5 章。

*用于微增变化的值可以是平均值的任何微小增量。建议增量为 1.0%（平均值的 0.01 倍）。如果测量参数的平均值为零，可使用任何小增量变化量。需要注意的是，微增变化的单位必须与平均值的单位相同。

工作表编号 2B

测量数据		10 重新计算修正后出口气体温度（见项目[20]）	11 绝对灵敏度系数 （[10] −[20]）/[9]	12 相对灵敏度系数 [11]×[1]/[20]	13 计算结果的随机不确定度 [11] × [6]	14 随机不确定度贡献的自由度 （[11]×[6]）⁴/[7]	15 结果的正系统不确定度 [11]×{（[1]×[3A]/100)²+[3B]²}¹ᐟ²	16 结果的负系统不确定度 [11]×{（[1]×[4A]/100)²+[4B]²}¹ᐟ²
a.	表面损失和对流辐射（%）	275.985	0.0000	0.0000	0.0000	0.0000	0.00	0.00
b.	平面投影面积	275.985	0.0000	0.0000	0.0000	0.0000	0.00	0.00
c.	靠近表面空气平均流速	275.985	0.0000	0.0000	0.0000	0.0000	0.00	0.00
d.	表面平均温度（℉）	275.985	0.0000	0.0000	0.0000	0.0000	0.00	0.00
e.	靠近表面平均环境温度（℉）	275.985	0.0000	0.0000	0.0000	0.0000	0.00	0.00
f.								
g.	吸附剂给料量（klbm/h）	275.985	0.0000	0.0000	0.0000	0.0000	0.00	0.00
h.	Ca/S 摩尔比（估计）	275.985	0.0000	0.0000	0.0000	0.0000	0.00	0.00
i.	煅烧份额	275.985	0.0000	0.0000	0.0000	0.0000	0.00	0.00
j.	硫捕集率（lbm/lbm）	275.985	0.0000	0.0000	0.0000	0.0000	0.00	0.00
k.	吸收剂温度（℉）	275.985	0.0000	0.0000	0.0000	0.0000	0.00	0.00
l.								
m.	$CaCO_3$	275.985	0.0000	0.0000	0.0000	0.0000	0.00	0.00
n.	$Ca(OH)_2$	275.985	0.0000	0.0000	0.0000	0.0000	0.00	0.00
o.	$MgCO_3$	275.985	0.0000	0.0000	0.0000	0.0000	0.00	0.00
p.	$Mg(OH)_2$	275.985	0.0000	0.0000	0.0000	0.0000	0.00	0.00
q.	H_2O	275.985	0.0000	0.0000	0.0000	0.0000	0.00	0.00
r.	惰性物质	275.985	0.0000	0.0000	0.0000	0.0000	0.00	0.00
s.								
t.	调温风量	275.985	0.0000	0.0000	0.0000	0.0000	0.00	0.00
u.	调温风温度	275.985	0.0000	0.0000	0.0000	0.0000	0.00	0.00
v.	一次风向烟气测漏风（%）	275.985	0.0000	0.0000	0.0000	0.0000	−0.01	−0.01
w.	一次风向二次风漏风（%）	275.985	0.0000	0.0000	0.0000	0.0000	0.00	0.00
x.								
y.	其他损失（%）	275.985	−0.1655	−0.0002	0.0000	0.0000	−1.65	0.00
z.	其他损失（10^6 Btu/h）	275.985	0.0000	0.0000	0.0000	0.0000	0.00	0.00
aa.	其他带入热量（%）	275.985	0.0000	0.0000	0.0000	0.0000	0.00	0.00
bb.	其他带入热量（10^6 Btu/h）	275.985	0.0000	0.0000	0.0000	0.0000	0.00	0.00
cc.								

20	修正的平均出口气体温度（℉）	从空气预热器计算表格的项目[133]开始	见不确定度表 2F
21	结果标准偏差	（[13a]²+[13b]²+⋯）¹ᐟ²	0.0074
22	总自由度	[21]⁴/（[14a]+[14b]+⋯）	0.0000
23	学生分布数值	见本规程中表 5-7.5-1	

续表

测 量 数 据	10 重新计算修正后出口气体温度（见项目[20]）([10]－[20])/[9]	11 绝对灵敏度系数([10]－[20])/[9]	12 相对灵敏度系数[11]×[1]/[20]	13 计算结果的随机不确定度[11]×[6]	14 随机不确定度贡献的自由度([11]×[6])[4]/[7]	15 结果的正系统不确定度[11]×{([1]×[3A]/100)[2]+[3B][2]}[1/2]	16 结果的负系统不确定度[11]×{([1]×[4A]/100)[2]+[4B][2]}[1/2]
24	不确定度的随机分量				[21]×[23]		
25	结果的正系统不确定度				([15a][2]+[15b][2]+…)[1/2]	1.4238	
26	结果的负系统不确定度				([16a][2]+[16b][2]+…)[1/2]	1.5455	
27	正总不确定度				([24][2]+[25][2])[1/2]		
28	负总体不确定度				([24][2]+[26][2])[1/2]		

电厂名称	ASME4 主表格		机组编号	1	试验序号	1
备注	4.3 示例案例		负荷	MCR	试验日期	2010 年 9 月 1 日
	三分仓空气预热器		时间 1	9:00	时间 2	11:00
			计算负责人		计算日期	2011 年 12 月 1 日

表 A-7-3 　　　　　　　　空气预热器性能不确定度工作表：C

工作表编号 1C

测量数据（来自 DATA）		1 平均值（MEAS 表中项目[2]）	2 标准偏差（MEAS 表中项目[3]）	系统不确定度表编号	3 总正向系统不确定度（SYS 表中项目[2]） 百分数	3 单位	4 总负向系统不确定度（SYS 表中项目[3]） 百分数	4 单位	5 读数次数（MEAS 表格）	6 平均值的标准差 [2]/[5][1/2]	7 自由度 [5]－1	8 变化百分数	9 微增量变化* [8]×[1]/100
a.	空气预热器 A												
b.	温度												
c.	空气预热器进口空气温度（二次风）	93.5	0.171	1A	0.14	0.75	0.14	0.70	20.95	0.037	19.95	1.00	0.93
d.	空气预热器出口空气温度（二次风）	639.3	0.030	1A	0.14	1.48	0.14	1.81	16.28	0.007	15.28	1.00	6.39
e.	空气预热器进口空气温度（一次风）	114.8	0.205	1A	0.14	0.59	0.14	0.59	14.80	0.053	13.80	1.00	1.15
f.	空气预热器出口空气温度（一次风）	617.1	0.156	1A	0.14	8.25	0.14	8.25	4.30	0.075	3.30	1.00	6.17
g.	空气预热器进口烟气温度（三分仓）	712.3	0.333	1B	0.14	4.63	0.14	4.59	20.23	0.074	19.23	1.00	7.12
h.	空气预热器出口烟气温度（三分仓）	283.6	0.016	1B	0.14	4.57	0.14	4.47	19.40	0.004	18.40	1.00	2.84
i.	空气预热器进口烟气温度（二分仓）	0.0	0.000	1B	0.14	0.00	0.14	0.00	0.00	0.000	0.00	1.00	0
j.	空气预热器进口烟气温度（二分仓）	0.0	0.000	1B	0.14	0.00	0.14	0.00	0.00	0.000	0.00	1.00	0
k.													
l.	烟气和空气流量												
m.	空气预热器进口烟气流量（测量值）	2941.6	6.631	4D	5.00	0.05	5.00	0.05	2.00	4.689	1.00	1.00	29.42
n.	三分仓空气预热器出口空气流量（测量值）	0.0	0.004	4D	5.00	0.05	5.00	0.05	0.00	0.000	1.00	1.00	0.00
o.	三分仓空气预热器进口空气流量（测量值）	0.0	0.000	4D	5.00	0.05	5.00	0.05	0.00	0.000	1.00	1.00	0.00

续表

测量数据（来自 DATA）		1 平均值（MEAS 表中项目 [2]）	2 标准偏差（MEAS 表中项目 [3]）	系统不确定度表编号	3 总正向系统不确定度（SYS 表中项目 [2]）		4 总负向系统不确定度（SYS 表中项目 [3]）		5 读数次数（MEAS 表格）	6 平均值的标准差 [2] ^{2}/[5] $^{1/2}$	7 自由度 [5] −1	8 变化百分数	9 微增量变化* [8] × [1]/100
					百分数	单位	百分数	单位					
p.	二分仓空气预热器出口空气流量（测量值）	373.8	0.056	4D	5.00	0.05	5.00	0.05	2.00	0.039	1.00	1.00	3.74
q.													
r.	其他												
s.	空气预热器进口氧量百分数	3.26	0.016	5A	0.00	0.15	0.00	0.15	20.49	0.004	19.49	1.00	0.03
t.	空气预热器出口氧量百分数	4.14	0.016	5B	0.00	0.32	0.00	0.32	20.7	0.004	19.70	1.00	0.04
u.													
v.	压差值												
w.	二次风压差（inH$_2$O）	4.26	0.225	2C	0.00	0.27	0.00	0.27	32.00	0.040	31.00	1.00	0.04
x.	一次风压差（inH$_2$O）	4.17	0.142	2C	0.00	0.27	0.00	0.27	30.00	0.026	29.00	1.00	0.04
y.	烟气侧压差（三分仓）	5.84	0.081	2C	0.00	0.27	0.00	0.27	32.00	0.014	31.00	1.00	0.06
z.	烟气侧压差（二分仓）	0.00	0，000	2C	0.00	0.27	0.00	0.27	0.00	0.000	0.00	1.00	0.00
aa.	二次风进口与烟气出口压差（inH$_2$O）	0.00	0.400	2C	0.00	0.27	0.00	0.27	32.00	0.071	31.00	1.00	0.00
bb.	一次风进口与烟气出口压差（inH$_2$O）	0.00	0.400	2C	0.00	0.27	0.00	0.27	32.00	0.071	31.00	1.00	0.00

此工作表针对常量值参数进行设置。有关积分平均值参数的平均值，自由度和系统不确定度的计算，请参见本规程第 5 章。

*用于微增变化的值可以是平均值的任何微小增量。建议增量为 1.0%（平均值的 0.01 倍）。如果测量参数的平均值为零，可使用任何小增量变化量。需要注意的是，微增变化的单位必须与平均值的单位相同。

工作表编号 2C

测量数据		10 出口气体温度（见项目 [20]）	11 绝对灵敏度系数（[10] −[20]）/ [9]	12 相对灵敏度系数 [11] × [1]/[20]	13 计算结果的随机不确定度 [11] × [6]	14 随机不确定度贡献的自由度（[11] × [6]） ^{4}/[7]	15 结果的正系统不确定度 [11] ×{（[1] ×[3A]/100）^{2}+[3B] ^{2}}$^{1/2}$	16 结果的负系统不确定度 [11] ×{（[1] ×[4A]/100）^{2}+[4B] ^{2}}$^{1/2}$
a.	A 空气预热器							
b.	温度							
c.	空气预热器进口空气温度（二次风）	275.874	−0.119	−0.040	−0.005	0.000	−0.09	−0.08
d.	空气预热器出口空气温度（二次风）	274.59	−0.218	−0.506	−0.002	0.000	−0.38	−0.44
e.	空气预热器进口空气温度（一次风）	276.024	0.034	0.014	0.002	0.000	0.02	0.02
f.	空气预热器出口空气温度（一次风）	275.743	−0.039	−0.088	−0.003	0.000	−0.33	−0.33
g.	空气预热器进口烟气温度（三分仓）	277.184	0.168	0.435	0.013	0.000	0.80	0.79
h.	空气预热器出口烟气温度（三分仓）	276.465	0.169	0.174	0.001	0.000	0.78	0.76
i.	空气预热器进口烟气温度（二分仓）	275.985	0.000	0.000	0.000	0.000	0.00	0.00

续表

测量数据		10 出口气体温度（见项目[20]）	11 绝对灵敏度系数（[10]−[20]）/[9]	12 相对灵敏度系数 [11]×[1]/[20]	13 计算结果的随机不确定度 [11]×[6]	14 随机不确定度贡献的自由度（[11]×[6])^4/[7]	15 结果的正系统不确定度 [11]×{([1]×[3A]/100)^2+[3B]^2}^{1/2}	16 结果的负系统不确定度 [11]×{([1]×[4A]/100)^2+[4B]^2}^{1/2}
j.	空气预热器进口烟气温度（二分仓）	275.985	0.000	0.000	0.000	0.000	0.00	0.00
k.								
l.	烟气和空气质量							
m.	空气预热器进口烟气流量（测量值）	275.987	0.000	0.001	0.000	0.000	0.01	0.01
n.	三分仓空气预热器出口空气流量（测量值）	275.985	0.000	0.000	0.000	0.000	0.00	0.00
o.	二分仓空气预热器进口空气流量（测量值）	275.985	0.000	0.000	0.000	0.000	0.00	0.00
p.	二分仓空气预热器出口空气流量（测量值）	276.002	0.005	0.006	0.000	0.000	0.09	0.09
q.								
r.	其他							
s.	空气预热器进口氧量百分数	275.911	−2.271	−0.027	−0.008	0.000	−0.34	−0.34
t.	空气预热器出口氧量百分数	276.049	1.529	0.023	0.006	0.000	0.49	0.49
u.								
v.	压差值							
w.	二次风压差（inH$_2$O）	275.985	0.000	0.000	0.000	0.000	0.00	0.00
x.	一次风压差（inH$_2$O）	275.985	0.000	0.000	0.000	0.000	0.00	0.00
y.	烟气侧压差（三分仓）	275.985	0.000	0.000	0.000	0.000	0.00	0.00
z.	烟气侧压差（二分仓）	275.985	0.000	0.000	0.000	0.000	0.00	0.00
aa.	二次风进口与烟气出口压差（inH$_2$O）	275.985	0.000	0.000	0.000	0.000	0.00	0.00
bb.	一次风进口与烟气出口压差（inH$_2$O）	275.985	0.000	0.000	0.000	0.000	0.00	0.00
cc.								

20	修正后平均出口气体温度（℉）	从空气预热器计算表格的项目[133]开始	见不确定度表2F
21	结果标准偏差	（[13a]^2+[13b]^2+…)^{1/2}	0.0003
22	总自由度	[21]^4/（[14a]+[14b]+…）	0.0000
23	双尾学生 t 分布的数值	见本规程中表 5-7.5-1	
24	不确定度的随机分量	[21]×[23]	
25	结果的正系统不确定度	（[15a]^2+[15b]^2+…)^{1/2}	1.8569
26	结果的负系统不确定度	（[16a]^2+[16b]^2+…)^{1/2}	1.8706
27	正总不确定度	（[24]^2+[25]^2)^{1/2}	
28	负总体不确定度	（[24]^2+[26]^2)^{1/2}	

电厂名称	ASME4 主表格		机组编号	1	试验序号	1
备注	4.3 示例案例		负荷	MCR	试验日期	2010 年 9 月 1 日
	三分仓空气预热器		时间 1	9:00	时间 2	11：00
			计算负责人		计算日期	2011 年 12 月 1 日

表 A-7-4   空气预热器性能不确定度工作表：D

工作表编号 1D

测量数据（来自 DATA）		1 平均值（MEAS 表中项目[2]）	2 标准偏差（MEAS 表中项目[3]）	系统不确定度表编号	3 总正向系统不确定度（SYS 表中项目[2]） 百分数	单位	4 总负向系统不确定度（SYS 表中项目[3]） 百分数	单位	5 读数次数（MEAS 表格）	6 平均值的标准差[2]²/[5]¹ᐟ²	7 自由度 [5]−1	8 变化百分数	9 微增量变化* [8]×[1]/100
a.	空气预热器 B												
b.	温度												
c.	空气预热器进口空气温度（二次风）	93.1	0.163	1A	0.14	0.59	0.14	0.71	20.952	0.036	19.95	1.00	0.93
d.	空气预热器出口空气温度（二次风）	641.6	0.055	1A	0.14	1.34	0.14	1.70	16.283	0.014	15.28	1.00	6.42
e.	空气预热器进口空气温度（一次风）	117.6	0.200	1A	0.14	0.70	0.14	0.70	14.799	0.052	13.80	1.00	1.18
f.	空气预热器出口空气温度（一次风）	623.7	0.142	1A	0.14	8.37	0.14	8.37	4.304	0.068	3.30	1.00	6.24
g.	空气预热器进口烟气温度（三分仓）	717.6	0.281	1B	0.14	4.33	0.14	4.23	20.226	0.062	19.23	1.00	7.18
h.	空气预热器出口烟气温度（三分仓）	284.7	0.014	1B	0.14	4.52	0.14	4.33	19.404	0.003	18.40	1.00	2.85
i.	空气预热器进口烟气温度（二分仓）	0.0	0.000		0.00	0.00	0.14	0.00	0.000	0.000	0.00	1.00	0.00
j.	空气预热器进口烟气温度（二分仓）	0.0	0.000		0.00	0.00	0.14	0.00	0.000	0.000	0.00	1.00	0.00
k.													
l.	烟气和空气流量												
m.	空气预热器进口烟气流量（测量值）	3106.6	20.144	4D	5.00	0.05	5.00	0.05	2.000	14.244	1.00	1.00	31.07
n.	三分仓空气预热器出口空气流量（测量值）	0.0	0.000	4D	5.00	0.05	5.00	0.05	0.000	0.000	0.00	1.00	0.00
o.	三分仓空气预热器进口空气流量（测量值）	0.0	0.000	4D	5.00	0.05	5.00	0.05	0.000	0.000	0.00	1.00	0.00
p.	二分仓空气预热器出口空气流量（测量值）	385.8	0.053	4D	5.00	0.05	5.00	0.05	2.000	0.038	1.00	1.00	3.86
q.													
r.	其他												
s.	空气预热器进口氧量百分数	3.492	0.016	5A	0.00	0.16	0.00	0.16	20.490	0.003	19.49	1.00	0.03
t.	空气预热器出口氧量百分数	3.960	0.014	5B	0.00	0.16	0.00	0.16	20.696	0.003	19.70	1.00	0.04
u.													
v.	压差值												
w.	二次风压差（inH₂O）	3.87	0.381	2C	0.00	0.27	0.00	0.27	32.000	0.067	31.00	1.00	0.04
x.	一次风压差（inH₂O）	4.22	0.157	2C	0.00	0.27	0.00	0.27	30.000	0.029	29.00	1.00	0.04
y.	烟气侧压差（三分仓）	5.00	0.180	2C	0.00	0.27	0.00	0.27	32.000	0.032	31.00	1.00	0.05
z.	烟气侧压差（二分仓）	0.00	0.000	2C	0.00	0.27	0.00	0.27	0.000	0.000	0.00	1.00	0.00

续表

测量数据（来自 DATA）	1 平均值（MEAS 表中项目 [2]）	2 标准偏差（MEAS 表中项目 [3]）	系统不确定度表编号	3 总正向系统不确定度（SYS 表中项目 [2]） 百分数	单位	4 总负向系统不确定度（SYS 表中项目 [3]） 百分数	单位	5 读数次数（MEAS 表格）	6 平均值的标准差 [2] ²/[5]^{1/2}	7 自由度 [5]−1	8 变化百分数	9 微增量变化* [8]×[1]/100
aa. 二次风进口与烟气出口压差（inH₂O）	0.00	0.400	2C	0.00	0.27	0.00	0.27	32.000	0.071	31.00	1.00	0.00
bb. 一次风进口与烟气出口压差（inH₂O）	0.00	0.400	2C	0.00	0.27	0.00	0.27	32.000	0.071	31.00	10.00	0.00

此工作表针对常量值参数进行设置。有关积分平均值参数的平均值，自由度和系统不确定度的计算，请参见本规程第 5 章。

*用于微增变化的值可以是平均值的任何微小增量。建议增量为 1.0%（平均值的 0.01 倍）。如果测量参数的平均值为零，可使用任何小增量变化量。需要注意的是，微增变化的单位必须与平均值的单位相同。

工作表编号 2D

测量数据	10 出口气体温度（见项目 [20]）	11 绝对灵敏度系数 ([10]−[20])/[9]	12 相对灵敏度系数 [11]×[1]/[20]	13 计算结果的随机不确定度 [11]×[6]	14 随机不确定度贡献的自由度 ([11]×[6])⁴/[7]	15 结果的正系统不确定度 [11]×{([1]×[3A]/100)²+[3B]²}^{1/2}	16 结果的负系统不确定度 [11]×{([1]×[4A]/100)²+[4B]²}^{1/2}
a. 空气预热器 B							
b. 温度							
c. 空气预热器进口空气温度（二次风）	275.867	−0.1267	−0.0427	−0.0045	0.0000	−0.08	−0.09
d. 空气预热器出口空气温度（二次风）	274.517	−0.2288	−0.5320	−0.0016	0.0000	−0.37	−0.44
e. 空气预热器进口空气温度（一次风）	276.028	0.0364	0.0155	0.0018	0.0000	0.03	0.03
f. 空气预热器出口空气温度（一次风）	275.739	−0.0394	−0.0891	−0.0030	0.0000	−0.33	−0.33
g. 空气预热器进口烟气温度（三分仓）	277.231	0.1737	0.4515	0.0125	0.0000	0.77	0.76
h. 空气预热器出口烟气温度（三分仓）	276.496	0.1794	0.1851	0.0006	0.0000	0.81	0.78
i. 空气预热器进口烟气温度（二分仓）	275.985	0.0000	0.0000	0.0000	0.0000	0.00	0.00
j. 空气预热器进口烟气温度（二分仓）	275.985	0.0000	0.0000	0.0000	0.0000	0.00	0.00
k.							
l. 烟气和空气质量							
m. 空气预热器进口烟气流量（测量值）	275.983	−0.0001	−0.0006	0.0003	0.0000	−0.01	−0.01
n. 三分仓空气预热器出口空气流量（测量值）	275.985	0.0000	0.0000	0.0000	0.0000	0.00	0.00
o. 二分仓空气预热器进口空气流量（测量值）	275.985	0.0000	0.0000	0.0000	0.0000	0.00	0.00
p. 二分仓空气预热器出口空气流量（测量值）	276.002	0.0044	0.0061	0.0002	0.0000	0.08	0.08
q.							
r. 其他							
s. 空气预热器进口氧量百分数	275.901	−2.4167	−0.0306	−0.0081	0.0000	−0.39	−0.39

续表

	测量数据	10 出口气体温度（见项目[20]）	11 绝对灵敏度系数 （[10]−[20]）/[9]	12 相对灵敏度系数 [11]×[1]/[20]	13 计算结果的随机不确定度 [11]×[6]	14 随机不确定度贡献的自由度 （[11]×[6]）[4]/[7]	15 结果的正系统不确定度 [11]×{（[1]×[3A]/100）[2]+[3B][2]}[1/2]	16 结果的负系统不确定度 [11]×{（[1]×[4A]/100）[2]+[4B][2]}[1/2]
t.	空气预热器出口氧量百分数	276.048	1.5898	0.0228	0.0055	0.0000	0.25	0.25
u.								
v.	压差值							
w.	二次风压差（inH₂O）	275.985	0.0000	0.0000	0.0000	0.0000	0.00	0.00
x.	一次风压差（inH₂O）	275.985	0.0000	0.0000	0.0000	0.0000	0.00	0.00
y.	烟气侧压差（三分仓）	275.985	0.0000	0.0000	0.0000	0.0000	0.00	0.00
z.	烟气侧压差（二分仓）	275.985	0.0000	0.0000	0.0000	0.0000	0.00	0.00
aa.	二次风进口与烟气出口压差（inH₂O）	275.985	0.0000	0.0000	0.0000	0.0000	0.00	0.00
bb.	一次风进口与烟气出口压差（inH₂O）	275.985	0.0000	0.0000	0.0000	0.0000	0.00	0.00
cc.								

20	修正后平均出口气体温度（℉）	从空气预热器计算表的项目[133]开始	见不确定度表2F
21	结果标准偏差	（[13a][2]+[13b][2]+…）[1/2]	0.0003
22	总自由度	[21][4]/（[14a]+[14b]+…）	0.0000
23	双尾学生 t 分布的数值	见本规程中表 5-7.5-1	
24	不确定度的随机分量	[21]×[23]	
25	结果的正系统不确定度	（[15a][2]+[15b][2]+…）[1/2]	1.7332
26	结果的负系统不确定度	（[16a][2]+[16b][2]+…）[1/2]	1.7139
27	正总不确定度	（[24][2]+[25][2]）[1/2]	
28	负总体不确定度	（[24][2]+[26][2]）[1/2]	

电厂名称	ASME4 主表格		机组编号	1	试验序号	1
备注	4.3 示例案例		负荷	MCR	试验日期	2010 年 9 月 1 日
	三分仓空气预热器		时间 1	9:00	时间 2	11:00
			计算负责人		计算日期	2011 年 12 月 1 日

表 A-7-5　　　　　　　　　　空气预热器性能不确定度工作表：E

工作表编号 1E

	测量数据（来自 DATA）	1 平均值（MEAS 表中项目[2]）	2 标准偏差（MEAS 表中项目[3]）	3 系统不确定度表编号	3 总正向系统不确定度（SYS 表中项目[2]） 百分数	单位	4 总负向系统不确定度（SYS 表中项目[3]） 百分数	单位	5 读数次数（MEAS 表格）	6 平均值的标准差[2]/[5][1/2]	7 自由度[5]−1	8 变化百分数	9 微增量变化* [8]×[1]/100
a.	空气预热器 C												
b.	温度												
c.	空气预热器进口空气温度（二次风）	0.00	0.000	1A	0.14	0.58	0.14	0.58	0.00	0.000	0.00	1.00	0.00
d.	空气预热器出口空气温度（二次风）	0.00	0.000	1A	0.14	0.58	0.14	0.58	0.00	0.000	0.00	1.00	0.00

续表

测量数据（来自DATA）		1 平均值（MEAS表中项目[2]）	2 标准偏差（MEAS表中项目[3]）	系统不确定度表编号	3 总正向系统不确定度（SYS表中项目[2]） 百分数	单位	4 总负向系统不确定度（SYS表中项目[3]） 百分数	单位	5 读数次数（MEAS表格）	6 平均值的标准差 $[2]^2/[5]^{1/2}$	7 自由度 [5]−1	8 变化百分数	9 微增量变化* [8]×[1]/100
e.	空气预热器进口空气温度（一次风）	0.00	0.000	1A	0.14	0.58	0.14	0.58	0.00	0.000	0.00	1.00	0.00
f.	空气预热器出口空气温度（一次风）	0.00	0.000	1A	0.14	0.58	0.14	0.58	0.00	0.000	0.00	1.00	0.00
g.	空气预热器进口烟气温度（三分仓）	0.00	0.000	1B	0.14	1.16	0.14	1.16	0.00	0.000	0.00	1.00	0.00
h.	空气预热器出口烟气温度（三分仓）	0.00	0.000	1B	0.14	1.16	0.14	1.16	0.00	0.000	0.00	1.00	0.00
i.	空气预热器进口烟气温度（二分仓）	0.00	0.000				0.14	0.00	0.00	0.000	0.00	1.00	0.00
j.	空气预热器进口烟气温度（二分仓）	0.00	0.000		0.00	0.00	0.14	0.00	0.00	0.000	0.00	1.00	0.00
k.													
l.	烟气和空气流量												
m.	空气预热器进口烟气流量（测量值）	0.00	0.000	4D	5.00	0.05	5.00	0.05	0.00	0.000	0.00	1.00	0.00
n.	三分仓空气预热器出口空气流量（测量值）	0.00	0.000	4D	5.00	0.05	5.00	0.05	0.00	0.000	0.00	1.00	0.00
o.	三分仓空气预热器进口空气流量（测量值）	0.00	0.000	4D	5.00	0.05	5.00	0.05	0.00	0.000	0.00	1.00	0.00
p.	二分仓空气预热器出口空气流量（测量值）	0.00	0.000	4D	5.00	0.05	5.00	0.05	0.00	0.000	0.00	1.00	0.00
q.													
r.	其他												
s.	空气预热器进口氧量百分数	0.00	0.000	5A	0.00	0.15	0.00	0.15	0.00	0.000	0.00	1.00	0.00
t.	空气预热器出口氧量百分数	0.00	0.000	5B	0.00	0.15	0.00	0.15	0.00	0.000	0.00	1.00	0.00
u.													
v.	压差值												
w.	二次风压差（inH2O）	0.00	0.000	2C	0.00	0.27	0.00	0.27	0.00	0.000	0.00	1.00	0.00
x.	一次风压差（inH2O）	0.00	0.000	2C	0.00	0.27	0.00	0.27	0.00	0.000	0.00	1.00	0.00
y.	烟气侧压差（三分仓）	0.00	0.000	2C	0.00	0.27	0.00	0.27	0.00	0.000	0.00	1.00	0.00
z.	烟气侧压差（二分仓）	0.00	0.000	2C	0.00	0.27	0.00	0.27	0.00	0.000	0.00	1.00	0.00
aa.	二次风进口与烟气出口压差（inH2O）	0.00	0.000	2C	0.00	0.27	0.00	0.27	0.00	0.000	0.00	1.00	0.00
bb.	一次风进口与烟气出口压差（inH2O）	0.00	0.000	2C	0.00	0.27	0.00	0.27	0.00	0.000	0.00	1.00	0.00

此工作表针对常量值参数进行设置。有关积分平均值参数的平均值，自由度和系统不确定度的计算，请参见本规程第5章。

*用于微增变化的值可以是平均值的任何微小增量。建议增量为1.0%（平均值的0.01倍）。如果测量参数的平均值为零，可使用任何小增量变化量。需要注意的是，微增变化的单位必须与平均值的单位相同。

工作表编号 2E

测量数据	10 出口气体温度 （见项目[20]）	11 绝对灵敏度系数 （[10] −[20]）/[9]	12 相对灵敏度系数 [11] × [1] /[20]	13 计算结果的随机不确定度 [11] × [6]	14 随机不确定度贡献的自由度 （[11] × [6]）⁴/[7]	15 结果的正系统不确定度 [11] ×{（[1] ×[3A] /100)²+[3B]²}¹/²	16 结果的负系统不确定度 [11] ×{（[1] ×[4A] /100)²+[4B]²}¹/²
a. 空气预热器 C							
b. 温度							
c. 空气预热器进口空气温度（二次风）	275.874	−0.119	−0.040	−0.005	0.000	−0.09	−0.08
d. 空气预热器出口空气温度（二次风）	274.59	−0.218	−0.506	−0.002	0.000	−0.38	−0.44
e. 空气预热器进口空气温度（一次风）	276.024	0.034	0.014	0.002	0.000	0.02	0.02
f. 空气预热器出口空气温度（一次风）	275.743	−0.039	−0.088	−0.003	0.000	−0.33	−0.33
g. 空气预热器进口烟气温度（三分仓）	277.184	0.168	0.435	0.013	0.000	0.80	0.79
h. 空气预热器出口烟气温度（三分仓）	276.465	0.169	0.174	0.001	0.000	0.78	0.76
i. 空气预热器进口烟气温度（二分仓）	275.985	0.000	0.000	0.000	0.000	0.00	0.00
j. 空气预热器进口烟气温度（二分仓）	275.985	0.000	0.000	0.000	0.000	0.00	0.00
k.							
l. 烟气和空气质量							
m. 空气预热器进口烟气流量（测量值）	275.987	0.000	0.001	0.000	0.000	0.01	0.01
n. 三分仓空气预热器出口空气流量（测量值）	275.985	0.000	0.000	0.000	0.000	0.00	0.00
o. 二分仓空气预热器进口空气流量（测量值）	275.985	0.000	0.000	0.000	0.000	0.00	0.00
p. 二分仓空气预热器出口空气流量（测量值）	276.002	0.005	0.006	0.000	0.000	0.09	0.09
q.							
r. 其他							
s. 空气预热器进口氧量百分数	275.911	−2.271	−0.027	−0.008	0.000	−0.34	−0.34
t. 空气预热器出口氧量百分数	276.049	1.529	0.023	0.006	0.000	0.49	0.49
u.							
v. 压差值							
w. 二次风压差（inH$_2$O）	275.985	0.000	0.000	0.000	0.000	0.00	0.00
x. 一次风压差（inH$_2$O）	275.985	0.000	0.000	0.000	0.000	0.00	0.00
y. 烟气侧压差（三分仓）	275.985	0.000	0.000	0.000	0.000	0.00	0.00
z. 烟气侧压差（二分仓）	275.985	0.000	0.000	0.000	0.000	0.00	0.00
aa. 二次风进口与烟气出口压差（inH$_2$O）	275.985	0.000	0.000	0.000	0.000	0.00	0.00
bb. 一次风进口与烟气出口压差（inH$_2$O）	275.985	0.000	0.000	0.000	0.000	0.00	0.00

续表

测量数据	10 出口气体温度（见项目[20]）	11 绝对灵敏度系数（[10] − [20]）/[9]	12 相对灵敏度系数[11]×[1]/[20]	13 计算结果的随机不确定度[11]×[6]	14 随机不确定度贡献的自由度（[11]×[6]）⁴/[7]	15 结果的正系统不确定度[11]×{([1]×[3A]/100)²+[3B]²}^{1/2}	16 结果的负系统不确定度[11]×{([1]×[4A]/100)²+[4B]²}^{1/2}
cc.							

20	修正后平均出口气体温度（℉）	从空气预热器计算表格的项目[133]开始	见不确定度表2F
21	结果标准偏差	（[13a]²+[13b]²+…）^{1/2}	0.0003
22	总自由度	[21]⁴/（[14a]+[14b]+…）	0.0000
23	双尾学生 t 分布的数值	见本规程中表5-7.5-1	
24	不确定度的随机分量	[21]×[23]	
25	结果的正系统不确定度	（[15a]²+[15b]²+…）^{1/2}	1.8569
26	结果的负系统不确定度	（[16a]²+[16b]²+…）^{1/2}	1.8706
27	正总不确定度	（[24]²+[25]²）^{1/2}	
28	负总体不确定度	（[24]²+[26]²）^{1/2}	

电厂名称	ASME4 主表格		机组编号	1	试验序号	1
备注	4.3 示例案例		负荷	MCR	试验日期	2010年9月1日
	三分仓空气预热器		时间1	9:00	时间2	11:00
			计算负责人		计算日期	2011年12月1日

表 A-7-6　　　　　　　　　　空气预热器性能不确定度工作表：F

工作表编号 1F

测量数据（来自 DATA）	1 平均值（MEAS表中项目[2]）	2 标准偏差（MEAS表中项目[3]）	3 系统不确定度表编号	3 总正向系统不确定度（SYS表中项目[2]） 百分数	单位	4 总负向系统不确定度（SYS表中项目[3]） 百分数	单位	5 读数次数（MEAS表格）	6 平均值的标准差[2]²/[5]^{1/2}	7 自由度[5]−1	8 变化百分数	9 微增量变化*[8]×[1]/100
a. 空气预热器 D												
b. 温度												
c. 空气预热器进口空气温度（二次风）	0.00	0.000	1A	0.14	0.58	0.14	0.58	0.00	0.000	0.00	1.00	0.00
d. 空气预热器出口空气温度（二次风）	0.00	0.000	1A	0.14	0.58	0.14	0.58	0.00	0.000	0.00	1.00	0.00
e. 空气预热器进口空气温度（一次风）	0.00	0.000	1A	0.14	0.58	0.14	0.58	0.00	0.000	0.00	1.00	0.00
f. 空气预热器出口空气温度（一次风）	0.00	0.000	1A	0.14	0.58	0.14	0.58	0.00	0.000	0.00	1.00	0.00
g. 空气预热器进口烟气温度（三分仓）	0.00	0.000	1B	0.14	0.58	0.14	1.16	0.00	0.000	0.00	1.00	0.00
h. 空气预热器出口烟气温度（三分仓）	0.00	0.000	1B	0.14	0.58	0.14	1.16	0.00	0.000	0.00	1.00	0.00
i. 空气预热器进口烟气温度（二分仓）	0.00	0.000		0.00	0.00	0.14	0.00	0.00	0.000	0.00	1.00	0.00
j. 空气预热器进口烟气温度（二分仓）	0.00	0.000		0.00	0.00	0.14	0.00	0.00	0.000	0.00	1.00	0.00
k.												
l. 烟气和空气流量												

续表

测量数据（来自 DATA）		1 平均值（MEAS 表中项目[2]）	2 标准偏差（MEAS 表中项目[3]）	系统不确定度表编号	3 总正向系统不确定度（SYS 表中项目[2]） 百分数	单位	4 总负向系统不确定定度（SYS 表中项目[3]） 百分数	单位	5 读数次数（MEAS 表格）	6 平均值的标准差 $[2]^2/[5]^{1/2}$	7 自由度 $[5]-1$	8 变化百分数	9 微增量变化* $[8] \times [1]/100$
m.	空气预热器进口烟气流量（测量值）	0.00	0.000	4D	5.00	0.05	5.00	0.05	0.00	0.000	0.00	1.00	0.00
n.	三分仓空气预热器出口空气流量（测量值）	0.00	0.000	4D	5.00	0.05	5.00	0.05	0.00	0.000	0.00	1.00	0.00
o.	三分仓空气预热器进口空气流量（测量值）	0.00	0.000	4D	5.00	0.05	5.00	0.05	0.00	0.000	0.00	1.00	0.00
p.	二分仓空气预热器出口空气流量（测量值）	0.00	0.000	4D	5.00	0.05	5.00	0.05	0.00	0.000	0.00	1.00	0.00
q.													
r.	其他												
s.	空气预热器进口氧量百分数	0.00	0.000	5A	0.00	0.15	0.00	0.15	0.00	0.000	0.00	1.00	0.00
t.	空气预热器出口氧量百分数	0.00	0.000	5B	0.00	0.15	0.00	0.15	0.00	0.000	0.00	1.00	0.00
u.													
v.	压差值												
w.	二次风压差（inH_2O）	0.00	0.000	2C	0.00	0.27	0.00	0.27	0.00	0.000	0.00	1.00	0.00
x.	一次风压差（inH_2O）	0.00	0.000	2C	0.00	0.27	0.00	0.27	0.00	0.000	0.00	1.00	0.00
y.	烟气侧压差（三分仓）	0.00	0.000	2C	0.00	0.27	0.00	0.27	0.00	0.000	0.00	1.00	0.00
z.	烟气侧压差（二分仓）	0.00	0.000	2C	0.00	0.27	0.00	0.27	0.00	0.000	0.00	1.00	0.00
aa.	二次风进口与烟气出口压差（inH_2O）	0.00	0.000	2C	0.00	0.27	0.00	0.27	0.00	0.000	0.00	1.00	0.00
bb.	一次风进口与烟气出口压差（inH_2O）	0.00	0.000	2C	0.00	0.27	0.00	0.27	0.00	0.000	0.00	1.00	0.00

此工作表针对常量值参数进行设置。有关积分平均值参数的平均值，自由度和系统不确定度的计算，请参见本规程第 5 章。

*用于微增变化的值可以是平均值的任何微小增量。建议增量为 1.0%（平均值的 0.01 倍）。如果测量参数的平均值为零，可使用任何小增量变化量。需要注意的是，微增变化的单位必须与平均值的单位相同。

工作表编号 2F

测量数据		10 出口气体温度（见项目[20]）	11 绝对灵敏度系数（[10] − [20]）/[9]	12 相对灵敏度系数 $[11] \times [1]/[20]$	13 计算结果的随机不确定度 $[11] \times [6]$	14 随机不确定度贡献的自由度 $[11] \times [6])^4/[7]$	15 结果的正系统不确定度 $[11] \times \{([1] \times [3A]/100)^2+[3B]^2\}^{1/2}$	16 结果的负系统不确定度 $[11] \times \{([1] \times [4A]/100)^2+[4B]^2\}^{1/2}$
a.	空气预热器 D							
b.	温度							
c.	空气预热器进口空气温度（二次风）	275.874	−0.119	−0.040	−0.005	0.000	−0.09	−0.08
d.	空气预热器出口空气温度（二次风）	274.59	−0.218	−0.506	−0.002	0.000	−0.38	−0.44
e.	空气预热器进口空气温度（一次风）	276.024	0.034	0.014	0.002	0.000	0.02	0.02
f.	空气预热器出口空气温度（一次风）	275.743	−0.039	−0.088	−0.003	0.000	−0.33	−0.33

续表

	测量数据	10 出口气体温度（见项目[20]）	11 绝对灵敏度系数（[10]－[20]）/[9]	12 相对灵敏度系数 [11]×[1]/[20]	13 计算结果的随机不确定度 [11]×[6]	14 随机不确定度贡献的自由度（[11]×[6]）⁴/[7]	15 结果的正系统不确定度 [11]×{（[1]×[3A]/100)²+[3B]²}^{1/2}	16 结果的负系统不确定度 [11]×{（[1]×[4A]/100)²+[4B]²}^{1/2}
g.	空气预热器进口烟气温度（三分仓）	277.184	0.168	0.435	0.013	0.000	0.80	0.79
h.	空气预热器出口烟气温度（三分仓）	276.465	0.169	0.174	0.001	0.000	0.78	0.76
i.	空气预热器进口烟气温度（二分仓）	275.985	0.000	0.000	0.000	0.000	0.00	0.00
j.	空气预热器进口烟气温度（二分仓）	275.985	0.000	0.000	0.000	0.000	0.00	0.00
k.								
l.	烟气和空气质量							
m.	空气预热器进口烟气流量（测量值）	275.987	0.000	0.001	0.000	0.000	0.01	0.01
n.	三分仓空气预热器出口空气流量（测量值）	275.985	0.000	0.000	0.000	0.000	0.00	0.00
o.	二分仓空气预热器进口空气流量（测量值）	275.985	0.000	0.000	0.000	0.000	0.00	0.00
p.	二分仓空气预热器出口空气流量（测量值）	276.002	0.005	0.006	0.000	0.000	0.09	0.09
q.								
r.	其他							
s.	空气预热器进口氧量百分数	275.911	−2.271	−0.027	−0.008	0.000	−0.34	−0.34
t.	空气预热器出口氧量百分数	276.049	1.529	0.023	0.006	0.000	0.49	0.49
u.								
v.	压差值							
w.	二次风压差（inH₂O）	275.985	0.000	0.000	0.000	0.000	0.00	0.00
x.	一次风压差（inH₂O）	275.985	0.000	0.000	0.000	0.000	0.00	0.00
y.	烟气侧压差（三分仓）	275.985	0.000	0.000	0.000	0.000	0.00	0.00
z.	烟气侧压差（二分仓）	275.985	0.000	0.000	0.000	0.000	0.00	0.00
aa.	二次风进口与烟气出口压差（inH₂O）	275.985	0.000	0.000	0.000	0.000	0.00	0.00
bb.	一次风进口与烟气出口压差（inH₂O）	275.985	0.000	0.000	0.000	0.000	0.00	0.00
cc.								

20	修正后平均出口气体温度（℉）	从空气预热器计算表格的项目[133]开始	见不确定度表 2F
21	结果标准偏差	（[13a]²+[13b]²+…)^{1/2}	0.0003
22	总自由度	[21]⁴/（[14a]+[14b]+…)	0.0000
23	双尾学生 t 分布的数值	见本规程中表 5-7.5-1	

续表

测量数据		10 出口气体温度 （见项目[20]）	11 绝对灵敏度系数 （[10] − [20]）/[9]	12 相对灵敏度系数 [11] × [1]/[20]	13 计算结果的随机不确定度 [11] × [6]	14 随机不确定度贡献的自由度 （[11] × [6]）[4]/[7]	15 结果的正系统不确定度 [11] ×{（[1] × [3A]/100）[2]+[3B][2]}[1/2]	16 结果的负系统不确定度 [11] ×{（[1] × [4A]/100）[2]+[4B][2]}[1/2]
24	不确定度的随机分量				[21] × [23]			
25	结果的正系统不确定度				（[15a][2]+ [15b][2]+…）[1/2]			1.8569
26	结果的负系统不确定度				（[16a][2]+ [16b][2]+…）[1/2]			1.8706
27	正总不确定度				（[24][2]+ [25][2]）[1/2]			
28	负总体不确定度				（[24][2]+ [26][2]）[1/2]			

电厂名称	ASME4 主表格	机组编号	1	试验序号	1
备注	4.3 示例案例	负荷	MCR	试验日期	2010 年 9 月 1 日
	三分仓空气预热器	时间 1	9：00	时间 2	11：00
		计算负责人		计算日期	2011 年 12 月 1 日

非强制性附录 B

相关性系数式的推导

B-1　烟道内温度和气体浓度的平均值以及流动加权的需求

锅炉烟道横截面上质量流量、温度和气体浓度的分布很复杂，气流条件需要用相应的平均值来定义。理想情况下，平均值可以代表速度、温度和气体浓度的充分混合后的状态。基于上述三项在同点（通常是等分小面积的中心）测得的耦合数据，并经"加权平均"计算后所得到的平均值，定义可为代表整个测量平面内瞬时气流条件的特征参数。

$$Z = \frac{\sum_i^n x_i w_i}{\sum_i^n w_i} \qquad \text{(B-1.1)}$$

式中：n 为测点数；w_i 为同点测量的质量流量；x_i 为分布于测量平面内各测点所测的值（温度或气体浓度）；Z 为测量某参数 x 的加权平均值。

流量加权平均值通常被"速度加权平均值"代替，ASME PTC 4 的 4-3.4 中就推荐这种做法，速度加权平均为

$$Z = \frac{\sum_i^n x_i v_i}{\sum_i^n v_i} \qquad \text{(B-1.2)}$$

式中：v_i 为面积速度。

某参数 x 在某一空间内的算术平均值 $\bar{x}$ 定义为

$$\bar{x} = \frac{\sum_i^n x_i}{n} \qquad \text{(B-1.3)}$$

算术空间内平均速度为

$$\bar{v} = \frac{\sum_i^n v_i}{n} \qquad \text{(B-1.4)}$$

为了计算 Z 和 $\bar{x}$ 之间的差值，需要在第 i 个点的速度和该点处变量 x 的向量积建立一个公式。该点处的速度与变量由算术平均值建立，分别为

$$x_i = (x_i - \bar{x}) + \bar{x} \qquad \text{(B-1.5)}$$

$$v_i = (v_i - \bar{v}) + \bar{v} \qquad \text{(B-1.6)}$$

代入式（B-1.2）并重新计算

$$Z = \frac{1}{\sum_i^n v_i} \left[\begin{array}{c} \sum_i^n (v_i - \bar{v})(x_i - \bar{x}) + n\bar{v}\bar{x} \\ + \bar{x}\sum_i^n (v_i - \bar{v}) + \bar{v}\sum_i^n (x_i - \bar{x}) \end{array} \right] \qquad \text{(B-1.7)}$$

根据定义，有

$$\sum_i^n (v_i - \bar{v}) = \sum_i^n (x_i - \bar{x}) = 0$$

考虑到这一点，将 $\sum_i^n v_i = n\bar{v}$ 代入式（B-1.4），后再代入式（B-1.7），整理得到

$$Z = \bar{x}\left[1 + \frac{\sum_i^n (v_i - \bar{v}) + (x_i - \bar{x})}{n\bar{v}\bar{x}} \right] \qquad \text{(B-1.8)}$$

这样，速度加权的空间平均值 Z 就等于算术平均值加上一个项，该项是流经烟道的参量 x 和速度的函数。

用 v 和 x 的沿空间分布变化的平方根作为空间分布群体偏差的估计值，定义

$$s_x = \sqrt{\frac{\sum_i^n (x_i - \bar{x})^2}{n-1}} \qquad \text{(B-1.9)}$$

$$s_v = \sqrt{\frac{\sum_i^n (v_i - \bar{v})^2}{n-1}} \qquad \text{(B-1.10)}$$

$$v_x = \frac{s_x}{\bar{x}} \qquad \text{(B-1.11)}$$

$$v_v = \frac{s_v}{\bar{v}} \qquad \text{(B-1.12)}$$

式中：v_x、v_v 为沿空间分布参数标准差与平均值之比。

式（B-1.9）～式（B-1.12）代入式（B-1.8）并整理得到

$$Z = \bar{x}\left(1 + \frac{n-1}{n} R V_x V_v \right) \qquad \text{(B-1.13)}$$

其中
$$R = \frac{\sum_{i}^{n} (v_i - \overline{v})(x_i - \overline{x})}{\sqrt{\sum_{i}^{n} (v_i - \overline{v})^2 \sum_{i}^{n} (x_i - \overline{x})^2}}$$
（B-1.14）

式中：R 为烟道内空间中速度与数量 x 之间的相关系数。

R 可以取值在 ± 1 之间。例如，当 R 为+1，表示 100%相关性存在时，意味着烟道内速度值和变量 x 值分布相吻合；当 R 为−1，表示速度的高值和 x 的低值相吻合；当测量截面上的 v 和 x 之间不存在依赖关系时，R 将为零。

如果 R 是零，那么式（B-1.13）计算速度加权平均值等于算术平均值。

下表是基于某一烟道横截面全部实测结果计算的示例：

氧量（%）注释［1］			温度（℉）注释［2］			（速度头）$^{1/2}$ 注释［3］		
6.26	4.55	3.92	636.00	683.00	712.00	0.87	0.71	0.81
5.91	4.68	3.75	640.00	683.00	717.00	0.92	0.74	0.74
5.31	4.30	3.71	649.00	679.00	721.00	0.95	0.77	0.77
4.59	3.95	4.00	655.00	671.00	721.00	1.05	0.87	0.63
3.79	3.40	3.94	655.00	659.00	715.00	1.10	0.97	0.55
3.45	3.62	4.35	648.00	645.00	710.00	0.87	0.77	0.50

注：

（1）平均值为 4.304，系数变量为 0.188，相关性 R 为 0.139。

（2）平均值为 677.7，系数变量为 0.046，相关性 R 为−0.709。

（3）平均值为 0.81，系数变为 0.196。

式（B-1.2）中的速度加权氧量=4.325%。

式（B-1.13）中的速度加权氧量=4.325%。

式（B-1.2）中的速度加权温度=673.67℉。

式（B-1.13）中的速度加权温度=673.67℉。

这些结果表明，式（B-1.13）与式（B-1.2）计算结果精度相同。

如果速度和参数 x 之间没有相关性，则 R 为零，式（B-1.13）显示速度加权和算术平均值将是相同的，不用考虑速度和参数 x，如温度或氧量的空间分布。

如果速度和 x 之间存在高度的相关性，则 R 趋于统一，速度加权与算术平均值之间的差将达到最大值。实际的差异将取决于在测量平面上的速度、温度或氧气各自的空间分布情况。

在极限情况下，如果一个量在空间上不变化（即它的空间标准偏差为零），则速度加权平均值和算术平均值将是相同的。

在大多数电站的烟道系统中，尤其是弯道下游或截面的变化，气体浓度、温度与速度之间不可能存在明显的相关性，因为速度是临近上游的空气动力学函数，而温度和气体组分是上游更远处发生的一些混合过程的函数。

对 56 个横截面同点测量结果的分析如下：

测 量 值	结果
平均速度变化系数	0.203
平均氧变化系数	0.250
平均温度变化系数	0.051
平均速度/氧绝对相关系数	0.290
平均速度/温度绝对相关系数	0.407

基于这些平均值，式（B-1.13）应用于 30 点（$n=30$）全面测量，可有预测结果如下：

（a）对于氧量的全部测量结果，速度加权平均氧量和算术平均氧量之间的差值将是（29/30×0.29×0.203×0.25×100）%，等于氧量水平的 $\pm 1.42\%$（即在 3%的氧量下，氧量差值为 $\pm 0.04\%$）。如果就空间分布平均而言，氧量和速度之间存在 100%的相关性（即 $R=1$），则算术平均值和加权平均值之间的差值应为氧气平均值的 $\pm 4.8\%$，或者当氧为 3%时，差值为 $\pm 0.1\%$。

（b）对于温度的全部测量结果，速度加权温度和算术平均温度之差将是（29/30×0.407×0.203×0.051×100）%，等于温度水平的 $\pm 0.41\%$（即在温度为 680℉ 差值为 $\pm 2.8℉$）。如果就空间分布平均而言，温度和速度之间存在 100%的相关性（即 $R=1$），则算术平均值和加权平均值之间的差值应为氧气平均值的 $\pm 1\%$，或者当温度为 680℉时，差值为 $\pm 0.16.8℉$。

本规程在速度分布预测量要求速度与温度必须同点测量。通过对测量面全面测量结果进行相关性分析，或是基于每一个参量在测量面内的变化幅度进行分析，再或者是两者的组合分析，得到是否需要速度加权平均，但都必须同点同步测量温度与速度。相关系数计算通过式（B-1.14）进行，但是如果通过利用电子表格分析数据，则可以使用内置函数。如 Excel® 和 Lotus1-2-3® 都具有可用于从两个数据范围计算 R 的 CORREL 函数。有时各个量的单独变化程度较高，但相关系数较低。那么速度加权可能不是必需的。

试验各方应就每个测量位置是否需要流量加权成一致。本规程建议，如果 R 在 ± 0.3 范围内，则不需要流量加权。参见 4-4 和 7-5.3.3。

非强制性附录 C
基于已知条件集的空气预热器性能模型

C-1 描述

下文所述流程是基于空气预热器传热和热平衡的一般原理得到的、一种预测空气预热器出口空气和烟气出口温度的方法。该流程需要一组给定的空气预热器性能参数集作为基础。这些参数可来源于空气预热器运行数据或预期的性能数据。基于这些数据，空气预热器系统边界上、在"新条件下的"或"某修正条件下的"性能数据就可以计算出来。该程序可以基于一组已知条件，对空气预热器边界上的任何性能参数进行预测，并且可以用于生成非设计 X 比、非烟气设计质量流量条件下的修正曲线。

C-2 输入（译者注：本部分原文存在多处错误，本书已更正）

表 C-2-1 包含了首字母缩略语（变量名称）和每个缩略语的描述。下标 P 表示新条件下或修正条件下的操作参数。

一般计算过程如下：

从标准性能数据、设计性能数据或空气预热器测量性能数据，计算

$$V = \frac{Ta9 - Ta8}{Tg14 - Tg15NL} = \frac{WgCpg}{WaCpa}$$

$$D = \frac{Tg14 - Ta8(1-V)}{Tg15NL - Ta8}$$

$$K = \frac{1-V}{WgCg}$$

$$U = \frac{LOG_e(V+D)}{K}$$

$$Uc = U \times \left(1 + \frac{Wg}{Wa}\right)$$

$$Ua = U \times \left(1 + \frac{Wa}{Wg}\right)$$

对于"新"（或修正）边界条件，计算

$$Rc = \frac{Wgp}{Wg}$$

$$Ra = \frac{Wap}{Wa}$$

$$R = \frac{Rc}{Ra}$$

$$Ftg = \frac{Tg14p - Tg15NLp + 5000}{Tg14 - Tg15NL + 5000}$$

$$Fta = \frac{Ta8p + Ta9p + 5000}{Ta8 + Ta9 + 5000}$$

$$Ft = \frac{Ftg}{Fta}$$

$$Ucp = UcRc^{0.661}Ftg$$

$$Uap = UaRa^{0.661}Fta$$

$$Vp = \frac{WgpCgp}{WapCap}$$

$$Xp = e^{(1-Vp)UpKf/(Wgp1000Cgp)}$$

现在计算在"新"边界条件下空气预热器空气出口温度和烟气出口温度。请注意，Vp 和 Xp 依赖于修正后的空气出口温度和烟气出口温度，因此计算过程是迭代的。

$$Tg15NLp = Ta8p + (1-Vp)\frac{Tg14p - Ta8p}{Xp - Vp}$$

$$Ta9p = (Tg14p - Tg15NLp)Vp + Ta8p$$

在图 C-2-1 中提供了描述计算过程的基本计算机程序清单。设计该计算机程序的逻辑是为防止边界条件的过度定义，并假定空气预热器"基本"条件下各股空气和各股烟气之间存在能量平衡。如果烟气中的水分百分数或空气预热器出口空气温度中有一个未知，则程序将通过能量平衡和那个已知量计算未知量。例如，如果除了烟气中水分之外，所有已知基本条件的输入项都是已知的，程序将计算烟气中的水分。同样，如果烟气中的水分百分数已知，但空气预热器出口空气温度未知，则程序能够计算出口空气温度。如果指定空气出口温度和烟气湿度，则使用用户提供的烟气湿度与其他边界条件来计算出口空气温度以确保能量平衡。

C-3 非设计 X 比和非设计烟气质量流量条件下的修正曲线

X 比和进口烟气质量流量不在设计条件下，对实

测的空气预热器性能进行修正时，要优先使用空气预热器制造商提供的校正程序或曲线。图 C-2-1 所示计算机程序可生成 X 比和进口烟气质量流量的修正曲线，用于代替制造商提供的曲线。

```
    Sub
Ahperf(Wg,Wgp,Wa,Wap,Tg14,Tg14p,Tg15,Tg15p
,Ta8,Ta8p,Ta9,Ta9p,Mois,Max_eff,Moisp,Ma,M
ap,Kf,Ash,Ashp,Cycle)
    Rem
    Rem
    Rem 描述:
    Rem 本程序基于已知性能条件计算新边界条件下空气
预热器性能
    Rem
    Rem 带下标 p 的为新的条件
    Rem Max_effect=最大烟气侧效率
    Rem 如果用户输出 0,则假定值为 0.93
    Rem
    Rem Kf=PERFORMANCE FACTOR - NORMALLY 1.0
    Rem
    Rem IF CYCLE=0,用户会被提示来确定水分的值
    Rem
    Dim T As String,Msg As String
    '
    If Max_eff > 0 Then
    max_effect=Max_eff
    Max_eff=0
    Else
    max_effect=0.93 ' 如果不输入则使用本缺省值
    End If
    If Ta9 <=Ta8 And Mois <=0 Then GoTo
ERROR1
    If Ta9 <=Ta8 OR Mois > 0 Then GoSub
Ta9_ht_bal
    Calc_v: '
    V=(Ta9 -Ta8)/(Tg14 -Tg15)
    Ca=Cpair(Ta8,Ta9,Ma)
    Cg=Wa * Ca * V / Wg
    If Mois <=0 Then GoSub Mois_calc
    Calc_m: '
    If Moisp=0 Or Cycle < 0 Then
    Moisp=Mois
    Moisp=InputBox("如果想改变水分请输入(缺省值
为 BASE)","新水分",Moisp)
    If Ashp <=0 Then Ashp=Ash
    Ashp=InputBox("如果想改变灰分请输入(缺省值
为 BASE)","新灰分",Ashp)
    End If
    '
    Calc_d: '
    D=(Tg14 -Ta8)*(1 -V)/(Tg15 - Ta8)
    S=50000 ' 用受热面积缺省值
    K=(1 -V)* S /(Wg * 1000 * Cg)
```

图 C-2-1　基于已知性能条件计算新边界
条件下空气预热器性能的 Visual Basic
计算机程序代码示例（一）

```
    U=LOG(V+D)/ K
    Uc=U *(1+Wg / Wa)
    Ua=U *(1+Wa / Wg)
    Tg15p=Tg15+50
    Ta9p=(Tg14p -Tg15p)* V+Ta8p
    J=0
    Rc=Wgp / Wg
    ra=Wap / Wa
    R=Rc / ra
    Do
    Ftg=(Tg14p+Tg15p+5000)/(Tg14+Tg15+5000)
    Fta=(Ta8p+Ta9p+5000)/(Ta8+Ta9+5000)
    Ft=Ftg / Fta
    Ucp=Uc * Ftg * Rc ^ 0.661
    Uap=Ua * Fta * ra ^ 0.661
    Up=Ucp * Uap /(Ucp+Uap)
    Vp=V * R * Ft
    Cgp=Cpgas(Tg14p,Tg15p,Moisp,Ashp)
    Ta9p=(Tg14p -Tg15p)* Vp+Ta8p
    Do
    Cap=Cpair(Ta8p,Ta9p,Map)
    Vp=Wgp * Cgp /(Wap * Cap)
    Ts=Ta9p
    Ta9p=(Tg14p -Tg15p)* Vp+Ta8p
    Loop Until Abs((Ts -Ta9p))<=0.2
    Xp=EXP((1 -Vp)* Up * Kf * S /(Wgp * 1000
* Cgp))
    Ts=Tg15p
    Tg15p=Ta8p+(1 -Vp)*(Tg14p -Ta8p)/(Xp -Vp)
    Ta9p=(Tg14p -Tg15p)* Vp+Ta8p
    J=J+1
    Loop Until(Abs(Ts -Tg15p)<=0.2)Or(J > 20)
    If J > 20 Then GoTo ERROR2
    '
    ' 计算结束. 检查最大效率
    '
    If(Ta9p -Ta8p)/(Tg14p -Ta8p)> max_effect
Then
    MsgBox "空气预热器效率超上限-" & max_effect
& " 指定的效率为",vbCritical
    Ta9p=Ta8p+max_effect *(Tg14p -Ta8p)
    Q_air=Wap *(Hair(Ta9p,Map)-Hair(Ta8p,Map))
    Qg2p=Hgas(Tg14p,Moisp,Ash)-Q_air / Wgp
    Tg15p=Tgas(Moisp,Qg2p,Ash,1)
    Max_eff=max_effect
    End If
    Exit Sub
    '
    Ta9_ht_bal: ' 基于热平衡求解基本条件下出口空
气温度
    Cg=Cpgas(Tg14,Tg15,Mois,Ash)
    Qa2=Hair(Ta8,Ma)+Wg * Cg *(Tg14 -Tg15)/ Wa
    Ta9=Tair(Qa2,Ma,1)
    If Ta9 >=Tg14 Then GoTo Error4
    Return
```

图 C-2-1　基于已知性能条件计算新边界
条件下空气预热器性能的 Visual Basic
计算机程序代码示例（二）

```
Mois_calc：' 当 Cg 已知时求解烟气中水分
Inc=2
first=0
last=25
Mois=first
Do
Mois=Mois+Inc
If Mois > last Then
Msg$="基于烟气/空气的热平衡无法求解出烟气中水分"
Msg$=Msg$ & Chr(13)& "本程序使用 6% 水分来
计算新的 TA9"
MsgBox Msg$,vbOKOnly,"错误 3"
Mois=6
Cg=Cpgas(Tg14,Tg15,Mois,Ash)
Qa2=Hair(Ta8,Ma)+Wg * Cg *(Tg14 ~ Tg15)/ Wa
Ta9=Tair(Qa2,Ma,1)
Exit Do
End If
Ts=Cpgas(Tg14,Tg15,Mois,Ash)
If Ts > Cg Then
If Inc <=0.001 Then Exit Do
first=Mois -Inc
last=Mois+0.001
Inc=Inc / 10
Mois=first
End If
Loop
Return

ERROR1：'
Msg$=" 空气预热器出口空气温度 =" & Ta9 &
Chr(13)& "烟气中湿基水分/%=" & Mois
Msg$=Msg$ & Chr(13)& "上述两值必须给定一个"
& Chr(13)& "空气预热器性能计算中止"
MsgBox Msg$,vbOKOnly,"错误 1"
Tg15p=Tg15
Ta9p=Ta9
Exit Sub
ERROR2：'
Msg$="无法收敛于空气预热器出口温度. 空气预热
器性能计算中止"
Tg15p=Tg15
Ta9p=Ta9
MsgBox Msg$,vbOKOnly,"错误 2"
Exit Sub
Error4：'
Title="错误 4：空气预热器基本数据不对"
Msg$="计算空气预热器出口空气温度低于进口空气
温度." & Chr(13)& "空气预热器性能计算中止"
MsgBox Msg$,vbOKOnly+vbCritical,Title
Tg15p=Tg15
Ta9=Tg15 -50
Ta9p=Ta9
Exit Sub
End Sub
```

图 C-2-1 基于已知性能条件计算新边界
条件下空气预热器性能的 Visual Basic
计算机程序代码示例（三）

```
202
Sub CorrCurves()
'
' 基于偏离设计 X 比和进口烟气流量生成修正曲线的
程序代码
'
' 所有边界条件都应当设置为标准值或设计值
' 本子程序改变 X 比和进口烟气流量来计算 Fg 和 Fx
'
S_pctwa=0.75
F_pctwa=1.26
Kf=1
Xratiod=(Tg14 -Tg15)/(Ta9 -Ta8)
Cycle=3
Wgp=Wg
Tg14p=Tg14
Ta8p=Ta8
Moisp=Mois
Map=Ma
Ts=0
'
'只改变进口烟气流量,其他值都保持不变,计算新出
口烟气温度和 X 比
'
For Wapct=S_pctwa To F_pctwa Step 0.05
Wap=Wa * Wapct
Ts=Ts+1
Call
Ahperf(Wg,Wgp,Wa,Wap,Tg14,Tg14p,Tg15,Tg15p,
Ta8,Ta8p,Ta9,Ta9p,Mois,Max_eff,Moisp,Ma,
Map,Kf,Ash,Ashp,Cycle)
Xratio=(Tg14 -Tg15p)/(Ta9p -Ta8)
Fx=(Tg14 -Tg15)/(Tg14 -Tg15p)
' 为拟合曲线保存数据
XXR(Ts)=Xratio
Yfx(Ts)=Fx
Yxr(Ts)=Tg15 -Tg15p
Next Wapct
Ts=0
'
'保持 X 比不变改变进口烟气流量
'
For Wapct=S_pctwa To F_pctwa Step 0.05
Wap=Wa * Wapct
Ts=Ts+1
Wgp=Wap / Wa * Wg
Do
Cpa=FNCpa(Ta8p,Ta9p,Ma)
Cpg=FNCpg(Tg14p,Tg15p,Moisp,Ashp)
Tsxr=(Wap * Cpa)/(Wgp * Cpg)
Call
Ahperf(Wg,Wgp,Wa,Wap,Tg14,Tg14p,Tg15,Tg15p,
Ta8,Ta8p,Ta9,Ta9p,Mois,Max_eff,
Moisp,Ma,Map,Kf,Ash,Ashp,Cycle)
```

图 C-2-1 基于已知性能条件计算新边界
条件下空气预热器性能的 Visual Basic
计算机程序代码示例（四）

```
Cpap=FNCpa(Ta8p,Ta9p,Ma)
Cpgp=FNCpg(Tg14p,Tg15p,Moisp,Ashp)
Xratio=(Wap * Cpap)/(Wgp * Cpgp)
Dxr=Tsxr -Xratio
' 通过常数 X 比检查收敛性
If Abs(Dxr)< 0.0005 Then Exit Do
Wap=Wap * Cpa * Cpgp /(Cpg * Cpap)
Loop
Fg=(Tg14 -Tg15)/(Tg14 -Tg15p)
' 保持数据以便于拟合
Xwg(Ts)=100 *(Wgp / Wg -1)
Yfg(Ts)=Fg
Ywg(Ts)=Tg15 -Tg15p
Next Wapct

' 现在 X 比和 Fx,进口质量流量和 Fg 间的新拟合曲
线可以用于如下式子
'
'
Tg15c_xr=Tg14(1-EFFG/Fx)+(Ta8*EFFG)/Fx
    ' 和
Tg15c_wg=Tg14(1-EFFG/Fg)+(Ta8*EFFG)/Fg
    '
    ' 其中：EFFG=烟气侧效率=(Tg14 - Tg15)/(Tg14
-Ta8)
    '
End Sub
```

图 C-2-1　基于已知性能条件计算新边界
条件下空气预热器性能的 Visual Basic
计算机程序代码示例（五）

表 C-2-1　　　　　缩略语符号表

缩略语符号	描述单位	
Wg（WgP）	空气预热器进口烟气质量流量	lbm/h
Wa（WaP）	空气预热器进口空气质量流量	lbm/h
$Tg14$（$Tg14P$）	空气预热器进口烟气温度	℉
$Tg15$（$Tg15P$）	空气预热器出口无漏风烟气温度	℉
$Ta8$（$Ta8P$）	空气预热器有多股空气进入（如三分仓）时的进口空气温度	℉
$Ta8$	空气预热器进口空气流量加权平均温度	℉
$Ta9$（$Ta9P$）	空气预热器出口空气温度	℉
Ma（MaP）	干空气绝对湿度携带水分份额	lbm 水/lbm 干空气
$Mois$（$MoisP$）	湿空气的湿度百分数	100lbm 水/lbm 湿空气
Ash（$AshP$）	湿烟气中飞灰浓度百分数	100lbm 飞灰/lbm 湿烟气
Cg（CgP）	烟气平均比热容	Btu/（lbm·℉）
Ca（CaP）	空气平均比热容	Btu/（lbm·℉）

非强制性附录 D

采样系统查漏

为确保采样系统无泄漏，在将探针插入烟道之前，应彻底检查其泄漏情况。泄漏检查应在每个试验工况开始之前进行。先采样管断开，将探针（或者探针插入烟道的端部）密封，启动真空泵抽吸。当泵吸入压力稳定后，将真空泵隔离。如果每 2min 内系统压力增加超过 0.1inHg，则说明系统有泄漏，需要把漏点找出并修复，然后再重复泄漏检查。

一种系统查漏方法是将极低 O_2 校准气体吹入探针并通过该系统。如果过程中气体分析仪的 O_2 读数太高，则吹入点需要移动到更接近气体分析仪的下一个配件，在该位置断开连接管并注入校准气体。如果此时气体分析仪的 O_2 读数与校准气体匹配，则说明泄漏点在该位置与先前的校准气体注入点之间。如果此时 O_2 读数仍然太高，则吹入点需要继续靠近气体分析仪。

另一种方法是使用示踪气体，如氦气和检测器。可以先在潜在泄漏部位喷洒少量示踪气体，然后使用检测器从真空泵的乏气中采样气体。如果探测器检测到了示踪气体，则喷洒位置即泄漏的位置。（为了加速该过程，可一次喷射 5～10 个位置。如果未显示泄漏，则移动到下一组。如果发现了泄漏，则需要在这 5～10 个位置中逐个测试）。需要小心不要让示踪气体在区域内饱和，因为气体可能迁移到有泄漏的地方，但是你并没有那里喷洒，使你错把无泄漏地方当作泄漏点。

还有一种方法是在潜在泄漏部位轻轻喷洒烟雾，在烟雾流中寻找流动的扰乱点（即是泄漏点）。

对于使用混合装置的系统而言，一种查漏的方法是，混合装置的阀门只留一个，其他都关闭上，然后在各个接入点位置用气体分析仪测量。如果某一个位置与其他位置显著不同（即具有较高的 O_2），那么该探针和混合装置之间可能存在泄漏。

修复泄漏的方法馀拧紧配件、更换 O 形垫片或使用真空润滑脂。

非强制性附录 E
电化学氧气分析仪

E-1　电化学

　　绝大部分电化学分析仪使用的氧气传感器是一种微型燃料电池，该微型燃料电池消耗围绕电池气体中的氧气，并产生一个与氧气浓度成比例的电流。该电流放大后由内置仪表显示出来。大部分电化学分析仪的响应时间很短，从不到 $10\sim45s$ 区间不等。电化学分析仪湿、干基 O_2 体积浓度都可以测量。

E-1.1　采样条件

E-1.1.1　流量

　　大多数电化学分析仪可以在不同流量下准确地对氧气的存在做出反应。然而为确保测试仪表的快速响应，推荐流量为 $1\sim3$SCFH（标准立方英尺每小时，$500\sim1500$mL/min）。如果分析仪的规范中有因流量变化引起测量误差的关系，则应在试验或校准前计算会导致 0.1% 的 O_2 浓度误差的流量偏差范围。如果该范围比测试仪表允许的范围小，则试验和校准期间仪表的流量偏差不能超过该范围。

　　例如，一台测试仪表的适用采样流量范围为 $500\sim1500$mL/min，样品流量效应为 3vpm/mL/min（其中 vpm 为百万分之体积）。3vpm/mL/min 的误差相当于 0.0003%mL/min；因此，为了防止测试时由于抽吸流量的变化造成 O_2 浓度的误差超过 0.1%，抽吸流量最大允许变化 333.3mL/min。因此，测试时应使用更加严格的抽吸流量波动范围，如 $500\sim833.3$mL/min、$833.3\sim1166.6$mL/min 或 $1166.7\sim1500$mL/min。

　　在允许流量范围内选择某一合适流量，校准也尽可能接近该流量条件下进行，试验时把分析仪抽吸流量控制在该选定的流量再进行测量，这样可以将误差最小化。

E-1.1.2　湿度

　　电化学分析仪要求气体样品不能挟带水蒸气，然而高湿度气体样品对检测可能是有益的，因为它可以防止电池电解液中的水分流失。

E-1.1.3　清洁度

　　电化学分析仪要求气体样品不能挟带固体颗粒物。测试仪表配有内置的过滤器，应定期对这些过滤器进行检查和更换。由于大多数烟气中都含有较高浓度的烟尘，所以使用分析仪时除内置过滤器外，一般还需要外部再接一个过滤器。

E-1.1.4　温度

　　大部分使用电化学电化学分析仪都有温度条件不同会引起测量不准确的内在特性。为了补偿这一不准确度，一些分析仪具有温度补偿和控制回路。为了保护测试仪表的传感器，典型的上限温度是 125℉（52℃）。在一个工况过程中，分析仪内的抽吸气体温度必须保持在测试仪表规定的温度范围内，否则该工况要被终止。

E-1.1.5　压力

　　大多数测试仪表都具有特定的采样压力（从 ±10in.wg 至 $5\sim50$psig）。在一次试验工况中，分析仪中的采样压力必须保持在测试仪表规定的范围内，否则该工况要被终止。测试仪表还应在背压不明显上升的条件下将采样系统中的气体排空。如果分析仪的规范中有压力变化导致测量误差的关系，在试验或校准之前应计算会造成 0.1% 试验偏差的压力偏差。如果该范围比测试仪允许的压力波动范围更小，那么它即是试验和校准期间测试仪表允许的压力范围。

　　例如，一台测试仪表规定的压力波动范围为 $1\sim5$psig，采样压力的效应为浓度数值的 0.25%/psig。如果预期的最大的 O_2 浓度为 8%，则压力效应为 0.02%/psi；那么为了防止由于采样压力偏差而产生 O_2 浓度的误差超过 0.1%，则最大的允许压力变化为 5psig。由于该范围超过了测试仪表的压力使用范围，所以试验时应使用测试仪表的压力规范参数。

　　在允许的压力范围内选择一个合适的采样压力，尽可能地在所选压力下校准仪表，并在该压力下使用分析仪进行测试，可以将误差最小化。

E-1.2　校准

　　见 E-4 部分内容。

E-1.3　仪表运行和准确性的外部影响因素

E-1.3.1　环境温度

　　与大多数电子设备一样，这些电化学分析仪的工作环境温度都有限定的范围，通常为 $32\sim122$℉（$0\sim68$℃）。环境温度变化 $10\sim20$℉（$5\sim11$℃）会生产满量程的 2% 或 0.2 个百分点的 O_2 浓度误差，以上述两者中较大偏差值为准。

由于环境温度变化会引发显著的误差，电化学分析仪的工作环境温度通常有其指定的范围。试验前精度检查、试验后精度检查和任何试验中的精度检查都应能有、且可覆盖环境温度变化引起的误差。

E-1.3.2　环境湿度

无影响。

E-1.3.3　其他采样气体的影响

无影响。

E-1.3.4　化学药剂过期失效

化学电池与氧气进行反应会耗尽电池的阳极。大多数制造商会基于生产日期规定一个电池寿命。分析仪首次校准之前，必须更换一个在制造商保修期内的新电池。

E-1.3.5　冲击与振动

电化学传感器的电子电路板容易被冲击和强烈振动损坏。如果测试仪表没有与振动隔离，传感器的输出信号可能包含噪声。

E-1.3.6　预热时间

试验前的精度检查之前大多数电化学分析仪需要预热时间通常为 15min。然而校准之前的预热时间可能会更长（最多达 24h）。精度检查和校准应满足测试仪表规定的预热时间。

E-1.3.7　人为因素

每个工况期间都应连续监测仪表的采样流量和采样压力，并维持在测试仪表规定的范围之内或计算所得的范围之内（取两者中更加严格的范围）。

E-1.3.8　辐射热

如果吸收了来自环境温度及辐射源的热量，电化学分析仪的电子设备产生漂移。因此，电子设备必须屏蔽辐射热源（如直射阳光、热表面等）。

E-1.3.9　其他

无影响。

E-1.4　典型系统不确定度

见表 4-13-1。

E-2　电子-顺磁法

顺磁氧分析仪利用氧的顺磁性工作。物质中电子的环绕运动会产生磁场，这种效应被称作它的直径分量。在强磁场区域内，直径上运行的物质会受到排斥。所有物质都有直径分量。物质中电子的自旋运动也会产生磁场；在大多数气体中，这些磁场由于自旋是成对出现而相互抵消。有一些气体具有强顺磁效应并可被强磁场吸引。如一氧化氮、二氧化氮和二氧化氯等气体具有很强的顺磁效应，但氧气的顺磁效应最强。

大多数顺磁分析仪具有较快的响应时间，通常为 10～20s。

E-2.1　采样条件

E-2.1.1　流量

大多数顺磁分析仪都有一个指定的采样流量，流量变化会对测量造成显著的误差。即使流量维持在指定范围内，也可对测量结果造成过大的误差。在试验或校准之前，计算会导致 0.1% 的 O_2 浓度误差的流量偏差范围。如果该范围比测试仪表的规格更严格，那么它即为试验和校准期间测试仪表允许的流量范围。

例如，一台测试仪表的适用采样流量范围为 500～1500mL/min，样品流量效应为 3vpm/mL/min（其中 vpm 为百万分之体积）。3vpm/mL/min 的误差相当于 0.0003%mL/min；因此，为了防止由于流量变化造成的超过 0.1%O_2 浓度误差，最大允许流量变化为 333.3mL/min。因此，应该适用更加严格的流量范围 500～833.3mL/min、833.3～1166.6mL/min 或者 1166.7～1500mL/min。

在允许流量范围内选择某一合适流量，校准也尽可能接近该流量条件下进行，试验时把分析仪抽吸流量控制在该选定的流量再进行测量，这样可以将误差最小化。

E-2.1.2　湿度

这些分析仪需要干燥的气体样品；通常样气的露点应该低于环境温度 5～10℉（15～12℃）。如果存在腐蚀性气体，如 SO_2 或 SO_3，则尤其如此。使用后，测试仪表应用惰性气体或非常干燥的空气进行清洗。

一些加热单元可以维持样气的温度远高于样气的露点温度，因此允许对湿烟气进行采样。

E-2.1.3　清洁度

这些分析仪需要干净的气体样品，样气中的颗粒物粒度应小于 1μm。这些安装内置过滤器的测试仪表必须定期检查，并在必要时对过滤器进行清洗/更换。由于大多数烟气中都含有较高浓度的粉尘，除了测试仪表内置的过滤器外，还需要外部的过滤器。

E-2.1.4　温度

由于气体的顺磁体积磁化率与绝对温度的平方成反比，因此测试仪表测量会存在潜在的温度效应。为了补偿这一点，一些测试仪表具有温度补偿回路，而另一些测试仪表则将采样气体加热到恒定温度，例如 120℉（49℃）。为了保护测试仪表内的流通路径（如果使用加热的传感器，使样品低于预期的腔室温度），上限温度一般介于 120～140℉（49～60℃）。

E-2.1.5　压力

顺磁分析仪测量气体样品的体积磁化率。由于磁化率与单位气体体积中氧分子数有关，氧分子的数量与氧气的百分数及样品的绝对压力成正比，因此对分析仪会产生一个压力效应。

由于上述原因，顺磁分析仪具有指定的采样压力范围，并且由于采样压力的变化会发生显著的误差。然而，维持在指定压力范围内也可能导致过大的误差。在测试或校准之前，计算的压力偏差会造成的0.1%的测试偏差范围。如果该范围比测试仪表允许的范围小，则试验和校准期间仪表的流量偏差不能超过该范围。

例如，一台测试仪表规定的压力变化范围为1～5 psig，采样压力的效应为测量浓度数值的0.25%/psi。如果预期的最大 O_2 浓度为8%，压力效应为0.02%/psi；那么为了防止由于压力偏差产生的 O_2 浓度误差超过0.1%，最大的允许压力变化为 5psig。由于该压力变化范围超过测试仪表规定的压力使用范围，所以应使用测试仪表规定的压力范围。

在允许的压力范围内选择一个合适的采样压力，尽可能地在所选压力下校准仪表，并在该压力下使用分析仪进行测试，可以将误差最小化。

E-2.2 校准

见 E-4 部分。

E-2.3 仪表运行和准确性的外部影响因素

E-2.3.1 环境温度

与大多数电子设备一样，这些顺磁氧量分析仪的工作环境温度也有一个限定的范围，通常为 40～120℉（4～49℃）。环境温度 10～20℉（5～11℃）的变化会产生 1%量程或 0.1 个百分点的 O_2 浓度误差。

E-2.3.2 环境湿度

与大多数电子设备一样，顺磁氧量分析仪要求在指定的湿度范围内工作，通常介于 10%～90%。

E-2.3.3 其他采样气体的影响

烟气中的另外两个组分 NO 与 NO_2 也有显著的顺磁性质。然而，由于它们的顺磁效应远小于氧气，并且 NO 与 NO_2 浓度小，其整体的顺磁效应非常小。按摩尔归一化后 NO 的磁化率约为氧气的一半，NO_2 的磁化率约为氧气的4%。在烟气中每含有 $100×10^{-6}$NO，会使顺磁氧量分析仪的氧量读数升高约 0.0043%。

E-2.3.4 化学药剂过期失效

无此现象。

E-2.3.5 冲击与振动

顺磁分析仪的电子电路板被冲击和强烈的振动损坏。如仪表不与振动隔离，传感器的输出信号还可能包含噪声。

E-2.3.6 预热时间

大多数顺磁分析仪使用前需要约 1h 的预热时间。校准之前可能需要更长的预热时间（最多 6h）。校准和测试应满足测试仪表要求的预热时间。

E-2.3.7 人为因素

每个工况期间都应连续监测仪表的采样流量和采样压力，并维持在测试仪表规定的范围之内或计算所得的范围之内（取两者中更加严格的范围）。

E-2.3.8 辐射热

分析仪的电子设备容易受环境温度及辐射热源的影响而产生漂移。因此，电子设备必须屏蔽辐射热源（如直射阳光、热表面等）。

E-2.3.9 其他

无影响。

E-2.4 设备系统不准确定值

见表 4-13-1。

E-3 电子-氧化锆

氧化锆氧气分析仪是最常用的现场测试仪表，用于测量烟气中的湿基氧气体积浓度。然而，氧化锆氧气分析仪有时也与抽吸系统一起使用，即可测量湿基氧气浓度，也可测量干基氧气浓度。

氧化锆电池通常使用部分稳定的氧化锆（PSZ）或完全稳定的氧化锆。部分稳定的氧化锆是通过在纯氧化锆（ZrO_2）中添加稳定剂，如8%氧化镁（MgO）、8%氧化钙（CaO），或更经常用4%的氧化钇（Y_2O_3）。完全稳定的氧化锆是在纯氧化锆中增加大量的稳定剂，约16%的 MgO 或 CaO，或约8%的 Y_2O_3。氧化锆是一种在高温下可变成固体电解质的陶瓷。在高于600℃的温度下由于氧离子（O^{2-}）具有迁移性，氧化锆可以导电。

在一块加热的氧化锆两侧分别附以多孔的铂电极，一个电极暴露于待测气体，另一个电极暴露于参考气体（通常是环境空气）。

Nernst 式将两个电极之间产生的电池反应电动势（emf）与参考气体中的氧分压和待测气体中氧的比值的自然对数及温度联系起来

$$emf = \frac{R \cdot T}{4F} \ln\left(\frac{PP_{REF}O_2}{PP_{SAM}O_2}\right)$$

式中：F 为法拉第常数，96485.3 C/mol；$PP_{REF}O_2$ 为参考气体中氧分压；$PP_{SAM}O_2$ 为采样气体中氧分压；R 为通用气体常数，8.31451 J/（mol·K）；T 为绝对温度，K。

氧化锆电池通常被一个内部加热器加热到 1112℉（600℃）或更高的温度（允许氧离子流动），但是在气体温度极高的测试中，氧化锆电池也可以被气流加热。

为了保证电极的准确性，每个电极上的温度分布应均匀，并且每个电极必须在相同的温度下。

E-3.1 采样条件

E-3.1.1 流量

氧化锆电池会受到样气流量的轻微影响，因为流量直接影响温度。因此，校准和采样过程中烟气抽取系统在都应具有相同的流量。现场测试探针不需抽气，采样气流量非常小，因此，校准烟气流量应尽量小。

E-3.1.2　湿度

如果存在水分，氧化锆电池不受水分的影响；此时传感器测量的是 O_2 的湿基体积浓度。

E-3.1.3　清洁度

分析仪需要相对清洁的气体样品，以防止探针堵塞并保持电极表面清洁。一些探针有内置过滤器；其他探针需要接外部过滤器。这些过滤器必须定期检查，必要时要清洗/更换。由于大多数烟气中都含有较高浓度的烟尘，除了测试仪表内置的过滤器外，往往还需要外部的过滤器。

E-3.1.4　温度

对于具有内部加热器的探针，由于氧化锆电池被加热到指定的恒定温度，即 1112℉（600℃）或以上温度，气体温度必须低于电池温度。对于未被加热的探针，气体温度必须非常高，通常高于 1112～1472℉（600～800℃），以保持氧化锆处于氧离子可以流动的温度。

E-3.1.5　压力

氧化锆分析仪测量由两种气体（参考气体和采样气体）中氧分压差而产生的电池反应电动势。如果气体样品的全压发生变化，氧分压也会发生变化。一些分析仪可以输入气体样品的压力值，因此可通过算法基于实际气体样品的全压矫正 O_2 的浓度。一些分析仪通过限制参考电极的烟气通流量和将电池两侧气体排入到通道中的方法来使电池两侧压力保持相等。由于所产生的电池反应电动势是两侧气体氧分压比自然对数的函数，所以采样气体和参考气体的全压之间的差值不能通过简单的校零和校量程来校正。因此，不能对采样气体压力进行内部校正或参考气体和采样气体压力维持相同的氧化锆分析仪，性能试验中是不能使用的。

E-3.2　校准

见 E-4 部分。

E-3.3　仪表运行和准确性的外部影响因素

E-3.3.1　环境温度

与大多数电子设备一样，分析仪的工作环境温度都有一个范围限度，尽管也有部分测试仪表的温度适用范围很大，但通常为大约 40～120℉（4～49℃）。一个工况中，分析仪的温度必须维持在测试仪表指定的温度范围内，否则该工况要中断。

E-3.3.2　环境湿度

虽然电子设备厂家会声明仪表可在很宽的湿度范围内使用（通常为 10%～90%），但参考气体中的氧分压会随参考气体湿度的变化而变化，这可能对测量产生误差。因此，在校准和测试过程中，测试仪表应该用干燥的仪用空气作为参考气体。如果直接使用环境中空气，则校准和测试过程中的湿度不应超过

30%。

E-3.3.3　其他采样气体的影响

由于电池在非常高的温度下工作，采样气体中存在的任何可燃物质（CO、CH_4 等）都可通过燃烧消耗氧气，导致测试仪表显示的氧量值要低于采样气体中实际的氧量。在大多数情况下，可燃物的量非常小，引起的误差不会被检测到。（特定氧化锆电池工作在 600℃ 左右，可以最大程度的减少 CO 和碳氢化合物的燃烧）。例如，对于含有 $2000×10^{-6}$ CO 和 3% O_2 的烟气，如果所有 CO 都燃烧成 CO_2，该测试仪表最终读取的 O_2 浓度约为 2.9%。在测试之前，应该估计气体中所有可燃气体的最大百分数。在此基础上，计算可燃气体引起的潜在误差。如果潜在效应大于 0.14%，则不应使用氧化锆探针来进行 O_2 浓度的测量。

E-3.3.4　化学药剂过期失效

无此项。

E-3.3.5　冲击与振动

氧化锆分析仪的电子电路板容易受到冲击和强烈振动的损坏。如果测试仪表不与振动隔离，传感器的输出信号可能包含噪声。

E-3.3.6　预热时间

大多数氧化锆分析仪需要的预热时间相对较短（通常为 1h 或更短）。然而在校准之前，由于传感器具有大的热惯量（译者注：原文为热质量），可能需要更长的预热时间（高达 24h）。校准和试验时应满足测试仪表对预热时间的要求。

E-3.3.7　人为因素

每个工况都应当连续监测采样流量和采样压力，将其维持在测试仪表要求的范围之内。每一个过滤器必须检查以确保烟气采样流量不受阻碍。

E-3.3.8　辐射热

此类分析仪的电子设备容易受环境温度和辐射热源的影响而产生漂移。因此，电子设备必须屏蔽辐射热源（直射阳光、热的表面等）。

E-3.3.9　其他

在校准和测试过程中，参考空气的氧量应为恒定的。用自然对流的环境空气作为参考空气时，氧化锆特别容易受到参考空气 O_2 浓度变化的影响而引起误差。当测试仪在强制通风装置附近的封闭空间中工作时尤其如此。

E-3.4　设备的系统不确定度

见表 4-13-1。

E-4　电子分析仪的校准，设备的系统不确定度，原始数据的调整

本节规定了电子分析仪的校准和精度检查的最低要求。

"精度检查"要向分析仪分别 2～3 次不同的校准气体,记录下校准气体的 O_2 体积百分数和测试仪表的读数。试验期间如果分析仪显示的数据是手动读取和记录的,这些精度检查的读数也要记录。如果分析仪的输出是由数据采集系统(DAS)记录的,则精度检查时应记录数据采集系统的读数以检查整个闭环的准确性。

"校准"包括向分析仪通入校准气体和对分析仪做出调整的两项工作。在完成所有调整之后需要再进行一次精度检查。分析仪校准的应遵循制造商的指导(即通常先进行零点调整,然后再进行量程调整)。

每个试验工况开始前必须对使用的各个分析仪进行精度检查,精度检查时应用用校准气体,记录每股气体浓度下的测试仪表读数。初始精度检查之前可进行一次校准。工况开始后便不允许校准,但允许并且可能需要进行精度检查。例如,在每个工况完成后,每个分析仪都需要试验后的精度检查。

强制性附录Ⅱ建立了判定采样系统完整性的要求。

如果测试仪表具有可调量程,则应在进行试验前检测校准或初始精度检查之前完成所有的调整。如果量程进行了调整,则应确保新的量程值大于预期的最大测试数值。任何大于测试仪表量程的读数均无效。

由于采样压力与流量会影响测试仪表的准确度,校准气体应当与试验过程中的采样气体的压力及流量一致。在试验过程中,为了控制采样的压力与流量,允许对测试仪表进行调整。

E-4.1　频率

每个试验工况之前都就进行仪表校准。每个试验工况开始前仪表调试时还应进行一次精度检查。试验工况结束时还需要进行第二次精度检查。在运行期间,当环境温度与先前校准的温度变化超过 20℉,需要额外进行精度检查。

E-4.2　标气

所有校准气体的分析精度应遵照美国国家标准与技术研究院(NIST)的规定或在过去 2 年内得到一致认可的标准和认证中的规定。

E-4.3　标气浓度

(a)零气:O_2 浓度介于 0～0.25%。

(b)量程气:O_2 浓度介于最大预期读数的 100%～120%。

(c)如果零气和量程气之间的 O_2 浓度差值大于 10%,则使用 O_2 浓度为测试仪表量程 25%～75% 的第三种校准气体,最好是接近要读取浓度的平均值。

E-4.4　计算方法

使用初始精度检查和后续精度检查来确定源于仪表的系统不确定度,并选择最后校正测量数据,有三种方法,如下所示:

(a)不需要对测量数据进行校正;初始测试仪表精度检查数据和随后的测试仪表精度检查数据用来确定仪表的系统不确定度。

(b)根据精度检查结果计算一个校正量并应用于精度检查范围内所有的测量读数。如果烟道有多个校正平均值,则以每个平均值的读数数量为权对各个平均值进行加权平均。对于精度检查范围内的每个平均值,计算相应的正、负系统不确定度。对于正、负系统不确定度都先将各自系统不确定度有平方乘以读数数量后再相加,再除以读数数量减 1,得到的值取开方后,再将正、负不确定度所得值相加。

(c)对每一个测量值进行计算并校正,计算每个读数的正、负系统不确定度。这是首选方法。

这些计算方法的实例参见强制性附录Ⅳ。

非强制性附录 F
化学（奥式）烟气分析仪

F-1　介绍

标准的奥式分析仪有三个装有吸收剂的吸收瓶，如图 F-1-1 所示，可以通过向吸收剂鼓气或仅是通气的接触方式吸收某得气体成分。每一个吸收瓶装 $100cm^3$ 的试剂。量气管的测量容量为 $100cm^3$，吸收瓶和量气管套在恒温水套管内以消除气温变化引起的误差。

F-2　采样条件

F-2.1　流量/数量

在量气管充满溶液的情况下，先通过降低水准瓶可以吸入稍微超过 $100cm^3$ 的采样气体。关闭闸阀，打开大气阀排出样品。该过程重复 3 次或者直到量气管全都是代表性的采样气体。需要注意的是必须确保分析样品为 $100cm^3$，多余的采样气体要被排放到大气中，同时要确保水准过程空气不会吸入量气管。当水准瓶与量气管达到同一水平时，量气管中的液位必须位于零标记处。

F-2.2　湿度

由每个样品测得的结果要以干基体积的方式进行记录。为确保分析样品中水蒸气尽可能冷凝，采样气体在引入奥式分析仪之前应先通过一个装有部分水的鼓气洗涤瓶。

F-2.3　清洁度

在分析过程中烟气中的固体成分可能沉积在量气管中，从而对体积读数造成影响。将烟气事先通过上述的鼓气瓶可将烟气中固体除去。

F-2.4　温度

在分析过程中，气体样品压力恒定条件下温度变化 $5℉$（$2.8℃$）时会引起 1% 的体积偏差。该误差源可在试验之前使设备在环境温度下保持足够的稳定时间，并通过屏蔽设备使装置免受阳光及风的影响而消除。

F-2.5　压力

无影响。

F-3　奥式分析仪的准备

奥式分析仪制造商提供的测试仪表说明书中详细介绍了测试仪表采样和测量样品的准备过程。这些说明应仔细阅读并遵循。一般程序如下：

（a）用适当的溶液填满吸收瓶和量气管，并使每个吸收瓶的液位处于参考标记处。所用的吸收剂分别是用于吸收 CO_2 的 KOH，吸收 O_2 的邻苯三酚（1，2，3-三羟基苯）和吸收 CO 的 CuCl。需注意的是氢氧化钾可同时吸收 CO_2 和 SO_2，邻苯三酚可同时吸收 O_2、氧化亚氮和氨。在向氧气吸收瓶中添加吸收剂时需要注意防止吸收剂暴露在空气中，从而造成吸收剂的损耗。

（b）应当进行泄漏检查以确保奥式分析仪的密封性良好。将量气管的一半填满空气，在测试中关闭包括梳型管在内的所有旋塞，然后提升和降低水准瓶，观察瓶内封闭液的液位是否持续上升和下降。在 5min 内，泄漏量不得超过 $\frac{1}{4}cm^3$。

（c）试验或校准时要先向量气管中的封闭液以鼓入采样气体 10min 使其达到饱和。

F-4　采样流程

当满足上述要求时，先将量气管充满溶液，然后通过降低水准瓶，吸收略微超过 $100cm^3$ 的气体样品。关闭采样旋塞，打开大气旋塞排出采样气体。重复该过程三次或者直到量气管全都是采样气体。需要注意的是在将多余的采样气体排放到大气中后，要确保分析采样气体的体积为 $100cm^3$，且在水准过程中量气管没有吸入空气。当水准瓶与量气管的液面调节到一致时，量气管中的液面必须位于零刻度处。

提升水准瓶，并打开 CO_2 吸收瓶旋塞，使气体样品进入吸收瓶内。通过提升和降低水准瓶，使采样气体在吸收瓶与量气管之间来回传递 3 次。最终将气体样品回送到量气管中并关闭 CO_2 吸收瓶的旋塞。将水准瓶和量气管的液面调节一致，记下量气管内的液面刻度便可测量出被吸收的 CO_2 含量。

如果要测量氧和一氧化碳程序类似，即记录每种情况下吸收的气体体积。用于吸收 CO 的酸性氯化亚铜有时会产生气体放入到气体样品中并影响最终的测试体积。气体样品应先通过 CO_2 吸收瓶中的试剂，再被送入至量气管进行测量。最后，通过把量气管内溶液的液位提升到量气管上的参考标记处,可将测试仪表内的采样气体排到大气中,然后奥式分析仪便可进行下一份样品检测的。

每个气体样品的氧、二氧化碳和一氧化碳(如果测的话)的数据应绘制在干基燃烧烟气容积图上(见图 F-4-1),以验证数据的准确性。所有点都应该落在图表上基于固定起点绘制的直线上。按 5-3 的方法可基于参考燃料计算完全燃烧烟气中无 O_2 时的 CO_2 浓度,并将这些点与固定起点间绘制直线得到参考燃料的线。要着重注意的是,在实际真实的燃料线会稍微低于参考燃料线,处于参考燃料线的右侧。

F-5 预防措施

必须采取以下预防措施,以减少可能出现的错误,获得最可靠的测试结果:

(a)连接吸收瓶的梳型管内不应含吸收剂溶液,一滴吸收剂溶液便足以引起显著的测量误差。

(b)量气管内应使用水以防止由于水蒸气含量的变化而引起的气体体积的变化。

(c)吸收剂溶液用化学方法去除物质,在小范围内,通过物理方法去除。然而,在经过第一或前两次分析之后,溶液会变饱和,由吸收剂溶解度所引起的误差将不可忽略。

(d)应该允许足够的时间使溶液沿着量气管的壁面滴落在量气管,并且每次读数的时间应大致相同。

(e)在采样探针和奥式分析仪之间的连接管应避免泄漏,并且连接管应尽可能短。

(f)随着样品的分析,吸收剂的吸收量将减少。吸收剂溶液应定期检查:首先记录一次读数,通入试

剂进行两次以上的采样后再次检查读数。如果第二次读数偏离原读数,则必须增加采样的次数或必须更吸收剂溶液。

F-6 进一步考虑

应考虑以下事项:

(a)通过升、降水准瓶的方式,手在动量气管和吸收瓶之间转移气体样品是一个缓慢的过程。使可用压缩空气来移动气体样品以提高工艺和整体的测试速度。图 F-6-1 显示了改技术。

(b)使用后或被污染的试剂溶液应被妥善处置。

(c)作为一个安全问题,试剂溶液不应接触到身体或衣服的任何部分。

F-7 系统的不确定度

有很多可能的因素会造成用奥式分析仪测量烟气中氧量(O_2)的总系统不确定度。这其中包括但不限于:

(a)量气管的可读性;

(b)分析过程中气体温度(影响体积)的变化;

(c)试剂吸收能力降低;

(d)气体从一个吸收瓶泄漏到另一个吸收瓶或环境空气进入到装置内等;

(e)溶液滴落时间不充分。

每一个因素对总系统不确定度的影响可以只有正效应(导致测量值高于“真”值)、只有负效应(导致测量值低于“真值”),或既有正效应又有负效应。列出举每个影响总的系统不确定度因素的效应时,应该做两列:一列用于表述正值,另一个列用于表述负值。

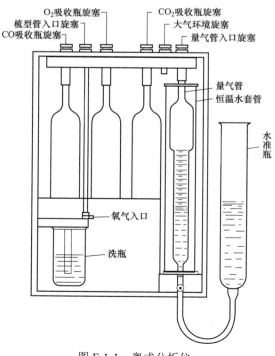

图 F-1-1 奥式分析仪

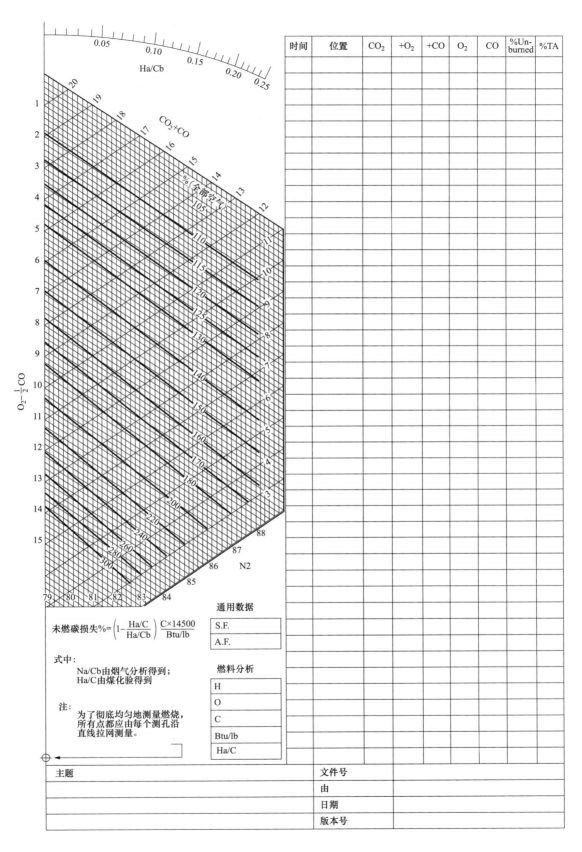

图 F-4-1 干式烟气体积燃烧图

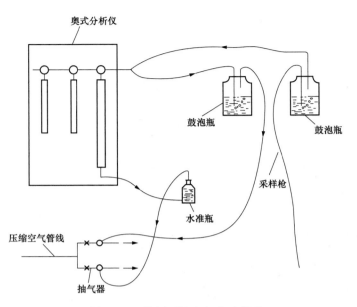

图 F-6-1　使用压缩空气移动样品

非强制性附录 G
在需求建议书 RFP 中提供的信息

本规程要求试验各方必须就很多事项在试验前达成一致，而且最好是在签署合同、协议之前达成一致。在接下来的几页内，买方可就这些问题提出他的任何愿望（D）和/或要求（R），可要求供应商就这些愿望/要求与其达成协议，也可以要求供应商在其他问题上表明他或她的愿望（D）和/或要求（R）。

一般信息

	买方	供应商	章　　节
	D/R	D/R	
试验目的			1-1、1-3、3-1（e）、3-2.1（a）、3-2.2、4-2、6-2（a）、6-3（a）
性能参数			1-3、3-6、5-1、5-5.1
每个性能参数的最大不确定度			3-2.1（p）、3-6、4-13、7
根据试验目的，试验中要测试数据			3-2.1（n）、3-2.2
试验持续时间			3-2、3-2.1（b）
试验边界条件			2-2、2-5.5、3-2.1（c）、5-10.1、6-3（b）（2）
原始数据需要复制的份数			3-2.1（d）、6-7（a）
可行进行试验的运行条件，包括但不限于设备的稳定性、空气进口温度、空气预热器前后挡板位置、关键参数的设定值和控制它们的方法			3-2、3-2.1（f）、3-2.4、3-2.6、3-3.1、3-3.2、3-3.3、6-4（a）
标准条件或设计条件			1-1（b）（2）、3-2.1（g）、3-3.5、3-4、5-6
如何根据试验目的进行合理的工况分配			3-2.1（h）、3-2.3
人员的组织，包括任命试验负责工程师			3-2.1（i）、3-2.3、6-3（e）
各试验的负荷点（和值）			3-2.1（i）、3-2.5、4-4
各试验工况持续时间			3-2.2（j）、3-3.2
工况的摒弃			3-2.1（y）、3-3.3、3-3.4
试验过程中遵循的程序			3-2、3-2.1（j）、3-2.6、5-1
传热表面的清洁状态及其在试验过程中如何保持			3-2.1（k）、3-2.4
试验前的设备检查			3-2、3-2-2.1（l）、3-2.4
速度分布预测量使用的探针类型			3-1（b）、3-2.1（r）、3-2.5、3-2.5.1、4-6.4、强制性附录 V
并联布置相同空气预热器进行速度分布预测量时，某条烟风道中的流量与平行烟风道平均流量间的不平衡量（以平均值的百分数表示）达到多大时，还可以在各空气预热器间平均分配总的空气量和总的烟气量			3-2.1（s）、3-5.1
按速度分布预测量所得至的比例，为不同三分仓、四分仓和异型二分仓空气预热器分配空气和烟气流量的方法			3-1（h）、3-2.1（t）、3-5.2、4-7.1、4-7.2、5-4
标准条件和设计条件与试验条件有偏差时，需要乃至的修正方法和常数			1-1（b）（1）、3-2.1（g）（v）、3-4、5-6
计算结果的方法			3-2.1（w）、5-2～5-10
将测试结果与标准条件或设计条件下性能进行比较的方法			1-1（b）（1）、3-2.1（x）、3-4、5-6

续表

	买方	供应商	章　　节
	D/R	D/R	
异常数据的剔除			3-2.1（y）、5-2.2、5-2.3、6-4（d）
能量损失法计算燃料输入时需评估效率损失和损失的不确定度			3-2.1（aa）、5-3.6.6～5-3.6.10
预估参数的数值及其对系统不确定度的影响			3-2.1（ab）、3-6、4-13
暖风器的最低过热度			3-2.1（ad）、5-8、5-8.2.5
直燃式空气预热器或烟气-烟气交换器的漏风测量方法			1-2、3-2.1（ae）
燃料、吸收剂和灰渣信息			
入炉燃料			3-2.1（m）、4-10.2.1、表 4-13-2
ASTM D2234 外可用于煤样化验的标准			3-2.1（m）、4-10.2.1、4-10.5、表 4-13-2
煤样化验的系统不确定度			3-2.1（m）、4-10.2.7、表 4-13-2
ASTM D2013 外可用于煤样制备的标准			3-2.1（m）、4-10.2.7、4-11.3.1、表 4-13-2
ASTM D3302 以外可用于测定煤空气干燥基湿度的标准			3-2.1（m）、4-11.3.1、表 4-13-2
ASTM 标准外可用于测定煤近似分析的标准			3-2.1（m）、4-11.2、表 4-13-2
煤样近似分析的系统不确定度			3-2.1（m）、4-11.3.1、表 4-13-2
ASTM 标准外可用于测定煤元素分析的标准			3-2.1（m）、4-11.3.1、表 4-13-2
煤元素分析的系统不确定度			3-2.1（m）、4-11.2、表 4-13-2
ASTM D2015 外可用于测定煤的高热值的标准			3-2.1（m）、4-11.3.1、表 4-13-2
煤高位热值的系统不确定度			3-2.1（m）、4-11.2、表 4-13-2
石灰石（或其他添加剂）采样的标准			3-2.1（m）、4-10.2.1、4-3.2、表 4-13-3
石灰石（或其他添加剂）采样的系统不确定度			3-2.1（m）、4-10.2.1、4-10.5、表 4-13-3
ASTM C25 外可用于测定石灰石（或其他添加剂）的标准			3-2.1（m）、4-11.3.2、5-3.2、表 4-13-3
石灰石（或其他添加剂）分析的系统不确定度			3-2.1（m）、4-11.2、5-3.2、表 4-13-3
ASTM D4057 外可用于燃油采样的标准			3-2.1（m）、4-10.3、表 4-13-4
燃油采样的系统不确定度			3-2.1（m）、4-10.3、4-10.5、表 4-13-4
ASTM D1298 以外可用于测定燃油密度和比重的标准			3-2.1（m）、4-7.3.1、4-11.3.3、表 4-13-4
ASTM D95 外可用于燃油中水含量的标准			3-2.1（m）、4-11.3.3、表 4-13-4
ASTM D482 外可用于燃油中灰分的标准			3-2.1（m）、4-11.3.3、表 4-13-4
ASTM D1552 之外可用于燃油中硫分的标准			3-2.1（m）、4-11.3.3、表 4-13-4
燃油中硫分的系统不确定度			3-2.1（m）、4-11.2、表 4-13-4
ASTM d5291/d3178 之外可用于燃油中碳、氢和氮的标准			3-2.1（m）、4-11.3.3、表 4-13-4
燃油碳、氢和氮的系统不确定度			3-2.1（m）、4-11.2、表 4-13-4
ASTM D240/D4809 之外可用于燃油热值的标准			3-2.1（m）、4-11.3.3、表 4-13-4
燃油热值的系统不确定度			3-2.1（m）、4-11.2、表 4-13-4
除 ASTM D5287 外可用于天然气采样的标准			3-2.1（m）、4-10.3、表 4-13-5
天然气采样的系统不确定度			3-2.1（m）、4-10.3、4-10.5、表 4-13-5

续表

	买方	供应商	章　节
	D/R	D/R	
除 ASTM D1945 之外可用于天然气成分的标准			3-2.1 (m)、4-11.3.4、表 4-13-5
天然气成分的系统不确定度			3-2.1 (m)、4-11.2、表 4-13-5
除 ASTM D3588/D1826 之外可用于天然气高热值的标准			3-2.1 (m)、4-11.3.4、表 4-13-5
天然气高热值的系统不确定度			3-2.1 (m)、4-11.2、表 4-13-5
不同采样点之间的灰渣份额			3-2.1 (q)、4-7.6、4-11.3.4
灰渣采样方法			3-2.1 (q)、4-10.4、4-11.3.5
灰渣采样的系统不确定度			3-2.1 (q)、4-10.5、4-11.3.5、表 4-13-2
灰渣分析方法			3-2.1 (q)、4-11.3.5、表 4-13-2
灰渣分析方法的不确定度			3-2.1 (q)、4-11.2、4-11.3.5、表 4-13-2

测试面信息

测试平台：

	买方	供应商	章　节
	D/R	D/R	
测试平面的位置			3-1 (b)、3-2、3-2.1 (o)（1）、4-4
网格中点的数量和位置			3-2.1 (o)（2）、3-2.2、3-2.5、4-3

温度测试

	买方	供应商	章　节
是拉网格逐点还是固定网格			3-2.1 (o)（6）、3-2.2、4-5.5、强制性附录 II
逐点测量计算随机不确定度的方法或工具			3-2.1 (ac)、7-4.1.1、7-4.1.2
测量用的主要传感器			3-2.1 (o)（3）、4-5
测量使用的其他设备			3-2.1 (o)（3）、4-1、4-5.1.2、强制性附录III
记录数据的方法			3-2.1 (o)（4）、4-5.1.2、4-5.1.3、4-5.4.2、7-4.1.2（b）、强制性附录III
测试频率			3-2.1 (o)（5）、3-2.2、3-3.2、强制性附录 II
校准方法			3-2.1 (o)（7）、4-5.1.3、4-5.2.2、4-5.3.2、强制性附录III
系统不确定度的因素及其值			3-2.1 (o)（8）、4-5.4、4-13、表 4-13-1、强制性附录III
校准数据修正测量数据的方法及其对系统不确定度的影响			3-2.1 (o)（9）、强制性附录III
仪表装置中未被校准的设备的系统不确定度			3-2.1 (o)（8）
可以不用流量加权的条件			3-2.1 (z)、3-2.5、4-4、4-6.4、7-5.3、7-5.3.3、非强制性附录 B

氧量测量

	买方	供应商	章　节
是拉网格逐点还是固定网格			3-2.1 (o)（6）、3-2.2、4.8-3、强制性附录 II
逐点测量计算随机不确定度的方法或工具			3-2.1 (ac)、7-4.1.1、7-4.1.2
测试使用的主要传感器			3-2.1 (o)（3）、4-8.1、4-8.2
测试中使用的其他设备			3-2.1 (0)、4-8.3、4-8.4、非强制性附录 E、非强制性附录 F
记录数据的方法			3-2.1 (o)（4）、4-8.3.2、强制性附录IV
测试频率			3-2.1 (o)（5）、3-2.2、强制性附录 II、强制性附录IV
校准/精度检查的方法			3-2.1 (o)（7）、强制性附录IV、非强制性附录 E、非强制性附录 F
系统不确定度的因素及其值			3-2.1 (o)（8）、4-13、强制性附录IV、非强制性附录 E、非强制性附录 F
校准数据修正测量数据的方法及其对系统不确定度的影响			3-2.1 (o)（9）、强制性附录IV、非强制性附录 E

续表

	买方		供应商		章　节
		D/R		D/R	
确定仪表零位漂移的步骤，最大允许的漂移量					3-2.1（o）（10）、强制性附录Ⅳ、非强制性附录 E、非强制性附录 F
仪表装置中未被校准的设备的系统不确定度					3-2.1（o）（8）、非强制性附录 E、非强制性附录 F
校准用气体合规性要求					非强制性附录 E、E-4.2 和 E-4.3
在不进行流量加权下的条件					3-2.1（z）、3-2.5、4-4、4-6.4、7-5.3、7-5.3.3、非强制性附录 B
流速测量					
测量使用的主要传感器					3-2.1（o）（3）、4-6.4、4-7.2.1、强制性附录Ⅴ、Ⅴ-2～Ⅴ-5 部分
测量使用的其他测试仪表					3-2.1（o）（3）、4-6.1
记录数据的方法					3-2.1（o）（4）
校准方法					3-2.1（o）（7）、4-6.6、强制性附录Ⅴ、Ⅴ-6 和 Ⅴ-7 部分
系统不确定度的因素及其值					3-2.1（o）（8）、4-13、表 4-13-1
校准数据修正测量数据的方法及其对系统不确定度的影响					3-2.1（o）（9）、4-6.4、强制性附录Ⅴ、Ⅴ-6～Ⅴ-8 部分
仪表装置中未校准设备的系统不确定度					3-2.1（o）（8）
静压测量					
壁面取压或静压探针					4-6.3
测试使用的主要传感器					3-2.1（o）（3）、4-6.1
测试中使用的其他设备					3-2.1（o）（3）、4-6.1
记录数据的方法					3-2.1（o）（4）、4-6.1、7-5.2
测量频率					3-2.1（o）（5）、3-2.2、4-6.3.3
校准方法					3-2.1（o）（7）、4-6.1、4-6.3.2
系统不确定度的因素及其值					3-2.1（o）（8）、4-6.2、4-13、表 4-13-1
校准数据修正测量数据的方法及其对系统不确定度的影响					3-2.1（o）（9）、4-6.1
仪表装置中未校准设备的系统不确定度					3-2.1（o）（8）、4-6.2

非强制性附录 H
性能试验合同的技术协议部分

1	进口烟气流量偏离标准值或设计值时，出口烟气温度修正曲线的适用范围为烟气质量流量从　　　　至　　　kg/s
2	X比偏离标准值或设计值时，出口烟气温度修正曲线的适用范围为X比从　　　至
3	标准值或设计值（理想性能工况）
	● 进口烟气流量（kg/s） 　✓ 进口烟气中水分（%） 　✓ 进口烟气中灰分（%） ● 出口空气流量（kg/s） 　✓ 出口二次风流量（kg/s） 　✓ 出口一次风流量（kg/s） ● 进口空气温度（℃） 　✓ 进口二次风温度（℃） 　✓ 进口一次风温度（℃） ● 进口空气湿度（kg/kg） ● 出口空气温度（℃） 　✓ 出口二次风温度（℃） 　✓ 出口一次风温度（℃） ● 进口烟气温度（℃） ● 出口烟气温度（含漏风）（℃） ● 出口烟气温度（无漏风）（℃） ● 漏风 　✓ 空气侧向烟气侧总漏风量（kg/s） 　　○ 二次风侧向烟气侧漏风量（kg/s） 　　○ 一次风侧向烟气侧漏风量（kg/s） 　✓ 一次风侧向二次风侧漏风量（kg/s） ● 烟气侧压差（Pa） ● 空气侧压差（Pa） 　✓ 二次风侧压差（Pa） 　✓ 一次风侧压差（Pa） ● 燃料分析 ● 热容 　✓ 空气 　✓ 烟气
4	每一个标准或设计烟气流量下，烟气侧效率与X比关系曲线

非强制性附录 J
日常监测和性能监测

J–1 日常监测

J-1.1 开展空气预热器性能日常监测的原因

原因包括以下几个方面：

（a）机组检修之前——此时开展空气预热器性能日常监测有助于确定空气预热器的状况和接下来检修工作的范围、所需材料等。基于对空气预热器性能（如漏风率、效率、X 比）的了解，可在进入空气预热器内部之前就确定所需检查的工作量和工作类型。这样可以减少机组检修时间，提高设备和人员的利用率，并减少机组检修成本。

（b）机组检修之后——此类工作可确定检修工作实现的收益，并为接下来的监测工作设定基准。检修维护工作完成后，有必要用试验来检验工作的有效性。如果没有达到预期的效果，应该确定问题的原因以防止问题再次发生。另外，当设备处于良好状态时获取的基准数据可以为日常监测提供一个基准点。

（c）平时的监测可为定期计算锅炉性能（无漏风排烟温度）提供所需的信息（空气预热器漏风率），以确定锅炉性能的变化对机组热耗率和生产成本的影响。由于大多数机组没有实时的空气预热器漏风率或空气预热器出口处 O_2 浓度的监测仪表，为了确定干烟气损失，可以利用最近试验所得的空气预热器漏风率数值。如果没有此值或该值已过时，则锅炉性能日常评估中的干烟气损失将不准确，因干烟气损失而导致的热损失率也将不准确，会引导机组运行采取不正确的措施。如果空气预热器漏风率高于计算中使用的值，则计算的干烟气损失将低于实际值，这就隐藏了潜在的严重问题。

（d）平时的监测可定期提供关于空气预热器状况的准确信息（如漏风率、X 比和烟气侧效率）。由于机组检修间隔时间通常为一年或更长时间，在此期间空气预热器的性能可能会显著变化，而且性能变化也会影响到燃料成本和发电成本，从而影响针对性修正措施的确定。

（e）平时的监测可对在线监测设备的有效性（准确性和位置合理性）进行检查。定期校准所有现场测试仪表设备通常是不现实的。性能测试可以检查现场在线监测设备的准确性。另外，通过与多点测量的温度和气体成分结果对比，可以得知现场监测设备的位置（通常是 1～3 点）测试结果能否代表管道中平均工质温度和气体成分。

J-1.2 范围

J-1.2.1 漏风率

最常见的空气预热器测试的主要目的是确定漏风率。在该测试中，在空气预热器的进、出口烟道中的烟气成分（O_2 和/或 CO_2）均要多点测量。如果所测氧量是干基氧量，可用式（J-1-6）近似估算漏风率。如果 O_2 为湿基氧量，则可用式（J-1-12）近似估算漏风率。如果二氧化碳为干基，则可以用式（J-1-19）估算漏风率。如果二氧化碳以湿基测量，可以用式（J-1-25）估算漏风率。

如果同时测量了空气进口温度、空气进口压力和烟气出口压力（这应该相对简单），特别是针对在测量时段内的趋势进行分析后，通过式（5-6-11）将漏风率修正到标准（或设计）压差、标准进口空气温度工况下（见 5-6.3）的计算合理性就会提高。如果温度分布场不存在明显分层，如蒸汽暖风器没有投运，空气进口平面的温度通常不需要进行网格法测量。

对于平衡通风的机组，除要进行此项测试外，还应测量引风机进口处的烟气成分，以确定空气预热器和引风机之间设备与管道的漏风量。

J-1.2.2 烟气侧效率和无漏风排烟温度

气体成分分析需要在烟气进口和烟气出口通道逐点测量，通常相应的烟气温度也在此同时测量。如果进口空气温度也进行了测量，则计算得到烟气侧效率［式（5-5-11）］和无漏风排烟温度［式（5-5-14）］。三分仓空气预热器质量流量加权平均温度通常根据现场仪表所测的各股空气流量来计算。如果要进行测量时段内的趋势分析，建议利用［式（5-6-1）和式（5-6.2）］将无漏风排烟温度修正到设计进口空气温度的条件下。

J-1.2.3 X 比

为确定 X 比，需要详细测出各股空气出口的温度。

J-1.2.4 所需参数的比较

表 J-1.2.4-1 和表 J-1.2.4-2 列出了常规试验计算各

种参数所需的测量值。表 J-1.2.4-3～表 J-1.2.4-5 列出了验收试验所需的参数。

J-1.3　试验的频率

空气预热器性能测试应在机组检修停机之前进行（以便于检修期间可以进行任何空气预热器相关工作）。停机检修工作完成后，也应进行空气预热器性能试验。

运行的空气预热器也应该定期进行试验。新装机组设备状况变化较快，可每 6 个月（春季和秋季，当气温与设计值偏差较小时）进行一次。老机组设备状态相对稳定不怎么变化，每年一次就足够了。

J-1.4　机组条件

常规测试通常使用简化的公式计算漏风率，而煤质（特别是水分）、燃尽率、烟气成分 O_2、调温风和密封风流量的变化均会导致结果的明显变化。因此，应尽可选择在机组条件一致的条件下（即蒸汽流量、烟气成分 O_2、磨煤机出口温度和燃料类型）进行。

试验之前应检查锅炉、空气预热器、烟风管道、SCR（选择性催化还原）等，并尽可能消除漏风。潜在的漏风点包括检查门、水封槽、吹灰器进出孔和试验测孔等。

在测试期间，机组运行参数（蒸汽流量、O_2、空气和烟气进口温度等）应稳定。此外，应尽可能减少扰乱烟气流量和/或采样分析的活动，包括吹灰、炉底除渣、打开检查门或试验测孔等。

J-1.5　漏风率估算公式

J-1.5.1　符号定义

CO_{2in} =进口二氧化碳体积浓度（摩尔），干基（无灰），%

CO'_{2in} =进口二氧化碳体积浓度（摩尔），湿基（无灰），%

CO_{2out} =出口二氧化碳体积浓度（摩尔），干基（无灰），%

CO'_{2out} =出口二氧化碳体积浓度（摩尔），湿基（无灰），%

O_{2air} =空气进口氧量摩尔浓度，湿基或干基，%

O_{2in} =进口氧气体积浓度（摩尔），干基（无灰），%

O'_{2in} =进口氧气体积浓度（摩尔），湿基（无灰），%

O_{2out} =出口氧气体积浓度（摩尔），干基（无灰），%

O'_{2out} =出口氧气体积浓度（摩尔），湿基（无灰），%

k_a =进口空气水蒸气体积浓度（摩尔）

k_g =进口烟气水蒸气体积浓度（摩尔），无灰

w_1 =湿空气漏入烟气侧的质量流量，lbm/h（kg/s）

w_{gi} =进口湿烟气质量流量，lbm/h（kg/sec）

ρ_a =进口湿空气密度，lbm/ft^3（kg/m^3）

ρ_g =进口湿烟气密度（无灰），lbm/ft^3（kg/m^3）

J-1.5.2　基于干基氧气体积浓度估算漏风率

空气预热器进口干烟气体积为

$$\frac{w_{gi}}{\rho_g}(1-k_g) \qquad (J\text{-}1\text{-}1)$$

空气预热器进口氧气体积为

$$\left(\frac{O_{2in}}{100}\right)\frac{w_{gi}}{\rho_g}(1-k_g) \qquad (J\text{-}1\text{-}2)$$

式中：O_{2in} 为干基氧量。

漏入烟气的干空气体积为

$$\frac{w_1}{\rho_a}(1-k_a) \qquad (J\text{-}1\text{-}3)$$

漏入烟气的氧气体积为

$$\left(\frac{20.95}{100}\right)\frac{w_1}{\rho_a}(1-k_a) \qquad (J\text{-}1\text{-}4)$$

因为干空气的氧气体积浓度为 20.95%，烟气出口的氧气体积浓度为

$$\frac{O_{2out}}{100}=\frac{\left(\dfrac{O_{2in}}{100}\right)\dfrac{w_{gi}}{\rho_g}(1-k_g)+\left(\dfrac{20.95}{100}\right)\dfrac{w_1}{\rho_a}(1-k_a)}{\dfrac{w_{gi}}{\rho_g}(1-k_g)+\dfrac{w_1}{\rho_a}(1-k_a)} \qquad (J\text{-}1\text{-}5)$$

推导得到

$$\text{漏风率（\%）}=100\times\frac{w_1}{w_{gi}}=100\times\frac{O_{2out}-O_{2in}}{20.95-O_{2out}}\left(\frac{1-k_g}{1-k_a}\right)\frac{\rho_a}{\rho_g} \qquad (J\text{-}1\text{-}6)$$

通常，系数 $[(1-k_g)/(1-k_a)](\rho_a/\rho_g)$ 取值为 0.9 就可得到准确性可接受的结果，但使用测量或假定的煤质、空气含湿量和过量空气系数可计算出更精确的数值。

J-1.5.3　基于湿基氧气体积浓度估算漏风率

空气预热器进口湿烟气体积为

$$\frac{w_{gi}}{\rho_g} \qquad (J\text{-}1\text{-}7)$$

空气预热器进口氧气体积为

$$\left(\frac{O'_{2in}}{100}\right)\frac{w_{gi}}{\rho_g} \qquad (J\text{-}1\text{-}8)$$

式中：O'_{2in} 为湿基氧量。

漏入烟气的空气体积为

$$\frac{w_1}{\rho_a} \qquad (J\text{-}1\text{-}9)$$

漏入烟气的氧气体积为

$$\left(\frac{O'_{2air}}{100}\right)\frac{w_1}{\rho_a} \qquad (J\text{-}1\text{-}10)$$

式中：O'_{2air} 为湿空气的氧气体积浓度。

烟气出口的氧气体积浓度

$$\frac{O'_{2out}}{100}=\frac{\left(\dfrac{O'_{2in}}{100}\right)\dfrac{w_{gi}}{\rho_g}+\left(\dfrac{O'_{2air}}{100}\right)\dfrac{w_1}{\rho_a}}{\dfrac{w_{gi}}{\rho_g}+\dfrac{w_1}{\rho_a}} \qquad (J\text{-}1\text{-}11)$$

推导得到

$$漏风率（\%）=100\times\frac{w_1}{w_{gi}}=100\times\frac{O'_{2out}-O'_{2in}}{O'_{2air}-O'_{2out}}\frac{\rho_a}{\rho_g} \quad (J\text{-}1\text{-}12)$$

其中 $O'_{2air}=20.95\times(1-k_a)$

而

$$k_a=\frac{\dfrac{\omega/(1+\omega)}{MW_{H_2O}}}{\dfrac{\omega/(1+\omega)}{MW_{H_2O}}+\dfrac{1/(1+\omega)}{MW_{dry\,air}}}=\frac{\omega\times MW_{dry\,air}}{\omega\times MW_{dry\,air}+MW_{H_2O}}$$

$$(J\text{-}1\text{-}13)$$

式中：$MW_{dry\,air}$ 为干空气分子量，28.9619；MW_{H_2O} 为水分子量，18.0153；ω 为相对湿度，lbm H_2O/lbm 干空气。

表 J-1.5.3-1 中给出了不同相对湿度下的 O'_{2air}。

表 J-1.5.3-1 不同湿度的空气体积含氧量

湿度		水分质量		摩尔 H_2O/湿空气	摩尔分子量，k_a	湿基体积浓度（%）	O'_{2air}（%）[注（1）]
H_2O/lbm, 干空气（ω）	格令（译者注：最小英制单位）	分子质量	%				
0.000	0	0	0	0	0	0	20.95
0.005	35	0.0050	0.4975	2.762×10^{-4}	0.7974	0.7974	20.783
0.010	70	0.0099	0.9901	5.496×10^{-4}	1.5822	1.5822	20.619
0.015	105	0.0148	1.4778	8.203×10^{-4}	2.3547	2.3547	20.457
0.020	140	0.0196	1.9608	1.088×10^{-3}	3.1151	3.1151	20.297
0.025	175	0.0244	2.4390	1.354×10^{-3}	3.8638	3.8638	20.141
0.030	210	0.0291	2.9126	1.617×10^{-3}	4.6010	4.6010	19.986

注：
（1）$O'_{2air}=20.95\times(1-k_a)$。

参数 ρ_a/ρ_g 范围为 0.95～1.00，通常取值为 0.975，但使用测量或假定的煤质、空气含湿量和过量空气系数可计算出更精确的数值。

J-1.5.4 基于干态 CO_2 体积浓度估算漏风率

空气预热器进口干烟气体积为

$$\frac{w_{gi}}{\rho_g}(1-k_g) \quad (J\text{-}1\text{-}14)$$

空气预热器进口 CO_2 体积为

$$\left(\frac{CO_{2in}}{100}\right)\frac{w_{gi}}{\rho_g}(1-k_g) \quad (J\text{-}1\text{-}15)$$

式中：CO_{2in} 为干基 CO_2。

漏入烟气的干空气体积为

$$\frac{w_1}{\rho_a}(1-k_a) \quad (J\text{-}1\text{-}16)$$

漏入烟气的 CO_2 体积为

$$0.0\times\frac{w_1}{\rho_a}(1-k_a)=0 \quad (J\text{-}1\text{-}17)$$

干空气的 CO_2 体积浓度为 0.0%。烟气出口的 CO_2 浓度

$$\frac{CO_{2out}}{100}=\frac{\left(\dfrac{CO_{2in}}{100}\right)\dfrac{w_{gi}}{\rho_g}(1-k_g)+0.0}{\dfrac{w_{gi}}{\rho_g}(1-k_g)+\dfrac{w_1}{\rho_a}(1-k_a)} \quad (J\text{-}1\text{-}18)$$

推导得到

$$漏风率（\%）=100\times\frac{w_1}{w_{gi}}=100\times\frac{CO_{2in}-CO_{2out}}{CO_{2out}}\left(\frac{1-k_g}{1-k_a}\right)\frac{\rho_a}{\rho_g} \quad (J\text{-}1\text{-}19)$$

通常，系数 $[(1-k_g)/(1-k_a)](\rho_a/\rho_g)$ 取值为 0.9 可以得到准确性可接受的结果，但使用测量或假定的煤质、空气含湿量和过量空气系数可计算出更精确的数值。

J-1.5.5 基于湿态 CO_2 体积浓度估算漏风率

空气预热器进口湿烟气体积为

$$\frac{w_{gi}}{\rho_g} \quad (J\text{-}1\text{-}20)$$

空气预热器进口 CO_2 体积为

$$CO'_{2in}\frac{w_{gi}}{\rho_g} \quad (J\text{-}1\text{-}21)$$

式中：CO'_{2in} 为湿基 CO_2。

漏入烟气的干空气体积为

$$\frac{w_1}{\rho_a} \quad (J\text{-}1\text{-}22)$$

漏入烟气的 CO_2 体积为

$$0.0\times\frac{w_1}{\rho_a}=0 \quad (J\text{-}1\text{-}23)$$

湿空气的 CO_2 体积浓度为 0.0%。烟气出口的 CO_2 浓度为

$$\frac{CO'_{2out}}{100}=\frac{CO'_{2in}\dfrac{w_{gi}}{\rho_g}+0.0}{\dfrac{w_{gi}}{\rho_g}+\dfrac{w_1}{\rho_a}} \quad (J\text{-}1\text{-}24)$$

推导得到

$$漏风率（\%）=100\times\frac{w_1}{w_{gi}}=100\times\frac{CO'_{2in}-CO'_{2out}}{CO'_{2out}}\left(\frac{\rho_a}{\rho_g}\right) \quad (J\text{-}1\text{-}25)$$

参数 ρ_a/ρ_g 范围 0.95～1.00，通常取值为 0.975，但使用测量或假定的煤质、空气含湿量和过量空气系数可计算出更精确的数值。

J-1.6 常规试验的其他简化

常规试验时利用标准网格法所需测试点数量的 1/2～3/4 的网格点进行测试就足够了，但仍应将方形烟道划分为相同的网格区域，网格尽量保持烟道的纵

横比，圆形烟道也应划分成相同的网格区域。

为测试空气预热器的性能，测试截面应尽可能靠近空气预热器。然而，越靠近空气预热器的位置，流场分层（特别是在出口截面）越严重，通常进、出口测试截面要分别距离空气预热器的进、出口有一定距离才行。有时试验边界内会有烟道膨胀节，如果产生漏风也会影响结果。

常规试验一般不进行速度测量，因为温度和 O_2 测试值无需进行质量流量平均。

为了最大限度地降低设备成本，可使用非铠装的未接地热电偶，该类热电偶通常使用热电偶补偿导线制成，接头裸露。如果使用这种热电偶，则应至少进行两个点的精度检查。

当使用裸露接头的自制热电偶（或使用铠装接地热电偶）时，特别是在燃烧高灰分煤的机组中，静电的放电可能成为问题。如果存在这样的问题，可将热电偶导线的一端连接到测量接点，将另一端连接到探针（如果探针是通过与烟道接触接地的）来实现"接地"。

J-2　性能监测

建议利用现场固定仪表对每台空气预热器的下列参数进行连续或定期计算和追踪。

J-2.1　修正到参考空气有进口温度和空气烟气压差条件下的漏风

利用 J-1.5 中简化漏风率公式和式（5-6-11）将漏风率修正到某一进口空气温度和压差条件下。"参考"进口空气温度应接近一年中的中间气温以使修正因子最小化。为了能长时间监测数据，一旦选定了参考空气温度，就不应该改变。

如果空气预热器进口烟道和出口烟道中都没有 O_2 探针，则该氧量可从定期测试或长期跟踪得到。

如果计算的漏风率增加，则表示下列中有一项或多项情况发生了：

• 密封出问题了：修理密封。

• 如果计算的漏风率未针对差压进行校正，则漏风明显增加可能是由于空气侧到烟气侧的压差增大、空气预热器堵塞、对流蓄热元件堵塞、每个空气预热器通道中空气或烟气流量发生变化。

• 如果计算的漏风率未针对空气进口温度进行校正，则漏风明显增加有原因可能是空气进口温度的降低。

其他漏风增大的现象有：

• 送风机电耗高。

• 引风机电耗高。

• 烟囱中 CO_2 浓度低。

• 空气预热器出口烟气温度低（有漏风）。

空气预热器漏风大对机组的影响有两种方式。首先，由于风机电耗增大，机组耗电率会增大（需要注意的是，如果机组同时具有送风机和引风机或增压风机，则必须计算对每种风机的影响；然后对每种风机的影响叠加作为总的影响）。其次，如果风机已经以最大负荷运行，机组负荷可能会受到限制。

漏风变化对燃料成本的影响可以通过两种方式来确定

（a）简化方法。

（1）测量漏风，$MpAln$（%）。

（2）收集如下设计或标准数据：

（-a）设计时估计的送风机、引风机和/或增压风机的压头 H（inH_2O）；

（-b）设计时估计的风机效率 e（如从风机性能曲线获得）（%）；

（-c）设计时估计的汽轮机循环热耗率 $TCHR$（Btu/kWh）；

（-d）设计时估计的锅炉效率 EF（%）；

（-e）设计时估计的机组毛负荷 GL（kW）；

（-f）设计时估计的辅机电耗 Aux（kW）；

（-g）设计燃料成本（\$/Btu）。

（3）如果漏风以百分数计，则 SCFM 中的体积漏风率为 L_{scfm}。

式（5-3-74）可用于计算烟气的质量流量，单位为 lbm/h，式（5-3-78）可用于计算烟气密度，单位为 ft³/lbm。要转换为标准状态，可使用 $(PV/T)_{actual}=(PV/T)_{std}$。

（4）计算额外漏风量所需的额外风机功率

$$\Delta Power = L_{scfm} \times H \times e \times 0.6356 \quad (J-2-1)$$

（5）计算由于额外漏风量导致的单位热耗率的变化

$$\Delta NUHR = [TCHR/(EF/100)/(1-Aux/GL)]$$
$$-\{TCR/(EF/100)/[1-(Aux+\Delta Power)/GL]\}$$
$$(J-2-2)$$

（6）计算额外的燃料成本

$$Cost(\$/h) = \Delta NUHR \times (GL-Aux) \times \$/BTU \quad (J-2-3)$$

（b）详细方法。有两种方法可以计算风机电机功耗：一种利用风机静压和静态效率（是如下列详细计算指导步骤的基础），另一种是利用风机全压和总效率。详细计算也可用第二种方法，但您需要确定总效率和风机全压，并它们代入（b）（7）中的公式。

（1）如果漏风以百分数计，则先计算体积漏风量 L_{acfm}。

可用式（5-3-74）计算烟气的质量流量，单位为 lbm/h，可用式（5-3-78）计算烟气密度，单位为 ft³/lbm。

（2）确定以下设计曲线参数：

（-a）设计流体密度 ρ_{Ds}（lbm/ft³）；

（-b）设计风机转速 N_{Ds}（rmmin）。

（3）确定以下实际风机进口参数：

（-a）风机进口流体温度 T_{F1}（℉）；

（-b）风机进口流体静压 p_{Fs1}（in. wg）；

（-c）风机进口流体动压 p_{Fv1}。

注：如果风机没有进口通道，而是直接从环境中吸入，进口动压将为零，出口静压将与静压升相同。

（-d）风机调节挡板位置（°）。

不同调节挡板开度下风机的性能应由一系列曲线来显示，不同曲线的风门开度通常间隔10°～20°。挡板开度显示在性能曲线图中曲线上或与其临近的位置，开度中负数表示在关闭方向。有时性能曲线图中会多出一条跨度大约正 10°的曲线，表示调节挡板处于过开的位置。

（-e）风机进口面积 A_{F1}（ft²）。

注：如果风机有两个进口，进口面积应为两个进口面积之和。

（-f）风机进口流体密度 ρ_{F1}（lbm/ft³），利用下式计算

$$\rho_{F1}=\frac{(P_{Fs1}+407.48)\times5.193}{R\times(T_{F1}+460)} \quad (J\text{-}2\text{-}4)$$

式中：R，空所取 53.3，未除尘烟气取 52.9，除尘烟气取 52.4。

注：风机进口认定为风机进口法兰处而不是进口控制风门的上游。

（4）确定风机的实际转速 N（r/min）。

（5）确定电机和流体驱动（译者注：如采用液压、气动或液力偶合器等）效率。

（-a）电机效率 η_m（%）。

（-b）流体驱动装置的效率 η_{fd}（%）。

（6）确定风机的出口参数。

（-a）风机出口静压 p_{Fs2}（in. wg）。

（-b）风机出口截面积 A_{F2}（ft²）。

（-c）风机出口介质温度 T_{F2}（℉）。如果无法测量，可利用进口温度按下式进行估算

$$T_{F2}=T_{F1}+0.7\times(P_{Fs2}-P_{Fs1}) \quad (J\text{-}2\text{-}5)$$

（这种估算是基于过去测试结果的经验，是比较接近测量值的）

注：风机出口平面通常认为是管道系统中膨胀最大的平面（通常称为扩口）。

（7）不管怎样，必须确定风机静态效率。具体的确定方法将取决于风机性能曲线图可提供的信息。有的曲线图以风机的静压升作为 y 轴（方法 A），其他曲线图利用风机全压（方法 B）或风机静压（方法 C）来确定静态效率。某些性能曲线图没有静态效率，而且直接绘制风机轴功率，并以静压升作为 y 轴（方法 D）或者以静压作为 y 轴（方法 E）。需要基于风机进口调门位置先找到相对应的曲线后才能从曲线图中

读数。

（-a）方法 A（以静压升作为 y 轴的静压效率曲线）

（-1）用下式计算静压升 SPR（in.wg）

$$SPR=p_{Fs2}-p_{Fs1} \quad (J\text{-}2\text{-}6)$$

（可用直接测量风机静压升，也可以用出口静压减去进口静压求得）

（-2）将静压升 SPR 修正到曲线设计工况 SPR_c

$$SPR_c=SPR\times(N_{Ds}/N)^2\times(\rho_{Ds}/\rho_{F1}) \quad (J\text{-}2\text{-}7)$$

（-3）根据 SPR_c 从曲线中读取风机静压效率 η_s（%）。

（-4）计算风机静压 SP(in.wg)

$$SP=SPR-P_{Fv1} \quad (J\text{-}2\text{-}8)$$

（-5）计算由于漏风增加的电机输入功率 ΔKW

$$\Delta KW=\frac{L_{acfm}\times SP\times0.746}{6.354\times\eta_s\times\eta_m\times\eta_{fd}} \quad (J\text{-}2\text{-}9)$$

式中：SP 为风机日常运行工况下的风机静压（不是修正到设计条件）。

注：如果风机全压效率比静压效率更容易得到，式（J-2-9）中 SP 和 η_s 应该替换为 TP（风机全压）和 η_t（风机全压效率）。

（-6）转到（b）（8）。

（-b）方法 B（以全压升作为 y 轴的静压效率曲线）。

（-1）风机全压（TP）是风机出口全压减去风机进口全压，有时也称为全压升（TPR）

$$TP（或 TPR）=TP_2-TP_1 \quad (J\text{-}2\text{-}10)$$

式中：TP_1 为进口全压；TP_2 为出口全压。

（-2）由于任意位置的全压都是静压和动压之和，因此全压也可以表示为

$$TP=(p_{Fs2}+p_{Fv2})-(p_{Fs1}+p_{Fv1}) \quad (J\text{-}2\text{-}11)$$

或

$$TP=(p_{Fs2}-p_{Fs1})+(p_{Fv2}-p_{Fv1}) \quad (J\text{-}2\text{-}12)$$

（-3）通常，出口的动压很难测量。如果有必要，出口动压 p_{Fv2}(in.wg) 可以采用如下方法近似得到

$$p_{Fv2}=p_{Fv1}\times(A_{F1}/A_{F2})^2\times(\rho_{F1}/\rho_{F2}) \quad (J\text{-}2\text{-}13)$$

$$\rho_{F2}=\frac{(P_{Fs2}+407.48)\times5.193}{R\times(T_{F2}+460)} \quad (J\text{-}2\text{-}14)$$

式中：ρ_{F2} 为出口介质密度；R，空气取 53.3，未除尘烟气取 52.9，除尘烟气取 52.4。

（-4）利用下式计算全压 TP

$$TP=(p_{Fs2}-p_{Fs1})+(p_{Fv2}-p_{Fv1}) \quad (J\text{-}2\text{-}15)$$

（-5）将 TP 修正到设计条件

$$TP_c=TP\times(N_{Ds}/N)^2\times(\rho_{Ds}/\rho_{F1}) \quad (J\text{-}2\text{-}16)$$

（-6）根据 TP_c 从曲线中读取风机静压效率 η_s（%）。

（-7）用下式计算静压升 SPR（in.wg）

$$SPR=p_{Fs2}-p_{Fs1} \quad (J\text{-}2\text{-}17)$$

（流体经过风机后静压的提升量，或出口静压减去进口静压的数值）

（-8）计算风机静压 SP（in.wg）

$$SP = SPR - p_{Fv1} \qquad (J-2-18)$$

式中：p_{Fv1} 为风机进口动压。

（-9）计算由于漏风增加的电机输入功率 ΔKW

$$\Delta KW = \frac{L_{acfm} \times SP \times 0.746}{6.354 \times \eta_s \times \eta_m \times \eta_{fd}} \qquad (J-2-19)$$

式中：SP 为风机日常运行工况下的风机静压（不是修正到设计条件）。

注：如果风机全压效率比静压效率更容易得到，式(J-2-19)中 SP 和 η_s 应该替换为 TP（风机全压）和 η_t（风机全压效率）。

（-10）转到（b）（8）。

（c）方法 C（以风机静压作为 y 轴的静压效率曲线）。

（-1）用下式计算静压升 SPR（in.wg）

$$SPR = p_{Fs2} - p_{Fs1} \qquad (J-2-20)$$

（流体经过风机后静压的提升量，或出口静压减去进口静压的数值）

（-2）计算风机静压 SP（in.wg）

$$SP = SPR - p_{Fv1} \qquad (J-2-21)$$

式中：p_{Fv1} 为风机进口动压。

（-3）将 SP 修正到设计条件

$$SP_c = SP(N_{Ds}/N)^2(\rho_{Ds}/\rho_{F1}) \qquad (J-2-22)$$

（-4）根据 SP_c 从曲线中读取风机静压效率 η_s（%）。

（-5）计算由于漏风增加的电机输入功率 ΔKW。

$$\Delta KW = \frac{L_{acfm}SP \times 0.746}{6.354\eta_s\eta_m\eta_{fd}} \qquad (J-2-23)$$

式中：SP 为风机日常运行工况下的风机静压（不是修正到设计条件）。

注：如果风机全压效率比静压效率更容易得到，式(J-2-23)中 SP 和 η_s 应该替换为 TP（风机全压）和 η_t（风机全压效率）。

（-6）转到（b）（8）。

（d）方法 D（以风机静压升作为 y 轴的风机输入轴功率曲线）。

如果风机曲线是基于静压升。

（-1）利用下式计算静压升 SPR

$$SPR = p_{Fs2} - p_{Fs1} \qquad (J-2-24)$$

（流体经过风机后静压的提升量，或出口静压减去进口静压的数值）

（-2）将 SPR 修正到设计条件

$$SPR_c = SPR \times (N_{Ds}/N)^2 \times (\rho_{Ds}/\rho_{F1}) \qquad (J-2-25)$$

（-3）根据 SPR_c 从曲线中读取风机体积流量 $VrFan$（ACFM）。

（-4）根据该体积流量，从曲线中读取相应的风机轴功率 BHP（hp）

（-5）利用下式计算风机静压 SP（in.wg）

$$SP = SPR - p_{Fv1} \qquad (J-2-26)$$

式中：p_{Fv1} 为风机进口动压。

（-6）将 SP 修正到设计条件

$$SP_c = SP(N_{Ds}/N)^2(\rho_{Ds}/\rho_{F1}) \qquad (J-2-27)$$

（-7）利用下式计算风机静压效率 η_s

$$\eta_s(\%) = (VrFanSP_c)/(6.534BHP) \qquad (J-2-28)$$

（-8）计算由于漏风增加的电机输入功率 ΔKW

$$\Delta KW = \frac{L_{acfm}SP \times 0.746}{6.354\eta_s\eta_m\eta_{fd}} \qquad (J-2-29)$$

式中：SP 为风机日常运行工况下的风机静压（不是修正到设计条件）。

注：如果风机全压效率比静压效率更容易得到，式(J-2-29)中 SP 和 η_s 应该替换为 TP（风机全压）和 η_t（风机全压效率）。

（-9）转到（b）（8）。

（e）方法 E（以风机静压作为 y 轴的风机输入轴功率曲线）。

（-1）利用下式计算静压升 SPR

$$SPR = p_{Fs2} - p_{Fs1} \qquad (J-2-30)$$

（流体经过风机后静压的提升量，或出口静压减去进口静压的数值）

（-2）利用下式计算风机静压 SP（in.wg）

$$SP = SPR - p_{Fv1} \qquad (J-2-31)$$

式中：p_{Fv1} 为风机进口动压。

（-3）将 SP 修正到设计条件

$$SP_c = SP(N_{Ds}/N)^2(\rho_{Ds}/\rho_{F1}) \qquad (J-2-32)$$

（-4）根据 SP_c 从曲线中读取风机体积流量，$VrFan$（ACFM）。

（-5）根据该体积流量，从曲线中读取相应的风机轴功率 BHP（hp）。

（-6）利用下式计算风机静压效率 η_s

$$\eta_s = (VrFanSP_c)/(6.534BHP) \qquad (J-2-33)$$

（-7）计算由于漏风增加的电机输入功率 ΔKW

$$\Delta KW = \frac{L_{acfm}SP \times 0.746}{6.354\eta_s\eta_m\eta_{fd}} \qquad (J-2-34)$$

式中：SP 为风机日常运行工况下的风机静压（不是修正到设计条件）。

注：如果风机全压效率比静压效率更容易得到，式(J-2-34)中 SP 和 η_s 应该替换为 TP（风机全压）和 η_t（风机全压效率）。

（8）将功率变化ΔKW转换为燃料成本（煤耗）。

（-a）基于设计或标准工况估算下述参数。

（-1）汽轮机循环热耗 $TCHR$（Btu/ kWh）。

（-2）锅炉效率 EF（%）。

（-3）机组毛负荷 GL（kW）。

（-4）辅机耗电量 Aux（kW）。

（-5）燃料成本$/BTU$（\$/Btu）。

（-b）计算由漏风引起的机组热耗变化。

$$\Delta NUHR = [TCHR/(EF/100)/(1-Aux/GL)]$$
$$-\{TCHR/(EF/100)/\ [1-(Aux+\Delta KW)/GL]\}$$

$$(\text{J-2-35})$$

（-c）计算额外的燃料消耗

$$\text{Cost} = \Delta NUHR\times(GL-Aux-\Delta KW)\times\$/BTU \quad (\text{J-2-36})$$

J-2.2 修正到风机设计流量和进口温度条件下的阻力损失（空气和/或烟气）

式（5-6-14）给出了如何把测量压差修正到不同空气质量流量和温度条件下的方法。如果此计算值增加，则表示空气预热器发生了堵塞，需要使用吹灰器吹扫或清洗空气预热器。

空气侧阻力损失较大的其他表现有烟气侧压力损失较大、送风机和引风机电耗增大。

可以通过下列简化或详细方法来确定阻力损失变化对燃料成本的影响。

（a）简化方法。

（1）测量额外的阻力损失ΔH。

（2）收集下述设计或标准参数：

（-a）设计时估计的［或利用式（5-3-74）和（5-3-78）计算］风机体积流量，$VrFan$（ACFM）。

（-b）设计时估计的风机全压效率（利用曲线查询）η_t（%）。

（-c）设计时估计的汽轮机循环热耗 $TCHR$（Btu/ kWh）。

（-d）设计时设计时估计的锅炉效率 EF（%）。

（-e）设计时估计的机组毛负荷 CL（kW）。

（-f）设计时估计的辅机电耗 Aux（kW）。

（-g）燃料成本$/BTU$（\$/Btu）。

（3）计算所需要的额外电耗

$$\Delta Power=VrFan\times\Delta H\times \eta_T \times 0.6356 \quad (\text{J-2-37})$$

（4）计算机组热耗的变化（Btu / kWh）

$$\Delta NUHR = [TCHR/(EF/100)/(1-Aux/GL)]$$
$$-\{TCHR/(EF/100)/$$
$$[1-(Aux+\Delta Power)/GL]\} \quad (\text{J-2-38})$$

（5）计算额外的燃料消耗

$$\text{Cost} = \Delta NUHR\times(GL-Aux-\Delta Power)\times\$/BTU$$

$$(\text{J-2-39})$$

（b）详细方法。

（1）测量下列试验参数：

（-a）风机介质体积流量 $VrFan_T$。

（-b）空气预热器进口介质压力 p_{AHI_T}（in.wg）。

注：取决于需要评估的阻力损失类型（二分仓空气侧、一次风空气侧、二次风空气侧或烟气侧），该压力可以是$PA8$、$PA8P$、$PA8S$ 或 $PFg14$。

（-c）空气预热器出口压力 P_{AHO_T}（in.wg）。

注：取决于需要评估的阻力损失类型（二分仓空气侧、一次风空气侧、二次风空气侧或烟气侧），该压力可以是$PA9$、$PA9P$、$PA9S$ 或 $PFg15$。

（-d）空气预热器进口介质温度 T_{AHI_T}（℉）。

注：取决于需要评估的阻力损失类型（二分仓空气侧、一次风空气侧、二次风空气侧或烟气侧），该温度可以是$TA8$、$TA8P$、$TA8S$ 或 $TFg14$。

（-e）空气预热器出口介质温度 T_{AHO_T}（℉）。

注：取决于需要评估的阻力损失类型（二分仓空气侧、一次风空气侧、二次风空气侧或烟气侧），该温度可以是$TA9$、$TA9P$、$TA9S$ 或 $TFg15$。

（2）确定下列参数：

（-a）空气预热器进口介质密度 ρ_{AHI_T}（lbm/ ft³）。

（-b）空气预热器出口介质密度 ρ_{AHO_T}（lbm/ ft³）。

（3）确定下列标准或设计参数（从设计规范或以前的测试数据等）：

（-a）设计流量$VrFan_{Ds}$（SCFM）。

（-b）设计轴功率 BHP_{Ds}（hp）（来自风机曲线）。

（-c）设计流量设计转速（或风门开度）和设计温度下的设计风机压力 p_{FanDs}（性能曲线由查到的全压、静压或静压升）。

（-d）设计风机转速 N_{Ds}（r/min）。

（-e）设计的空气预热器压差 $dp_{AH_{Ds}}$（in. wg）。

注：取决于需要评估的阻力损失类型（二分仓空气侧、一次风空气侧、二次风空气侧或烟气侧），该压差可以是$PDiA8A9$、$PDiA8PA9P$、$PDiA8SA9S$ 或 $PDiFg14Fg15$。

（-f）设计时估算的汽轮机循环热耗 $TCHR$（Btu / kWh）。

（-g）设计时估算的锅炉效率 BE（%）。

（-h）设计时估算的毛负荷 GL（kW）。

（-i）设计时估算的辅机电耗量 Aux（kW）。

（-j）设计时燃料成本$/BTU$（\$/Btu）。

（4）将下述参数修正到标准工况：

（-a）进口温度

$$P_{AHI_{CT}} = T_{AHI_s}\left(\frac{P_{AHI_T}}{\rho_{AHI_T}T_{AHI_T}}\right)\times\rho_{AHI_{CT}} \quad (\text{J-2-40})$$

（-b）出口压力

$$P_{AHO_{CT}} = T_{AHO_s}\left(\frac{P_{AHO_T}}{\rho_{AHO_T}T_{AHO_T}}\right)\times\rho_{AHO_{CT}} \quad (\text{J-2-41})$$

（5）根据进口检测的压力和流量，确定相应曲线下的系统阻力系数，如下所示

$$C_{AHI} = P_{AHI_{CT}}/(VrFan_T)^2 \qquad (J\text{-}2\text{-}42)$$

（6）根据试验系统阻力系数和设计的流量，计算空气预热器进口压力［或把（修正到设计温度的）进口压力修正到设计流量条件下］

$$p_{AHI_{CTF'}} = C_{AHI}(VrFan_D)^2 \qquad (J\text{-}2\text{-}43)$$

（7）根据出口检测的压力和流量，确定相应曲线下的系统阻力系数，如下所示

$$C_{AHO} = P_{AHO_{CT}}/(VrFan_T)^2 \qquad (J\text{-}2\text{-}44)$$

（8）根据试验系统阻力系数和设计流量计算空气预热器出口压力［或把（修正到设计温度的）出口压力修正到设计流量条件下］

$$p_{AHO_{CTF'}} = C_{AHO}(VrFan_D)^2 \qquad (J\text{-}2\text{-}45)$$

（9）确定设计流量下的风机压力（全压、静压或静压升），并把试验空气预热器压差修正到设计流量和设计温度条件下

$$p_{FanDs_{CAHdP'}} = p_{FanDs} - dp_{AH_{Ds}} + (p_{AHI_{CTF}} - p_{AHO_{CTF}}) \qquad (J\text{-}2\text{-}46)$$

（10）根据风机控制方式和风机曲线的型式，选择下面的（-a）或（-b）项。（-a）用于变速调节风机，通过使用相似原理修正到设计转速条件下。（b）用于挡板/导叶调节的风机或为不同速度提供多条性能曲线的变速风机。把空气预热器差压修正到设计流量和温度的条件下，需要确定是那一个风机转速（或挡板开度）会产生计算出的风机压力（全压、静压或静压升）；一旦确定了该速度，就可以使用相同的速度来确定轴功率。使用（-a）选项时，需要使用相似原理来做这种迭代计算，而使用（-b）项则需要用户在曲线之间进行显性的内插法来计算。

（-a）变速驱动风机利用相似原理作变换。

（-1）假设一个与 $VrFan_{Ds}$ 和 $p_{FanDs_{CAHdP'}}$ 相对应的风机转速 N_2。

（-2）利用相似原理，计算与设计速度 N_{Ds} 相对应的流量 $VrFan_1$ 和压力 p_{Fan1}

$$VrFan_1 = VrFan_{Ds}\left(\frac{N_1}{N_2}\right) \qquad (J\text{-}2\text{-}47)$$

$$p_{Fan1} = P_{FanDs_{CAHdP}}\left(\frac{N_1}{N_2}\right)^2 \qquad (J\text{-}2\text{-}48)$$

（-3）检查流量和压力是否落在性能曲线上（以设计转速）。如果没有则返回步骤（-1），否则继续往下进行。

（-4）基于设计转速下的轴功率从性能曲线图中读取 BHP_1。

（-5）利用相似原理计算在设计流量 $VrFan_{Ds}$ 和

风机转速 N_2 条件下所需的轴功率

$$BHP_2 = BHP_1\left(\frac{N_2}{N_1}\right)^3 \qquad (J\text{-}2\text{-}49)$$

（-6）计算轴功率的偏差 ΔBHP

$$\Delta BHP = BHP_2 - BHP_{Ds} \qquad (J\text{-}2\text{-}50)$$

（-7）将轴功率偏差 ΔBHP 转换为功率偏差 $\Delta Power$

$$\Delta Power = \Delta BHP \times 0.7457 \qquad (J\text{-}2\text{-}51)$$

（-8）计算机组热耗的变化 $\Delta NUHR$（Btu/kWh）

$$\Delta NUHR = [TCHR/(EF/100)/(1-Aux/GL)] \\ -\{TCHR/(EF/100)/[1-(Aux+\Delta Power)/GL]\} \qquad (J\text{-}2\text{-}52)$$

（-9）计算额外的燃料成本

$$Cost = \Delta NUHR \times (GL - Aux - \Delta Power) \times \$/BTU \qquad (J\text{-}2\text{-}53)$$

（-b）多曲线的变速调节风机或挡板调节风机。

（-1）在性能曲线图上标注流量 $VrFan_{Ds}$ 下的压力 $p_{FanDs_{CAHdP'}}$。

（-2）确定标注点所对应的速度 N_2（或挡板开度）。

（-3）确定与设计流量 $VrFan_{Ds}$ 工况下的转速 N_2（或调门开度）相对应的轴功率 BHP_2(hp)。

（-4）计算轴功率的差值 ΔBHP（hp）

$$\Delta BHP = BHP_2 - BHP_{Ds} \qquad (J\text{-}2\text{-}54)$$

（-5）将轴功率的差值 ΔBHP（hp）转换为功率差值

$$\Delta Power = \Delta BHP \times 0.7457 \qquad (J\text{-}2\text{-}55)$$

（-6）计算机组热耗的变化

$$\Delta NUHR = [TCHR/(EF/100)/(1-Aux/GL)] \\ -\{TCHR/(EF/100)/[1-(Aux+\Delta Power)/GL]\} \qquad (J\text{-}2\text{-}56)$$

（-7）计算额外的燃料成本

$$Cost = \Delta NUHR \times (GL - Aux - \Delta Power) \times \$/BTU \qquad (J\text{-}2\text{-}57)$$

J-2.3　修正至设计进口空气温度和设计进口烟气温度条件下的无漏风排烟温度

J-2.3.1　修正。

式（5-6-1）包括漏风率修正、进口空气温度修正、进口烟气温度修正、进口烟气质量流量修正和 X 比修正五项。

修正要使用的漏风率可以是最近测试的结果，进口空气和进口烟气温度可用在线仪表实测的结果。"参考"空气进口温度应接近于一年中的中间气温（以最小化校正因子）。为了能长时间监测数据，一旦选定了参考空气温度，就不应该改变。对于进口烟气流

量和 X 比两项修正而言，日常监测中可有可无。

如果计算结果变化，则说明存在如下情形：

（a） X 比的变化。如果空气流量与烟气流量的比值下降，则空气预热器烟气侧效率将降低，导致修正至设计进口空气温度和设计进口烟气温度条件下的无漏风排烟温度会增加（可通过漏风率计算出 X 比，并与验收试验时的 X 比、机组初始运行时的 X 比，或标准/设计条件下的 X 比进行比较，进而确认是否存在这种可能性）。

（b） 由于换热元件腐蚀、侵蚀或堵塞、换热元件回装材料不足等因素引起的空气预热器性能变化。如果烟气侧效率降低，则该修正后的温度将增加（可使用 X 比来计算预期的烟气侧效率，并与实际的烟气侧效率进行比较来确定是否存在）。

（c） 由于该修正温度值基于漏风率计算，所以如有未检测到的漏风也会改变该温度的值。如果漏风增加，但并未反映在计算中，则计算的修正后温度将降低。

（d） 如果修正温度计算没有包括 X 比的修正，则 X 比的下降将会增大计算结果。

能表明修正后排烟温度（无漏风、修正设计进口空气温度或进口烟气温度条件下）较高的另外一个特征参数是升高的引风机电流。

J-2.3.2 无漏风排烟温度变化对机组的影响。确定无漏风排烟温度的变化对燃料成本影响的方法如下：

（a） 计算无漏风排烟温度的增加值 ΔT（℉）

（b） 收集以下设计或标准数据：

（1） 估计［或利用式（5-3-74））计算］烟气流速 $MqFg$(lbm/h)。

（2） 估计［或利用式（5-3-86））计算］干烟气损失 $QpLDFg$(%)。

（3） 估计［或利用式（5-3-102）计算］锅炉效率 EF（%）。

（4） 估计［或利用 5-9 中公式计算 $MnCp$］烟气比热容 $CpFg$［Btu/（lbm·℉）］。

（5） 估计或用下列方法计算进入锅炉的总热量 QrF（Btu/h）：

（-a） 燃料量×燃料发热量，或式（J-2-58）。

（-b） 机组热耗（Btu/kWh）×机组负荷（kW），式（J-2-59）。

（-c） 式（5-3-103）。

（6） 燃料成本 $\$/BTU$（\$/Btu）。

（c） 计算设计或标准的干烟气损失热量（Btu/h）

$$QrLDFg = QrF\frac{QpLDFg}{100} \qquad (J-2-60)$$

（d） 计算设计或标准条件下，除了干烟气损失之外的其他锅炉效率损失热量（Btu/h）

$$QrLexlDFg = QrF\left(1 - \frac{EF + QpLDFg}{100}\right) \qquad (J-2-61)$$

（e） 计算由于无漏风排烟温度升高引起的额外的干烟气损失热量（Btu/h）

$$\Delta QrLDFg = MqFgzCpFg \times \Delta T \qquad (J-2-62)$$

（f） 计算额外的进入锅炉的热量（Btu/h）

$$\Delta QrF = (QrLDFg + \Delta QrLDFg) + QrLexlDFg$$
$$\times \left(\frac{QrLDFg + \Delta QrLDFg}{QrLDFg}\right) \qquad (J-2-63)$$

（g） 计算额外的燃料成本

$$Cost = \Delta QrF \ \$/BTU \qquad (J-2-64)$$

J-2.4 偏离标准条件或设计条件的烟气侧效率

J-2.4.1 计算烟气侧效率。

利用式（5-5-11）计算烟气侧效率。

要计算实际的烟气侧效率，实际空气和烟气温度都可以使用用机组在线仪表测量值，漏风率（用于修正排烟温度）可使用最近一次的试验结果。"预期的烟气侧效率"应基于一系列不同空气流量/烟气流量/蒸汽流量和 X 比的条件计算所得。如果设备供应商没有提供这些曲线，则可以使用非强制性附录 C 中的程序对其进行近似获得。

如果修正后的烟气侧效率降低，则说明存在以下情形：

（a） 空气预热器中的换热元件磨损损耗。

（b） 换热元件堵塞，阻碍了这些区域的空气和烟气流动。

由于计算烟气侧效率时使用了漏风率，如有未检测到漏风也会使烟气侧效率增加。

其他表明烟气侧效率偏低的特征有差压偏高（由于堵塞或腐蚀）和差压偏低（由于磨损）。

J-2.4.2 烟气侧效率变化的影响。

烟气侧效率的变化对燃料成本的影响可利用下述方法确定：

（a） 计算实际烟气侧效率 $EFFg$［（见式（5-5-11）］

$$EFFg = \frac{TFg14 - TFg15NL}{TFg14 - TA8} \qquad (J-2-65)$$

（b） 确定如下标准或设计参数（从设计规范或之前的试验数据）。

（1） 进口烟气温度 $TFg14Ds$。

（2） 进口空气温度 $TA8Ds$。

（3） 标准或设计的烟气侧效率 $EFFgDs$

$$EFFgDs = \frac{TFg14Ds - TFg15NLDs}{TFg14Ds - TA8Ds} \qquad (J-2-66)$$

（c） 计算由于烟气侧效率降低引起的无漏风排烟温度增加值

$$\Delta TFg15NL = (EFFgDs - EFFg)(TFg14Ds - TA8Ds) \qquad (J-2-67)$$

（d）利用 J-2.3 中介绍的方法计算对燃料成本的影响。

J-2.5 X 比

利用式（5-5-19）来计算 X 比。实际的空气温度和烟气温度可以利用机组在线仪表实测值，漏风率（用于修正排烟温度）可以是最近一次的试验结果。

J-2.5.1 修正结果变化

如果修正结果发生变化，则说明存在如下情形：

（a）就通过空气预热器的空气流量与烟气流量的比值变化来说。

（1）漏入锅炉的空气量增加会降低 X 比。

（2）磨煤机调温风量的增加会降低 X 比，这可能发生在原煤中水分降低或者防止磨煤机着火以及提高运行安全性可靠性等问题时。

（3）原煤水分的显著增加会造成烟气流量的增加和 X 比的降低。

（4）冷一次风旁路。

（5）通过空气预热器的空气流量偏差（空气预热器的空气流量偏低会造成 X 比偏小，空气流量偏高则会造成 X 比偏高）。

（b）由于该修正计算使用漏风率，因此如有未检测到的漏风变化也会改变该修正结果（未检测到的漏风增加将导致无漏风排烟温度小于实际值，造成计算的 X 比增加）。

其他表明 X 比较低的特征有较低的空气侧差压，较小的送风机电流和较高的出口空气温度。

J-2.5.2 X 比变化的影响。

X 比变化对燃料成本的影响可利用如下方法确定：

（a）计算实际的 X 比 Xr［见 5-5.9 和式（5-5-19）］。

（b）确定如下标准或设计参数（从设计规范或之前的试验数据）。

（1）X 比 XrDs。

（2）进口烟气温度 TFg14Ds。

（3）进口空气温度 TA8Ds。

（4）无漏风排烟温度 TFg15NLDs。

（c）确定如下参数（利用制造商提供的曲线或由非强制性附录 C 中的方法开发的曲线）。

（1）实际 Xr 工况下的预估的烟气侧效率 EFFgEx。

（2）标准或设计 X 比 XrDs 工况下的标准或设计烟气侧效率 EFFgDs。

（d）计算由于烟气侧效率降低引起的无漏风排烟温度的增长量

$$\Delta TFg15NL = (EFFgDs - EFFgEx)(TFg14Ds - TA8Ds)$$
$$(J-2-68)$$

（e）按照 J-2.3 中的步骤来计算燃料消耗的影响。

J-2.6 空气预热器出口到冷、热风混合处的温降

对于采用冷空气旁路调温的机组，当关闭冷风挡板时，应监测空气预热器出口空气温度和与冷、热风混合处的空气温度。如果没有温差，说明挡板关闭严密。如果空气预热器出口和冷、热风混合处之间存在温度下降，说明冷风挡板存在泄漏。

J-2.7 热风再循环引起的空气预热器进口空气温度升高

对于热风再循环的机组，应监测由于热风再循环引起的空气温升。基于管道的布置和热电偶测点的位置，可以测量进口空气的温升，也可以测量由于再循环和风机而引起的总温升，并且必须修正因风机引起的正常温升。

J-2.8 单空气/烟气通道中多支热电偶间的温度测量差异

对于具有多个热电偶测点的管道，应监测测量值的差异（最大读数到最小读数），以便于：

a）作为传感器"数据有效性"的粗略验证。

b）用来查找可能引起漏风、堵塞等的流动分层。

J-3 故障树

表 J-3-1 提供了（修正到漏风和标准/设计进气温度条件下）出口烟气温度偏高的故障分析树

表 J-1.2.4-1 二分仓空气预热器日常试验需要的参数

参 数	漏风率	修正到设计压力和空气温度的漏风率	无漏风排烟温度	烟气侧效率	X 比
空气预热器烟气进口 O_2（或 CO_2）（%）	是	是	是	是	是
空气预热器烟气出口 O_2（或 CO_2）（%）	是	是	是	是	是
空气预热器空气进口温度［℉（℃）］	…	是	…	是	是
空气预热器烟气出口温度［℉（℃）］	…	…	是	是	是
空气预热器空气进口温度［℉（℃）］	…	…	…	…	是
空气预热器空气出口温度［℉（℃）］	…	…	…	…	是
空气进口与烟气出口的压差（Pa）	…	是	…	…	…

表 J-1.2.4-2 三分仓空气预热器日常试验需要的参数

参数	漏风率	修正到设计压力和空气温度的漏风率	无漏风排烟温度	烟气侧效率	X 比
空气预热器烟气进口 O_2（或 CO_2）（%）	是	是	是	是	是
空气预热器烟气出口 O_2（或 CO_2）（%）	是	是	是	是	是
空气预热器一次风进口温度［℉（℃）］	…	是	是	是	是

续表

参数	漏风率	修正到设计压力和空气温度的漏风率	无漏风排烟温度	烟气侧效率	X比
空气预热器二风进口温度[℉（℃）]	…	是	是	是	是
一次风量占总空气量的比例[注（1）]	…	是	是	是	是
空气预热器烟气出口温度[℉（℃）]		…	是	是	是
空气预热器烟气进口温度[℉（℃）]		…	…	是	是
空气预热器一次风出口温度[℉（℃）]		…	…	…	是
空气预热器二次风出口温度[℉（℃）]		…	…	…	是
一次风进口与烟气出口差压（Pa）		是	…	…	…
二次风进口与烟气出口差压（Pa）		是	…	…	…
一次风到烟气的漏风占总漏风的比例(%)[注（2）]		是	…	…	…

注：
（1）通常取值于现场测试仪表检测结果或估算值。
（2）通常是设计数值。

表 J-1.2.4-3　预估排烟温度所需要的参数

参数	典型影响[注（1）]	典型来源[注（2）]	备注
二分仓空气预热器			
空气预热器进口烟气温度	PRI	M	计算 $TFgEn$ 和 X 比修正
空气预热器出口烟气温度	PRI	M	
空气预热器进口空气温度	PRI	M	X 比修正
空气预热器出口空气温度	PRI	M	X 比修正
空气预热器进口烟气流量	PRI	C	烟气流量修正
空气预热器进口烟气氧量	PRI	M	
空气预热器出口烟气氧量	PRI	M	
一次风/二次风空气预热器系统			
上述二分仓空气预热器的参数[注（3）]	PRI		
空气预热器出口一次风量	PRI	C/M	
调温风量	PRI	C	
调温风温	PRI	M	
混合一次风量	PRI	C	
混合一次风温	PRI	M	

续表

参数	典型影响[注（1）]	典型来源[注（2）]	备注
三分仓空气预热器			
上述二分仓空气预热器的参数	PRI		
空气预热器进口二次风温	PRI	M	
空气预热器出口二次风温	PRI	M	
空气预热器进口一次风温	PRI	M	
空气预热器出口一次风温	PRI	M	
空气预热器出口一次风量	PRI	C/M	
调温风量	PRI	C	
调温风温	PRI	M	
混合一次风量	PRI	C	
混合一次风温	PRI	M	

注：
（1）PRI=主要的；SEC=次要的。
（2）M=测量；C=计算；E=估算。
（3）假设调温风管道进口是空气预热器进口空气测量截面的上游，出口是空气预热器出口空气测量截面的上游。

表 J-1.2.4-4　基于检测氧量的空气预热器漏风估算所需的参数

参数	典型影响[注（1）]	典型来源[注（2）]	备注
空气预热器进口烟气含氧量	PRI	M	
空气预热器出口烟气含氧量	PRI	M	
进入空气预热器烟气流量	PRI	C	
燃料分析	PRI	M	
空气中水分	SEC	M	
空气预热器进口空气温度	PRI	M	
压差-进口空气与出口烟气	PRI	M	用于空气密度修正[注（3）]

注：
（1）PRI=主要因素；SEC=次要因素。
（2）M=测量；C=计算；E=预估。
（3）对于三分仓空气预热器来说压差包括出口烟气与进口一次风、出口烟气与进口二次风两部分。

表 J-1.2.4-5　燃料、空气和烟气流速估算所需的参数

计算首字母缩写	参数	典型影响[注（1）]	典型来源[注（2）]	备注
QrI	燃料输入	PRI	M	
	燃料速率（测量）	PRI	C	
	燃料速率（计算）	PRI	M	

续表

计算首字母缩写	参数	典型影响 [注（1）]	典型来源 [注（2）]	备注
QrO	输出	PRI	C	
EF	燃料效率	PRI	M	
	燃料分析			
MrA	湿空气流速	PRI	C	
XpA	锅炉空气	PRI	C	
MFrWDA	空气中水分			
MqFg, MrFg	湿烟气流速	PRI	M	
	燃料分析	PRI	M/E	
MpUbC	未燃尽碳	PRI	M	
	灰渣中碳，%	PRI	M/E	
	灰渣分配比例			
XpA	过量空气	PRI	M/E	
MFrWDA	空气中水分份额	PRI	M/E	
MrStz	位置 z 处进入的水蒸气流量	PRI	M/E	
	吸收剂分析	PRI	M	
MoFrCaS	Ca/S 摩尔比	PRI	M/E	
MoFrClh	石灰石摩尔比	PRI	M/E	
MFrSc	吸收剂份额	PRI	M/E	

注：
（1）PRI=主要因素；SEC=次要因素。
（2）M=测量；C=计算；E=预估。

表 J-3-1 排烟温度高的故障树

1	空气预热器进口烟气温度高

- 炉膛排烟温度高
- ◇ 烟气再循环过量
- ◇ 运行设定数值不对
- ◇ 控制/设备故障
- 运行/机械故障
- ◇ 炉膛改造
- ◇ 炉膛容积变化
- ◇ 炉膛水冷壁传热系数变化
- ◇ 炉墙沾污
- ◇ 机械故障引起的清洁不足（如吹灰）
- ◇ 操作故障引起的清洁不足（如吹灰）
- ◇ 水冷壁内壁结垢
- ◇ 水质差
- 化学清洗时间间隔太长
- ◇ 燃烧问题
- ◇ 碎煤机出口煤粉细度增加（循环流化床锅炉）磨煤机出口煤粉细度增大（煤粉锅炉）
- ◇ 煤挥发分低
- ◇ 燃烧器一次风量不均
- ◇ 到各个燃烧器的燃料分配不均
- ◇ 燃烧器的风/粉比例不合适
- ◇ 炉膛内氧量不足
- 总风量过量
- ◇ 燃料偏向上层燃烧器
- ◇ 燃烧器摆角
- 流传热减少
- ◇ 对流传热管束脏
- ◇ 机械故障引起的清洁不足（如吹灰）
- ◇ 操作故障引起的清洁不足（如吹灰）

- ◇ 对流传热改造
- ◇ 烟气流动或分布变化
- ◇ 传热表面空间减少
- ◇ 传热系数减少
- ◇ 管束内壁结垢
- ◇ 蒸汽品质差
- ◇ 对流传热所需热量减少
- ◇ 再热蒸汽流量减少
- ◇ 冷段再热蒸汽温度高
- ◇ 省煤器进口给水温度高
- ◇ 省煤器流量减少
- ◇ 省煤器再循环流量少

2	空气预热器进口空气温度高

- 过量的热风再循环
- ◇ 运行控制工况点设定过高
- ◇ 空气预热器厂家的运行信息不全面
- ◇ 改造后运行控制工况变化
- ◇ 控制/设备故障
- ◇ 仪表故障
- ◇ 装置为标定
- ◇ 运行/机械故障
- ◇ 挡板卡涩
- ◇ 挡板叶片损坏
- 暖风器蒸汽使用过量
- ◇ 运行控制工况点设定过高
- ◇ 蒸汽阀门泄漏
- 厂房内空气温度高于环境温度

3	烟气侧效率低

- 换热元件质量降低
- ◇ 冲刷
- ◇ 腐蚀
- ◇ 换热元件改造
- 空气流量与烟气流量比值（X 比）低
  通过空气预热器的空气流量低
  炉膛本体漏风量过大
  水封处漏风
  其他漏风
  较高的炉顶漏风
  吹灰器进出孔处漏风
  检查门漏风
- ◇ 由于漏风导致烟气中氧量传感器读数偏高
- ◇ 风门打开/漏风
- ◇ 冷一次风旁路风门打开/漏风
- ◇ 烟气再循环风机冷却风门漏风
- ◇ 磨煤机调温风挡板开度过大
- 传热系数降低（管式）
- ◇ 管子腐蚀
- ◇ 运行温度低于酸露点
- ◇ 吹灰器带水
- ◇ 管束材料更换
- ◇ 管束沾污
- ◇ 机械故障引起的清洁不足（如吹灰）
- ◇ 操作故障引起的清洁不足（如吹灰）
- ◇ 煤灰具有沾污特性
- 通过换热元件的流动阻力损失
- ◇ 飞灰浓度过高
- ◇ 吹灰器带水/漏水
- 改造
- ◇ 换热面积减少（管式）
- ◇ 传热系数降低（管式）
- ◇ 空气分布不均
- ◇ 烟气分布不均

4	空气预热器漏风过大

- 空气侧与烟气侧的差压过大
- 蓄热式空气预热器

续表

	✧ 径向密封间隙过大
	✧ 圆周密封间隙过大
	✧ 轴向密封间隙过大
	✧ 空气预热器框架变形
	• 管式空气预热器
	✧ 管束泄漏
	✧ 冲刷
	✧ 腐蚀
	管排泄漏
5	测量错误
	• 测量方法
	✧ 排烟温度不具有代表性
	✧ 测点位置不具有代表性
	✧ 读数频率不准确
	✧ 其他参数测量与排烟温度测量不同步
	✧ 空气进口温度不具有代表性
	✧ 测点位置不具有代表性

续表

	✧ 读数频率不准确
	✧ 测量与排烟温度测量不同步
	✧ 空气预热器漏风率不正确
	✧ 烟气采样位置不具有代表性
	✧ 烟气进、出口未同步测量
	✧ 进口烟气采样不当造成空气漏入
	✧ 烟气分析结果过时
	• 传感器不准确
	✧ 排烟温度传感器
	✧ 空气进口温度传感器
	✧ 烟气（O_2、CO_2）分析传感器
6	可预见的数据误差
	• 预期值不能反映当前的设备配置状况